U0331975

研究阐释党的十九大精神国家社科基金专项"加快生态文明体制改革、建设美丽中国研究"（批准号 :18VSJ037）。

国家社科基金丛书
GUOJIA SHEKE JIJIN CONGSHU

加快生态文明体制改革，建设美丽中国研究

Study on Speeding up Reform of the System for Developing
an Ecological Civilization and Building a Beautiful China

成金华　吴巧生　陈嘉浩　彭昕杰　等著

人民出版社

前　言

　　党的十九大报告指出中国特色社会主义进入新时代，社会主要矛盾已经转化为"人民日益增长的美好生活需要和不平衡不充分的发展之间的矛盾"。党的二十大报告进一步明确了"中国式现代化是物质文明和精神文明相协调的现代化"，"中国式现代化是人与自然和谐共生的现代化"。中国式现代化的要求和社会主要矛盾的转化决定了生态文明体制改革的根本任务和工作重点。生态文明体制改革是全面深化改革的应有之义，目的是加快建立系统完整的生态文明制度体系，具有驱动生态文明建设和引导生态文明建设方向的功能。建设美丽中国是全体人民的共同事业，是生态文明建设的目标。当前，我国生态文明体制改革仍然存在体制不健全、法治不严密、制度不严格、执行不到位、惩处不得力等问题。因此，在新时代推进生态文明体制改革，要紧紧围绕中国式现代化的要求，围绕我国社会主要矛盾的变化，加快生态文明体制机制改革，完善自然资源管理和生态环境保护方面的法律法规，推进生态文明领域国家治理体系和治理能力现代化，形成人与自然和谐发展的现代化建设新格局。

　　本书以习近平生态文明思想和党的十九大关于"加快生态文明体制改革，建设美丽中国"、党的二十大关于"推动人与自然和谐共生"精神为指导，围绕生态文明建设过程中存在的问题和建设美丽中国的目标为导向，提出改进生态文明体制改革的实施路径和优化方案。具体包括以下几个方面：

一是全面梳理我国生态文明体制改革的进展、成效与趋势。对新中国成立以来生态环境保护措施和生态文明体制改革的相关进展，和党的十八大以来生态文明制度体系建设、资源节约、节能降耗、重大生态和修复工程、生态环境状况等各方面生态文明建设成效进行全面梳理，对我国生态文明建设的趋势进行分析。

二是分析新时代下绿色发展的内涵，提取绿色发展的核心，构建适应新时代新要求的绿色发展框架，分析差异化的绿色发展制度与生活方式，探讨如何构建绿色发展创新体系，提出绿色发展体制机制创新路径，从而推动绿色发展，促进美丽中国建设。

三是探索突出环境问题的特征与成因，提出应对对策；改革环境治理体制机制，构建现代化环境治理体系，完善生态文明建设，促进美丽中国建设。

四是评估我国重要生态系统安全存在的风险，分析重要生态系统安全的监测预警与成因，从总体上提出完善我国重要生态系统保护的改革路径；厘清划定生态保护红线、城镇开发边界、永久基本农田三条控制线面临的挑战，提出完善划实并守住三条控制线体制的改革路径；从国土绿化、退耕还林、退耕还草、防护林建设、储备林建设等方面提出提升生态系统功能的体制机制；维护修复自然生态系统等方面提出扩大生态产品的体制机制；从明晰生态保护补偿主客体、合理确定生态保护补偿标准、补偿方式等方面，提出完善态补偿机制的改革路径。

五是对我国生态环境监督体制现状进行分析，为其改革提供依据和指引；明晰中央与地方政府在自然资源资产管理和自然生态监管体系中的权责关系，厘清其与既有管理部门间的权责边界，进行国有自然资源资产管理和自然生态监管机构建设路径的探析；从法律法规、管理体制、保护制度、运行体制、协同共治等多方面内容入手，提出国家公园为主体的自然保护地体系的建设方案和保障措施。

相对于已有研究，本书具有以下创新点：

理论创新方面，全面系统梳理了生态文明建设和生态文明体制改革相关理论基础与现实依据，重点归纳和总结党的十九大报告提出的"加快生态文明体制改革，建设美丽中国"和党的二十大报告提出的"推动绿色发展，促进人与自然和谐共生"有关内容的理论基础和实践依据，结合解决新时代我国社会的矛盾导向，按照我国全面建成小康社会和完成工业化、加快城镇化发展阶段的经济社会发展和资源环境保护现状与需求，凝练具有中国特色的社会主义生态文明建设理论和生态文明制度改革的理论体系。这种理论体系传承了中国生态文化思想，是中国人民走中国特色社会主义道路，实现经济社会和资源环境和谐发展的创新，相对于西方发达国家的生态经济、生态伦理、生态现代化等思想更为综合，更符合我国的国情要求，具有一定的理论创新。

实践应用方面，在全面精准阐述"加快生态文明体制改革，建设美丽中国"主要内容的同时，还注意到各类区域、各类主体生态文明体制改革，建设美丽中国的任务差异。一是从不同主体功能区、不同规模城市、林区、矿区、水源地、国家公园、社区等区域为基本单元，提炼各类区域差异化的生态文明体制改革，建设美丽中国的重点、措施和建设路径，有利于各类区域因地制宜地实施生态文明体制改革，建设美丽中国。二是剖析中央和地方政府、不同产业、不同规模企业和不同地区企业，不同收入群体、不同职业居民、不同地区居民对生态文明建设体制改革，建设美丽中国的认知差异、任务差异，提出各级政府、政府各部门、不同产业和企业、不同居民的差异化生态文明体制改革的重点、措施和建设路径，有利于各类主体实施生态文明体制改革，建设美丽中国。

服务决策方面，以精准全面研究阐述党的十九大报告提出的"加强生态文明体制改革，建设美丽中国"和党的二十大报告提出的"推动绿色发展，促进人与自然和谐共生"为服务决策目标。主要包括三个方面：一是分解了生态文明体制改革，建设美丽中国的四项任务，明确不同区域、不同主体完成各项任务及各项子任务职责，并提供给相关部门推进生态文明体制改革，建设美丽中国；二是全面阐述了加强生态文明体制改革，建设美丽中国的理论与现实依据，总结阶段性特征、案例和发展趋势，为各部门、各主体推进生态文明体制改革，建设美丽中国提供依据和素材；三是构建生态文明体制改革，建设美丽中国政策实施的效果反馈机制和后评估方法，通过省域、大型城市、矿区、国家公园等案例研究，发掘生态文明体制改革，建设美丽中国可能存在的不足和改进措施，为各类主体实施生态文明评估和机制优化提供依据。

目　　录

第一章 生态文明体制改革和美丽中国建设的社会背景、理论溯源及重大意义

第一节 生态文明体制改革和美丽中国建设的社会背景

建设生态文明是中华民族永续发展的千年大计,关系到人民群众的福祉,关系到中华民族的未来,关系到"两个一百年"奋斗目标和中华民族伟大复兴中国梦的实现。进入新时代,以习近平同志为核心的党中央加强对生态文明建设的全面领导,把生态文明建设摆在全局工作的突出位置,作出一系列重大决策和战略部署。①党的十八大以来,我国把生态文明建设纳入"五位一体"总体布局,开展了一系列根本性、长远性、开创性工作,推动我国生态环境保护发生历史性、转折性和全局性变化,生态文明建设取得显著成效:大力度推进生态文明建设,贯彻绿色发展理念的自觉性和主动性显著增强,忽视生态环境保护的状况明显改变;生态文明制度体系加快形成,主体功能区制度逐步健全,国家公园体制试点积极推进;

---

① 中共中央宣传部、中华人民共和国生态环境部:《习近平生态文明思想学习纲要》,学习出版社、人民出版社 2022 年版,第 15 页。

全面节约资源有效推进，能源资源消耗强度大幅下降；重大生态保护和修复工程进展顺利，森林覆盖率持续提高；生态环境治理明显加强，环境状况得到改善；引导应对气候变化国际合作，成为全球生态文明建设的重要参与者、贡献者、引领者。

在各项工作取得显著成效的基础上，党的十九大将"坚持人与自然和谐共生"①确立为新时代坚持和发展中国特色社会主义的基本方略之一，党的二十大提出"坚定不移走生产发展、生活富裕、生态良好的文明发展道路，实现中华民族永续发展"②，这为科学把握、正确处理人与自然关系提供了基本遵循。"人与自然是生命共同体，人类必须尊重自然、顺应自然、保护自然"③，"必须牢固树立和践行绿水青山就是金山银山的理念，站在人与自然和谐共生的高度谋划发展"④。坚持人与自然和谐共生，彰显了以习近平同志为核心的党中央深刻把握新时代我国人与自然关系的新形势、新矛盾、新特征，坚持可持续发展战略，致力于改善人民生存和发展环境，积极打造美丽中国的执政理念。

党的十九大报告指出，"我们要建设的现代化是人与自然和谐共生的现代化，既要创造更多物质财富和精神财富以满足人民日益增长的美好生活需要，也要提供更多优质生态产品以满足人民日益增长的优美生态环境需要。"⑤党的二十大报告进一步强调，"我们要推进美丽中国建设，坚持山水林田湖草沙一体化保护和系统治理，统筹产业结构调整、污染治理、生

① 习近平：《决胜全面建成小康社会 夺取新时代中国特色社会主义伟大胜利》，《人民日报》2017年10月19日。
② 习近平：《高举中国特色社会主义伟大旗帜 为全面建设社会主义现代化国家而团结奋斗》，《人民日报》2022年10月26日。
③ 习近平：《决胜全面建成小康社会 夺取新时代中国特色社会主义伟大胜利》，《人民日报》2017年10月19日。
④ 习近平：《高举中国特色社会主义伟大旗帜 为全面建设社会主义现代化国家而团结奋斗》，《人民日报》2022年10月26日。
⑤ 习近平：《决胜全面建成小康社会 夺取新时代中国特色社会主义伟大胜利》，《人民日报》2017年10月19日。

态保护、应对气候变化，协同推进降碳、减污、扩绿、增长，推进生态优先、节约集约、绿色低碳发展。"①

为此，党的十九大、党的二十大分别擘画了"加快生态文明体制改革、建设美丽中国"②"推动绿色发展，促进人与自然和谐共生"③的宏伟蓝图，为未来中国的生态文明建设指明了方向、规划了路线。这是振奋人心的新目标，也是催人奋进的新号令，必将推动形成人与自然和谐发展现代化建设新格局产生深远影响。

第二节　生态文明体制改革和美丽中国建设的理论溯源

生态文明体制改革和美丽中国建设具有科学的理论和方法支撑，其中最重要的理论是习近平生态文明思想。2018 年，在第一次全国生态环境保护大会上确定了习近平生态文明思想的基本原则，包括"坚持人与自然和谐共生、绿水青山就是金山银山、良好生态环境是最普惠的民生福祉、山水林田湖草是生命共同体、用最严格制度最严密法治保护生态环境、共谋全球生态文明建设"六项原则。④2023 年，在第二次全国生态环境保护大会上，习近平总书记作出重要讲话，生态文明建设要正确处理高质量发展和高水平保护、重点攻坚和协同治理、自然恢复和人工修复、外部约束和内生动力、"双碳"承诺和自主行动五大关系⑤，进一步完善了习近平生态

---

① 习近平：《高举中国特色社会主义伟大旗帜　为全面建设社会主义现代化国家而团结奋斗》，《人民日报》2022 年 10 月 26 日。
② 习近平：《高举中国特色社会主义伟大旗帜　为全面建设社会主义现代化国家而团结奋斗》，《人民日报》2022 年 10 月 26 日。
③ 习近平：《高举中国特色社会主义伟大旗帜　为全面建设社会主义现代化国家而团结奋斗》，《人民日报》2022 年 10 月 26 日。
④ 习近平：《推动生态文明建设迈上新台阶》，《求是》2019 年第 3 期。
⑤ 习近平：《全面推进美丽中国建设　加快推进人与自然和谐共生的现代化》，《人民日报》2023 年 7 月 19 日。

文明思想。习近平生态文明思想是习近平新时代中国特色社会主义思想的重要组成部分，是马克思主义基本原理同中国生态文明建设实践相结合、同中华优秀传统生态文化相结合的重大成果，是中国共产党不懈探索生态文明建设的理论升华和实践结晶。

首先，习近平生态文明思想继承了马克思主义的自然思想。马克思主义生态自然思想认为，"所谓人的肉体生活和精神生活同自然界相联系，不外是说自然界同自身相联系，因为人是自然界的一部分。"①人不能独立于自然而存在，作为自然的一个部分，应该对自然所固有的基本规律时刻保持敬畏和尊重之情。自然在人类产生之前就存在，先于人类历史，换言之人也是在自然界的不断发展与进化中产生的。恩格斯指出："人本身是自然界的产物，是在自己所处的环境中并且和这个环境一起发展起来的。"②因此，人类社会的发展依赖于自然界的发展。人是具有自主意识与主观能动性的自然人，能够在遵循自然规律的前提下对自然进行改造，劳动活动就是人与自然间相互连接的媒介，可以按照人的意志来引导，调节人与自然间物质转化的过程。但人对自然的改造也不是随意的，对物质转化的调节也不可能随心所欲，违背自然规律与法则的活动必将招致自然的报复与惩罚。生态文明思想正是基于这一思想而产生的，继承了其中的精髓，是充分结合中国国情和全球大环境所提出的发展之策。习近平生态文明思想强调人与自然之间的相互依存关系，以生态环境保护为前提的高质量发展，倡导保护自然就是保护人类自身。生态文明体制改革的目标之一是实现人与自然和谐相处，并最终造福于人类。秉持生态文明理念，就是要引导人们在实践活动中依赖、顺应大自然。

其次，习近平生态文明思想借鉴了人类文明史上各种有益的生态思

---

① 《马克思恩格斯选集》第 1 卷，人民出版社 2012 年版，第 45 页。
② 《马克思恩格斯文集》第 9 卷，人民出版社 2009 年版，第 38 页。

想。在人类文明发展的历史中，哲学家从不同角度关注人与自然的关系，体现了对人与自然关系的深刻理解，蕴含着丰富的生态思想。例如，古希腊对自然界以主客体二元对立为主要内容的朴素自然观；18 世纪，法国的启蒙运动在人与自然的关系中提出了"地理环境决定论"[1]；20 世纪中叶的自然系统观，认识到自然主体和外部的所有物体是相互关联的有机整体。中国传统儒家文化主张"天地变化，圣人效之"[2]，肯定了人与自然的内在统一；道家文化以"道"为本源，强调"道随自然而行"，主张"天地与我共存，万物与我合一"[3]，表达了天人合一的生态文明思想；在佛教文化中，"如因陀罗网，或悉诸珍宝"[4]被用来描述天地与人之间的关系。总之，在中国传统文化中，"天人合一"的生态文明思想强调"物我合一"，追求人与自然的和谐。此外，20 世六七十年代以来，由于全球生态环境问题日益突出，出现了生态政治学、生态伦理学、生态社会学等各种新兴理论，为习近平生态文明思想的发展提供了丰富的理论来源。

最后，习近平生态文明思想是中国共产党不懈探索生态文明建设的理论升华和实践结晶。生态文明理念的提出是在中国基本国情的基础上，将以人为本作为价值导向，是几代党中央领导人智慧的凝聚体。新中国成立初期，我国工业基础薄弱，迫切需要"建立一个独立的比较完整的工业体系和国民经济体系"[5]。但单纯盲目追求生产力的发展"赶英超美"，却忽视了对生态环境的应有重视和保护，违背自然规律，导致生态环境遭到严重破坏。面对日益严重的资源约束与发展需要、生态保护与环境污染之间的

---

[1]　皮家胜、罗雪贞：《为"地理环境决定论"辩诬与正名》，《教学与研究》2016 年第 12 期。

[2]　李存山：《中国哲学的特点与中华民族精神》，《哲学研究》2014 年第 12 期。

[3]　荆雨：《道通为一：中国哲学之共同体观念及其价值理想》，《社会科学战线》2019 年第 12 期。

[4]　刘海霞、马立志：《我国传统文化中生态智慧的现实意蕴》，《学术探索》2017 年第 7 期。

[5]　中共中央文献研究室：《建国以来重要文献选编》第 20 册，中央文献出版社 1998 年版，第 439 页。

矛盾。毛泽东同志指出要"绿化祖国"，强调"要使我们祖国的河山全部绿化起来，要达到园林化，到处都很美丽，自然面貌要改变过来"①。改革开放至 20 世纪 90 年代初，在中国经济高速增长的同时，生态环境问题也日益严峻。邓小平同志提出永续发展理念，指出"我们必须按照统筹兼顾的原则来调节各种利益的相互关系"②，要从辩证的角度来看待经济发展、生态治理、环境保护之间的关系。在行政管理体制上，1988 年我国成立独立的国家环境保护局，作为国务院环境保护委员会的办事机构。随着我国工业化的快速发展，环境污染、水土流失等问题越来越严重。江泽民同志强调，"要促进人和自然的协调与和谐，使人们在优美的生态环境中工作和生活"③，"经济发展，必须与人口、环境、资源统筹考虑，不仅要安排好当前的发展，还要为子孙后代着想，为未来的发展创造更好的条件，决不能走浪费资源和先污染后治理的路子，更不能吃祖宗饭、断子孙路"④。生态环境保护要采取多种措施，追求经济、社会和生态的多维平衡。进入 21 世纪，随着中国现代化建设的需要，胡锦涛同志提出"科学发展观"的指导思想，要求"坚持以人为本，树立全面、协调、可持续的发展观，促进经济社会和人的全面发展"⑤。在党的十七大报告中，胡锦涛同志进一步提出"建设生态文明，基本形成节约资源和保护生态环境的产业结构、增长方式、消费模式"⑥，建设有中国特色的社会主义文明，为生态文明理念的正式提出铺平了道路。党的十八大以来，在继承和发扬党的历代领导人的生态文明思想的基础上，习近平生态文明思想确立。习近平总书记提出了

---

① 曹前发：《毛泽东生态观》，《学习与探索》2017 年第 9 期。
② 《邓小平文选》第二卷，人民出版社 1994 年版，第 176 页。
③ 《江泽民文选》第三卷，人民出版社 2006 年版，第 295 页。
④ 《江泽民文选》第一卷，人民出版社 2006 年版，第 532 页。
⑤ 新华社：《中国共产党第十六届中央委员会第三次全体会议公报》，2003 年 10 月 14 日，见 http://www.gov.cn/test/2008-08/13/content_1071056.htm。
⑥ 胡锦涛：《高举中国特色社会主义伟大旗帜　为夺取全面建设小康社会新胜利而奋斗》，《人民日报》2007 年 10 月 25 日。

"绿水青山就是金山银山","山水林田湖是一个生命共同体,人的命脉在田,田的命脉在水,水的命脉在山,山的命脉在土,土的命脉在树",①"像保护眼睛一样保护生态环境,像对待生命一样对待生态环境"②,"保护生态环境就是保护生产力,改善生态环境就是发展生产力"③等重要论述,把中国的生态环境保护问题提到了前所未有的新高度。

第三节 生态文明体制改革和美丽中国建设的重大意义

一、推进新时代中国特色社会主义事业建设的题中之义

生态文明作为一种新的文明形态,其具有自身的特殊性。生态文明建设没有明确的、独立的边界,渗透于经济建设、政治建设、文化建设和社会建设之中,体现在社会生产生活中的方方面面,在中国特色社会主义建设事业"五位一体"的布局中具有基础性地位。"生态兴则文明兴,生态衰则文明衰",生态文明建设事关民族发展的长远利益,是惠及子孙万代的重大战略举措。着眼于新时代夺取中国特色社会主义事业的伟大胜利,实现中华民族伟大复兴的中国梦,就必须建设生态文明、建设美丽中国。

(一)生态文明建设是中国特色社会主义事业的重要内容

生态文明建设的核心理念是实现人的全面发展,实现人与自然的和谐

---

① 习近平:《关于〈中共中央关于全面深化改革若干重大问题的决定〉的说明》,《人民日报》2013年11月16日。

② 人民网:《习近平在云南考察工作时强调:坚决打好扶贫开发攻坚战 加快民族地区经济社会发展》,2015年1月22日,见http://cpc.people.com.cn/n/2015/0122/c64094-26428249.html。

③ 新华社:《中共中央关于党的百年奋斗重大成就和历史经验的决议》,2021年11月16日,见http://www.gov.cn/xinwen/2021-11/16/content_5651269.htm。

相处。两者在内在逻辑上具有一致性，即正确处理人与自然的关系。在强调社会的可持续发展上，生态文明建设与中国特色社会主义建设的要求是一致的，都要求在保证经济发展的同时顺应自然规律、保护生态环境。在价值追求上，中国特色社会主义建设要实现社会公平正义、共同富裕；生态文明建设则倡导和谐共生、良性循环、全面发展。从新时代确立的"五位一体"总布局来看，生态文明建设与其他四大建设并列，相互协调、相互促进，是中国特色社会主义伟大事业的重要组成部分。生态文明建设关系人民福祉，关乎民族未来，事关"两个一百年"奋斗目标和中华民族伟大复兴中国梦的实现。

（二）健全的生态文明制度是生态文明建设的保障

在经济社会发展过程中，生态文明建设的重要目标之一是寻求社会发展和自然延续达到稳定平衡，使人与自然的关系更加和谐。处理人与自然之间的关系离不开人与人之间关系的处理，涉及人与人之间的关系，就需要运用制度、法律法规等手段来规范和约束，生态文明制度建设应运而生。健全的政治制度和法律体系是生态文明建设的重要基础，为坚持走生态良好、生活富裕、生产发展的可持续发展之路提供制度保障。一方面，生态文明建设将生态文明理念细化到具体可行的准则、规范和实际行动，为生态文明建设和制度改革提供可行性的方法和手段；另一方面，在生态文明内部统筹协调不同要素和各种复杂关系也需要制度规范，保证人们在生态文明框架内生产生活，实现人与自然相依而生、相伴而存。

其次，制度建设是生态文明建设的重要内容，生态文明水平提高的标志之一就是制度的进步。制度建设作为推进生态文明建设的重要内容，不仅符合实践需要和客观要求，还具有丰富的理论内涵和科学依据。第一，从现代社会发展来看，主体不同则利益诉求不同。资源环境丰富、多样化的利益诉求，需要公正公平的制度保障。随着资源环境自身价值的显现，单纯依靠政府无法完成相关利益的调配，要充分发挥制度自身的作用，使政府、市场的功能都得到更好发挥，形成合理的利益秩序。第二，生态环境由多个要素构成，仅仅对突出、重点的问题进行单方面治理，环境资源问题得到根本上的解决。这就需要综合运用法律和道德等多种方式加强生态文明制度建设。

最后，生态文明建设需要制度保驾护航。作为制度建设的主体，政府需要在组织机构建设、职能部门划定、法律法规的制定和执行等方面着力加强。第一，制度建设提供行动的标准和规范，是生态文明建设的根本保障，这表现在制定符合生态文明要求的目标、考核奖惩办法等。第二，通过制度建设，全面审视生态文明建设，反思建设中存在的问题，详细研究建设思路、目标、方法，这些都有助于保证生态文明建设的整体发展方向。"像保护耕地一样，实行最严厉的环境保护制度"[①]，建立健全与现阶段经济社会发展特点相一致的环境法规、政策标准和技术体系。第三，制度的好坏决定生态文明建设的成败。好的制度能够事半功倍，坏的制度则导致半途而废。制度的完善、配合、整合是生态文明建设得以正常运转、发挥预期作用的根本保障。第四，生态文明制度建设能够发挥约束和监督作用，促进生态文明建设更好、更快地发展。因此，科学合理的生态文明制度是生态文明建设的根本保证，离开了好的制度，生态文明建设将陷入混乱无序的状态。

（三）生态文明制度建设和美丽中国建设是中国式现代化重要组成部分

党的十九大报告指出，"我们要建设的现代化是人与自然和谐共生的

[①]　人民网：《建设生态文明 实现美丽中国梦想》，2013 年 5 月 20 日，见 http://theory.people.com.cn/n/2013/0520/c107503–21542959.html。

现代化。"①党的二十大报告明确了"中国式现代化是人与自然和谐共生的现代化"②，中国式现代化要求"促进人与自然和谐共生，推动构建人类命运共同体，创造人类文明新形态"③。新时代生态文明制度建设是中国式现代化的制度支撑和制度保障。中国特色社会主义制度是由根本制度、基本制度和具体制度构成的整体系统。生态文明制度是具体制度，同时又是整个制度系统的表征。全国人民要坚持制度自信，就是要坚信生态文明制度是建设中国式现代化的根本保障，是具有鲜明中国特色、明显制度优势、强大自我完善能力的先进绿色制度。

党的二十大报告指出，"我们要推进美丽中国建设，坚持山水林田湖草沙一体化保护和系统治理。"④美丽中国建设是推进生态文明建设的实质和本质特征，是实现中国式现代化的具体措施和指导方针。美丽中国建设就是要树立山水林田湖草沙一体化和系统化治理思维，协调经济发展和环境保护之间的关系，统筹推进产业结构调整速度、污染治理水平、生态保护力度、应对气候变化能力，实现降碳、减污、扩绿、增长协同并进的中国式现代化。

二、统筹推进新时代"五位一体"总体布局的必要选择

从新时代总体布局的视野出发，生态文明与经济、政治、文化、社会并列，是社会发展的题中应有之义，是统筹推进新时代"五位一体"总体布局，实现全面发展蓝图的必要选择。

---

① 习近平：《决胜全面建成小康社会　夺取新时代中国特色社会主义伟大胜利》，《人民日报》2017年10月19日。

② 习近平：《高举中国特色社会主义伟大旗帜　为全面建设社会主义现代化国家而团结奋斗》，《人民日报》2022年10月26日。

③ 习近平：《高举中国特色社会主义伟大旗帜　为全面建设社会主义现代化国家而团结奋斗》，《人民日报》2022年10月26日。

④ 习近平：《高举中国特色社会主义伟大旗帜　为全面建设社会主义现代化国家而团结奋斗》，《人民日报》2022年10月26日。

（一）落实"五位一体"总体布局的必要选择

一方面，"五位一体"总体布局表明生态文明建设与其他四大建设之间并非独立存在，它们相辅相成，密切联系，共同构成新时代的总体布局。首先，经济发展方式的转变必然包含生态文明建设内容及方式的改变。在实行产业生态化举措后，因经济活动给生态环境带来的不良影响被大大降低了，这与生态文明的内在要求是一致的。其次，政治建设需要建立科学的制度框架，实质是通过规范人的活动，实现人与自然和谐相处。而生态问题的本质是人类在开发、利用自然的同时没有正确处理好人与自然的关系。再次，文化建设的重要内容是在全社会加强生态道德建设，大力提倡科学健康的消费方式，实现人与自然和谐共处，这与生态文明建设的目标和要求也是一致的。最后，社会文明建设的必要措施包括通过创造良好环境，确保社会稳定和人们生活幸福，这与生态文明建设的目标是一致的。

另一方面，四大文明建设与生态文明建设的关系是辩证统一、密不可分的。具体而言，"五位一体"总布局需要成熟的生态经济作为物质保证；生态安全需要政治稳定发展，进一步加强社会主义民主法治建设；构建生态文化、社会主义核心价值体系的新篇章，是真正解决危害人们健康的环境问题的关键举措。因此，推进生态文明建设就要将生态文明理念融入其他四大建设各方面和全过程。"五位一体"的各个部分相互协调，四大建设是一个整体，在引入生态文明后，生态文明促进实现与其他建设的全面融合，它们之间相互推动、彼此支持，形成一个良性循环的整体。

（二）生态文明建设融入其他四大建设需要制度推进

"五位一体"总体布局在实践中由"五位"走向"一体"，就必须在"五位"之间形成一套系统完备、科学规范、运行有效的制度体系，这样才能避免"五位"各自独立。缺少制度体系的联系与沟通，"五位"就难以走向"一体"。

首先，党的十八大提出把生态文明划归到"五位一体"总布局的要求，将生态文明的基本理念、原则和制度等贯穿于其他四大建设的全过程，将生态文明作为最重要的考虑因素。这就要求突出生态文明的重要地位，并将其与其他四大建设充分融合。作为"五位一体"总体布局中的重要一环，生态文明建设不仅要发挥自身功能，更要和其他建设充分融合，为社会主义现代化提供动力。

其次，在实际运行中，四大建设分属四大系统。生态文明融入这四个系统的过程并不是简单的叠加，也不是外来因素的强制植入，而是在保留原有系统功能基础上的有机融合，这种融合体现在目标、内容、要求等方面。它不是"两条线"或者是"两张皮"，而是真正的结合，合二为一。当然，这一切都离不开一套完善的、严密的、相互协调的生态文明制度体系，即在实践中形成一套具有新时代特色的生态文明制度体系。

最后，生态文明建设与其他四大建设存在一定的差异，甚至可能产生矛盾，融合会产生困难。这就需要将生态文明的理念与其他四大建设在顶层设计、制度建设等层面首先融合，使其他四大建设符合生态文明建设的要求。党的十八大着重强调了制度建设的重要性，党的十八届三中全会更是将完善和发展中国特色社会主义制度作为全面深化改革的目标要求。由此可见，坚定不移地贯彻落实"五位一体"总布局，就必须有良好的制度体系建设。

三、满足新时代"人民日益增长的美好生活需要"的客观要求

新时代，我国社会主要矛盾从"人民日益增长的物质文化需要和落后的社会生产之间的矛盾"转变为"人民日益增长的美好生活需要和不平衡

不充分的发展之间的矛盾"。人民日益增长的美好生活需要反映了我国社会发展的巨大进步和阶段性特征。同时，美好生活需要也体现了人民对物质文化的更高层次需求，是生态文明体制改革的客观要求。

（一）新时代社会主要矛盾新变化的内在要求

习近平总书记强调："既要创造更多物质财富和精神财富以满足人民日益增长的美好生活需要，也要提供更多优质生态产品以满足人民日益增长的优美生态环境需要。"[①] 优美生态环境的需要是美好生活需要的基础。人与生态环境的关系是相互依存、相互影响的共生关系。人是自然界的产物，是"能动"与"受动"的辩证统一体。一方面，人是具有自然力、生命力的能动的自然存在物；另一方面，人是受动的、受制约和受限制的存在物。从"受动性"来看，人因自然而生，受着各种自然规律的制约，人生存和发展的每时每刻都离不开生态环境。由水、土地、生物以及气候等形成的生态环境，是人类生存之本、发展之源。

优美的生态环境是人民对美好生活向往的重要内容。人类社会发展史表明，人类始终都在追求美好生活、向往未来的美好生活，并且提出了各种美好生活的构想和蓝图。中国特色社会主义进入新时代，我国社会主要矛盾已经转化为人民日益增长的美好生活需要和不平衡不充分的发展之间的矛盾。人民群众对美好生活的向往、对优美生活环境需要已成为这一矛盾的重要方面。人民群众对干净的水、清新的空气、安全的食品、优美的环境等要求越来越高，对更优美的生态环境的期盼日益强烈和迫切。

满足人民优美生态环境需要、建设美丽中国是实现人与自然和谐共生的应有之义。满足人民优美生态环境需要，就是要实现天蓝、地绿、水净

---

① 习近平：《决胜全面建成小康社会　夺取新时代中国特色社会主义伟大胜利》，《人民日报》2017 年 10 月 19 日。

的优美生态环境。坚持生态惠民，打好污染防治攻坚战。要以改善生态环境质量为核心，以解决人民群众反映强烈的大气、水、土壤污染等突出问题为重点，全面加强环境污染防治。坚持生态利民，大力生产和培育优质的生态产品。要把经济建设成果转化为优质的生态产品。坚持以人民为中心的发展思想，把为人民群众创造良好的生产生活环境作为社会主义生态文明建设的目标。

（二）增进生态福祉需要制度建设来推进

自古以来，中国就重视社会福祉的提高。《韩诗外传》记载"是以德泽洋乎海内，福祉归乎王公"[1]，孙中山先生在《同盟会宣言》中号召"复四千年之祖国，谋四万万人之福祉"[2]。习近平总书记要求建立健康祥和社会环境的生态文明思想与中国传统的"天人合一"道德观、"人与自然和谐平等"的价值观、"以资源为基础适度消费"的生态哲学观不谋而合。正如习近平总书记所说"环境就是民生，青山就是美丽，蓝天也是幸福。良好生态环境是最公平的公共产品，是最普惠的民生福祉"[3]。生态文明制度建设有利于更好地满足人民对生态环境的需要。

加强生态文明制度建设，能指引人类社会前进的方向和目标。人们的行为在生态文明制度的框架内进行，有利于社会向生态文明方向发展。因此，加强生态文明的制度建设有利于为人民群众营造更加美好的环境，提高人们的生活水平。

生态文明制度建设是解决生态危机、保证生态安全的重要保障。社会经济的高速发展，给人们带来了生活上的极大改善，同时也让人民群众为

---

[1]　苏培成：《新春说"福"》，《光明日报》2017年2月12日。
[2]　范德伟：《孙中山国民革命思想的流变》，《中国国家博物馆馆刊》2017年第2期。
[3]　求是杂志编辑部：《让中华大地天更蓝、山更绿、水更清、环境更优美》，《求是》2022年第11期。

生态安全而担忧。据 2018 年 5 月中国自然资源部发布数据显示：近岸的局部海域污染比较严重，春季、夏季、秋季和冬季劣于第四类海水水质标准的海域面积分别为 4.11 万平方千米、3.35 万平方千米、4.68 万平方千米和 4.81 万平方千米。[①] 这些污染严重影响着人民群众的生命健康。

加强生态文明制度建设，可以引导人民的生态思维方式、提高生态意识，建立绿色、低碳、环保、健康的生活方式。生态文明建设引导人们爱护和保护自然，珍惜资源；厉行节约，反对浪费；将眼前利益、短期利益、个人利益和长远利益、他人利益、社会效益、生态效益结合起来。生态文明建设引导人们全面、系统、动态、辩证地看问题，形成积极、健康、乐观、向上的生活态度和价值观念。

四、为构建人类命运共同体贡献中国方案的必然路径

着眼于全世界，中国生态文明建设取得的成就吸引着世界各国的目光，同时也赢得国际社会的广泛认可。2013 年，联合国环境规划署第 27 次理事会将中国的生态文明理念写入决议案，此后专门发布《绿水青山就是金山银山：中国生态文明战略与行动》报告，充分肯定中国生态文明建设的世界意义和重大贡献。中国生态文明建设代表着中国智慧的道路自信、理论自信、制度自信、文化自信，为世界各国应对气候变化、化解环境污染等生态危机提供了范例。

（一）全球生态治理亟须制度保障

随着经济全球化进程加快，全球生态问题日益突出。20 世纪末以来，生态危机已跨越国界，呈现出全球化的趋势。生态安全关系到整个人类社

---

① 焦思颖：《2017 中国土地矿产海洋资源统计公报发布》，《中国自然资源报》2018 年 5 月 18 日。

会的利益，具有全球性。一个国家或地区的污染事件可能影响到整个生物圈。人类只有一个地球，地球的资源是有限的。人类对各种破坏和污染，直接导致了生态问题的出现，森林植被面积锐减、恶劣气候的出现等。人类对自然的索取和消耗不断加大，使环境污染、生态破坏、生态预警越来越严重，各项指标正在超越地球的极限。此外，生态环境问题不仅存在于生态环境领域，极有可能向政治、经济、社会、安全等领域渗透。全球范围内的生态环境问题已经引起各国重视，"各扫门前雪"的发展方式已经不可持续。在这种情况下，迫切需要建立应对全球性生态危机的"统一战线"。

人类文明发展需要生态安全，这也是推行可持续发展坚持的底线，这关系到整个地球生物圈的发展和生存。生态危机的全球化使各个国家逐步认识到生态环境保护不是单一国家或地区的事情，而是全人类都必须参与其中。生态文明要求各国增强合作，和平共处，促进不同国家和地区的协作，理性选择共同的未来。对此，迫切需要一套系统完整的生态文明制度为生态环境保驾护航，使人类以文明的方式与地球生物圈共生共荣。

（二）生态全球治理体系需要中国贡献方案

面对日益严重的全球性生态安全问题，各个国家和地区通力合作，共同应对全球性生态安全的挑战。中国作为最大的发展中国家，更要积极探索应对全球性生态安全的对策，参与全球生态治理体系。在全球生态危机的背景下，中国没有逃避，而是以负责任大国的姿态主动承担起生态环境保护责任。在我国的积极倡导下，国际生态安全合作组织这一国际组织被建立起来，作为联合国第一批《气候变化框架公约》的缔约方，中国成为联合国各政府之间气候变化委员会的主要发起国。在全球气候治理中，中国自始至终都作为负责任的大国，发挥着不容忽视的积极的推动作用。

中国作为发展中国家，在气候变化、粮食安全、能源资源等诸多世界性问题的解决方面都起到了积极的作用。中国不仅自身积极参与世界性环境治理活动，而且寻求多方合作解决世界性生态问题。"中国方案""中国经验"使我国有能力、有信心建设美丽中国，为全球生态治理作出贡献。世界的发展与中国的发展息息相关，密不可分。全球改革开放以来，中国取得了举世瞩目的巨大成就，国际上对中国的快速发展和成功经验，称为"中国模式""中国道路"。中国作为后发国家为世界的和平、稳定、发展做出了重大贡献。中国生态文明建设的国际影响也在不断扩大，中国政府在生态文明制度建设的有益探索，也必将成为全球生态治理的重要组成部分。当前我国政府以"一带一路"、推动构建人类命运共同体为契机，建立健全生态环境国际合作制度，并大力加强政府宏观管理，严格落实企业环境责任追究制度，在很大程度上避免了企业以营利为目的转移污染、破坏别国生态环境的不良行为。同时，开展"一带一路"沿线国家的生态环境合作，也极大地促进国际生态合作在高水平基础上顺利运行。

中国特色社会主义进入新时代，意味着中国特色社会主义生态文明制度建设同样进入了新时代。这就需要在把握新时代新使命的基础上，赋予新时代生态文明制度建设新的特征。将生态文明制度建设置于生态文明建设的系统中、置于"五位一体"的社会总体布局中、置于不断满足人们对美好生活的向往和实现"两个一百年"的奋斗目标中，不断推进新时代生态文明制度建设的理论和实践创新。

第二章 我国生态文明体制改革和美丽中国建设的进展、成效与趋势

第一节 我国生态文明体制改革和美丽中国建设的进展

新中国成立至今，党和政府在不同的历史阶段针对不同的环境问题，采取了积极有益的措施，在保护自然、改善环境方面取得了一定的成效。党和政府在生态文明建设方面的探索和实践并非孤立存在的，而是循序渐进、继承发展的。生态文明建设是一个动态的社会历史构建过程，因此，生态文明建设的任务既不可能一蹴而就，也不可能是一劳永逸。在党的十七大报告中，"生态文明"的概念第一次正式提出，我国生态文明建设从此有了明确的方向。报告中体现出的有关绿色、低碳、循环的经济发展理念，进一步体现了对经济发展和环境保护之间协调发展的要求。在党的十八大报告中，生态文明建设的有关内容进一步得到重视，成为"五位一体"重要战略部署的一部分，必须与其他四大建设统筹兼顾、协调共进。党的十九大报告，更加突出了生态文明建设的重要地位，强调"五位一体"战略布局对国家和民族发展的重要性，要求加快推进生态文明体制机制改革，促进全面协调可持续发展。生态文明建设是实现中华民族永续发展的关键，要建设"人与自然和谐共生"的生态文明，不仅需要党和国家不断

提高施政水平，更需要全国人民的共同参与。

一、环境保护思想萌芽

新中国成立初期到改革开放之前的时期里，我国环境保护思想就已经萌芽。这一时期，由于刚刚经历长期的战争破坏，我国自然生态环境现实情况十分恶劣，对人民群众的生产生活造成了严重的影响，因此改善自然生态环境、提高人民群众的生产生活水平成为当时党和政府工作的重中之重。面对这一现实情况，以毛泽东同志为主要代表的中国共产党人，以提高人民群众生活质量和生产效率为目的，开展了对改善生态环境的初步尝试，由此开始了对自然生态保护建设的艰难探索。虽然第一代共产党领导集体并没有能够具体提出生态文明的概念，但是他们对自然生态保护同样有着较为深刻的思考，同时进行了对改善自然环境大有裨益的实践。

（一）植树造林，绿化祖国

由于长期受到战争的破坏，我国自然环境不断恶化，到新中国成立初期，自然环境已经千疮百孔、人民生活处于水深火热之中。面对重重困难，党的第一代领导集体结合现实情况、脚踏实地，提出了"消灭荒山荒地""美化绿化祖国"[①]的口号，带领全国各族人民开始环境保护的探索实践。在积极恢复经济生产的同时，党和政府广泛组织人民群众进行改善环境、改造自然的运动，一定程度上缓解了我国水土流失严重和洪涝灾害频发的情况，提高了人民群众的生活水平和质量。同时，毛泽东同志提出"在一切可能的地方，均要按规格种起树来，实行绿化"[②]的口号，鼓励全体人民群众积极参与到植树造林、绿化祖国的行动之中。一场轰轰烈烈的，以

---

① 黄承梁：《中国共产党领导新中国 70 年生态文明建设历程》，《党的文献》2019 年第 5 期。
② 《毛泽东文集》第六卷，人民出版社 1996 年版，第 507 页。

"宅旁、村旁、路旁、水旁"的"四旁"为主要范围的植树造林运动在全国范围内广泛展开，在这段时期内，我国植被覆盖率和环境绿化水平不断提高，人民群众的生活环境得到较大提高。森林被誉为"地球之肺"，在水土保持，调节气候，维持生物多样性等方面发挥重要作用，因此，毛泽东同志同样将森林资源的保护摆在了重要位置。他曾指出"积极发展和保护森林资源，对于促进我国工、农业生产具有重要意义"①。毛泽东同志面对现实困扰、结合实践，对生态环境建设进行了一系列积极探索。在他的带动下，人民群众保护自然生态环境的意识得到极大的激发，人与自然环境之间的关系得到了一定程度的协调，既维持了生态系统的多样性，又促进了其他行业的发展。

（二）兴修水利，治理水患

早在 1934 年，毛泽东同志就高瞻远瞩地提出"水利是农业的命脉，我们也应予以极大的注意"②。我国是一个农业大国，但是由于地理因素的影响，水患问题一直制约着我国社会经济的发展，将水利比喻成农业的命脉，是极其恰当的、准确的。历史上的每一次水患都会严重影响人民群众的生产生活，造成大量百姓流离失所，引起剧烈的社会动荡，极大严重地削弱国家的政治经济军事实力，甚至引起王朝的兴替。新中国成立初期，全国发生大面积水灾，严重威胁人民群众的生命财产安全，因此治理水患，成为十分迫切的任务，上升到全党全国的行动纲领。面对这种情况，毛泽东同志高度重视水利工程建设，明确指出"兴修水利，保持水土"，力求从根源上解决水患问题，极力减少水患对人民群众生产生活的影响。1955 年底，毛泽东同志提出结合各流域规划的现实情况，大量兴建小型水

---

① 曾正德：《历代中央领导集体对建设中国特色社会主义生态文明的探索》，《南京林业大学学报（人文社会科学版）》2007 年第 4 期。

② 《毛泽东选集》第一卷，人民出版社 1991 年版，第 130 页。

利设施，力求在 7 年时间内基本上消除普通旱涝灾害，在 12 年时间内基本上消灭特别大的水灾和旱灾，最大程度上减轻灾害对人民群众生产生活造成的破坏。此外，毛泽东同志提出防治旱涝灾害的重点在于流域治理和水土保持，要求一切大型水利设施全部由国家负债出资及兴建；其他规模较小的水利设施例如打井、开渠、挖塘、筑坝和各种水土保持工作，主要由农业生产合作社有序地按计划大量兴建，在必要的情况下由国家在人力物力财力方面给予一定的帮扶。在这种背景下，全国各地兴建了大量水利设施，取得了黄河三门峡截流工程、刘家峡水利枢纽工程等大型水利工程建设的成果，有力地支持了全国的抗洪抗旱工作。截至 20 世纪 70 年代末期，我国不仅基本上在全国范围内消除了洪水泛滥的情况，而且变水害为水利，基本上消灭了大面积的干旱现象，历史上第一次改变了我国农业生产数千年来靠天吃饭局面，取得了我国大规模旱涝治理工程建设的决定性胜利。以毛泽东同志为核心的党中央第一代领导集体，脚踏实地、实事求是，从我国水旱灾害的实际情况出发，领导和组织全国各级政府和广大人民群众积极参与兴建各类水利设施，基本解决了人民群众生产生活中的水旱隐患，大大降低了旱涝灾害对人民群众的影响，提高了人民群众的生活质量和水平，同时在一定程度上改善了生态环境破坏的状况，起到了保护自然生态环境的作用。

（三）节约资源，勤俭建国

自然资源是社会经济发展的前提条件。新中国成立初期，由于技术条件的限制，我国各种生产生活物资极为匮乏，对社会和经济的发展造成了严重的阻碍。在此情况下，党的第一代领导集体十分关心这个问题，认识到在进行社会主义建设的过程中不能浪费自然资源，必须节约自然资源、合理利用自然资源，逐步发展国民经济。在 1951 年 10 月中共中央召开的政治局扩大会议上，党中央决定以经济建设为中心，开展全国性的增产节约运动，以达到迅速恢复国民经济的目的。由于社会管理制度的不完善，在增产节约运动开展，经济逐渐恢复的过程中，出现了大批党内干部贪污、浪费、腐败的现象，给党和国家造成了严重的负面影响，败坏了党在人民心中的廉洁形象，极大地阻碍了国家经济发展的步伐。针对这种现象，党中央在党政机关内部开展了大规模的"三反运动"[①]，明确提出反对贪污、浪费、官僚主义行为，通过大力整治贪污、腐败、官僚主义现象，有力地抵制了旧社会遗留下来的恶习和资产阶级的腐蚀，净化了干部队伍，挽救了大多数陷入未深的同志，在人民群众中重新树立并巩固了党的清廉简朴形象，推进了党和国家机关的建设。毛泽东同志一贯主张共产党员和领导干部要保持艰苦奋斗、勤俭节约的作风，并在新中国成立后反复强调，勤俭节约是经济建设和事业发展必须遵循的一项重要原则，要求各级党政机关切实开展精兵简政和增产节约运动，充分体现了他节约资源、勤俭建国的思想。在毛泽东同志看来，"勤俭办社"[②]就要提高生产效率、节约成本、反对浪费，此外，他还提倡变废为宝，要求加强对废弃物的循环再利用。

二、生态环境保护制度化、法制化

1972 年 6 月，联合国第一次环境会议在瑞典首都斯德哥尔摩举行。在周恩来同志的组织和安排下，中国派出了恢复在联合国合法席位后规模最大的代表团。会议期间，中国代表团通过会议内外的交流，开阔了视野，并在回国后提交的总结汇报中指出我国同样存在严重的生态环境问题，尤其在城市污染和水体污染程度方面情况比较严重，甚至在某些方面自然生态环境受到破坏的程度更在大多数欧美国家之上。在这种背景下，周恩来

---

① 王珊珊：《历史节点中的从严治党及其现实路径分析》，《理论观察》2016 年第 3 期。
② 范连生：《合作化时期农业生产合作社勤俭办社的历史考察——以贵州为中心》，《当代中国史研究》2021 年第 6 期。

同志明确表示"对环境问题再也不能放任不管了"①，在他的积极主持下，1973年8月5日至20日，国务院在北京召开了我国第一次全国环境保护会议。这次会议对我国环境污染形势作了全面梳理，使大家对我国环境问题的严重性有了较为全面而深刻的认识，意识到开展生态环境保护工作已经迫在眉睫，由此揭开了中国生态环境保护事业的序幕。

全国第一次环境保护会议取得了以下三个主要成果：一是对生态环境问题作出明确的论断，即"现在就抓，为时不晚"的结论；二是确定了"全面规划、合理布局、综合利用、化害为利、依靠群众、大家动手、保护环境、造福人民"的生态环境保护工作方针；三是审议通过了我国第一部环境保护的法规性文件——《关于保护和改善环境的若干规定》，该法规的批准执行，标志着我国生态环境保护工作由此走上制度化、法制化的道路。②

（一）依靠法律制度，促进生态环境建设

1978年党的十一届三中全会召开之后，为了快速恢复和发展国民经济，党和国家开始实施改革开放政策，重新确立以经济建设为中心的战略方针，我国由此进入中国特色社会主义现代化建设的新阶段。但是在工业化和城镇化起步阶段，忽视经济发展质量、将资源快速转变为经济效益是各国通病，我国也不例外。由于科学技术水平的限制，以及环境保护意识的缺乏，导致以生态环境为代价片面追求经济效益的情况迅速出现，人们大量采用简单粗放甚至粗暴的生产方式，使自然资源被无节制消耗，生态环境保护工作也时常向经济发展妥协，造成的生态环境问题越来越严重，

---

① 人民网：《周恩来说治理环境污染要"化害为利　变废为宝"》，2020年12月8日，见 http://zhouenlai.people.cn/n1/2020/1208/c409117-31959362-5.html。

② 中国环境保护行政二十年编委会：《中国环境保护行政二十年》，中国环境科学出版社1994年版，第7页。

日益影响到社会经济的发展和人民的生命健康，因此生态环境保护被提上工作日程中来。党和政府生态环境保护的实践中逐渐认识到，环境污染的防治和生态环境的保护工作必须得到相关法律的有力支持。

1978 年 3 月，随着党和国家对生态环境保护工作的日益重视，生态环境保护第一次被写进了宪法，新修订的宪法中明确规定了保护生态环境、改善生活环境需要国家党政机关严格执行。随后，开展生态环境保护工作有了法律依据和法律保障，生态环境保护得到人民群众的广泛认知。1979年，新中国成立以来第一部专门的生态环境保护法规《中华人民共和国环境保护法试行》颁布实施，我国生态环境保护工作由此真正开始有法可依。此后，我国生态环境保护工作进入制度化、法制化的新阶段，一大批生态环境保护相关的法律法规陆续被颁布施行。例如，1981 年《关于开展全民义务植树运动的决议》被全国人大审议通过，决议把每年的 3 月 12 日确定为我国的植树节，要求每人每年植树 3 到 5 棵；1985 年《中华人民共和国草原法》颁布；1991 年《中华人民共和国水土保持法》颁布；等等。截至 1992 年，我国完成了三百多项生态环境法律法规和技术标准的制定，完善了我国生态环境保护的法律法规体系，确保了我国的生态文明建设有法可依，为我国生态文明体制制度建设奠定了基础。

（二）将经济发展与环境保护工作相协调

面对日益突出的生态环境问题，邓小平同志敏锐地指出虽然发展经济是关键。但发展经济不是不惜代价的，经济发展与生态环境保护是相辅相成的关系，要辩证地分析经济发展运行的规律，协调各方利益关切，尊重客观规律，因地制宜，统筹推动生态环境保护和提高民生福祉的工作。在改革开放初期的实践中，党和政府逐渐认识到经济发展必须遵循自然规律，必须维持生态环境的平衡，否则最终必然遭到环境恶化的反噬。针对这种情况，党中央明确提出要把生态环境保护工作纳入国家经济管理之中，将环境保护工作作为国家经济管理工作中的一项重要内容，同时要求各级党委、政府和相关部门高度重视环境保护，深入且全面地开展生态环境保护工作。

在 1981 年党中央颁布的多个有关经济发展的决议中，明确要求在经济发展过程要严格限制污染物排放，防范污染物对生态环境造成破坏。同时要求住建部等相关部门，认真审查在建工程项目的各项指标，确保项目合理布局、符合国家标准。对于存在资源过度消耗、环境污染严重问题的在建项目，要求其限期整改，不合格的要责令暂停项目。对于投资规模较大、影响范围较广的工程项目，要求出具针对生态环境影响的评估报告，并经环保部门研究，确认符合相关环保标准后才能批准施工，否则国家将不予通过审批。

1983 年 12 月 31 日至 1984 年 1 月 7 日，第二次全国环境保护会议在北京召开，时任国务院副总理的万里同志闭幕式上明确指出，在社会主义现代化建设过程中经济建设与环境保护是同等重要的，二者相辅相成、缺一不可。经济建设与环境保护协同发展，要对小微型企业建设进行科学合理的布局，严格执行《中华人民共和国环境保护法（试行）》，对其环境污染状况进行严格把控。首先，必须抓紧解决环境突出问题，对污染较为集中的工业聚集区域，进行有计划、有重点、有条理地分步治理。其次，坚持"谁污染谁治理"的原则，制定相关政策，向排污超标的企业施行征收排污税措施，对排污量较小、清洁生产水平较高的企业给予减免税费的优惠政策，促使各工业企业承担起相应的环境治理责任。

（三）依靠科学技术，推动生态环境建设

科学技术是第一生产力。科学技术的进步推动经济发展和社会进步，科学技术在日常工作生活中的广泛应用给大家带来极大的便利。改革开放初期，党和国家就十分重视科学技术在生态环境保护工作中起到的重要作用，希望将科学技术与生态环境保护有机结合起来，用先进的科技手段促进生态环境保护工作有效进行。为此，一方面，党和国家加快中国社会科学院系统、高等院校系统、国务院各部门系统、环境保护管理系统四大环境科学研究体系的建设，在全国范围内组建了初具规模、学科配套的环境科研系统，并将一些重大生态环境课题列入国家科技发展的"六五"和"七五"计划中，进行重点突破；另一方面，发展教育事业，提升全民素质，提高全民的生态意识、环境意识，增强人民群众参生态环境保护行动的积极性，实现人与自然和谐共生的美好局面。在关于生态环境保护的谈话中，邓小平同志多次要求利用科学技术保护环境，强调科学技术在生态环境保护和治理问题上具有重要作用，同时他主张开发新能源，缓解我国资源紧张问题。

1980年，我国与美国签订《中美环境保护科技合作协议书》，强调加强在科技治理生态环境问题方面的合作。通过类似国际间生态环境保护技术的交流与合作，我国增强了生态环境综合治理水平，提高了环境保护技术。这一时期我国生态环境保护工作实现了从"末端治理"到"预防为主、防治结合"的转变，党和政府开展了污染防治方面的探索，开创了一条中国特色的环境保护道路。

三、可持续发展战略

1992年6月，《里约热内卢宣言》和《21世纪议程》两个纲领性文件在联合国环境与发展大会上决议通过，标志着可持续发展观被全球持不同发展理念的各类国家所普遍认同。在此国际背景之下，以江泽民同志为主要代表的中国共产党人集体审时度势，在继承和发展我国生态环境保护和治理的实践经验之上，提出要实施可持续发展的国家战略。

（一）实施可持续发展战略

面对国内资源约束趋紧、污染日益严重、生态系统退化的严峻形势，江泽民同志从正确处理人与自然关系的角度出发，提出了可持续发展的国家战略。

1995 年 9 月，在党的十四届五中全会上，江泽民同志提出"必须把实现可持续发展作为一个重大战略"①。

1996 年 3 月，第九个五年计划任务目标研究确定，可持续发展成为重要的指导方针之一。同年 7 月，在第四次全国环境保护会议上，江泽民同志再次强调："必须把贯彻实施可持续发展战略始终作为一件大事来抓"②。同年 9 月，在党的十五大报告中可持续发展战略被正式提出，报告指出："在现代化建设中必须实施可持续发展战略"③，可持续发展理念得到全党全国的普遍认同。

2002 年 3 月，在中央人口资源环境工作座谈会上，江泽民同志在谈到当前的工作重点时强调，要"正确处理经济发展同人口、资源、环境的关系""努力开创生产发展、生活富裕、生态良好的文明发展道路"④。同年 11 月，在党的十六大报告中，可持续发展战略的重要地位得到进一步加强，上升成为指导我国经济社会发展的重要国家战略之一。

可持续发展战略其目的是实现经济发展同人口增长、资源利用、环境保护相适应，使经济社会的发展与资源环境的承载能力相协调。贯彻可持续发展的理念，要求人们加快转变生产方式和消费方式，减少环境污染、降低资源消耗，增强生态环境保护意识，不片面追求一时的经济发展，而要考虑国家和民族的永续发展。可持续发展战略的提出以及实施，将我国生态环境工作提升到新高度，是生态文明制度建设的重要里程碑。

---

① 《江泽民文选》第一卷，人民出版社 2006 年版，第 463 页。
② 《江泽民文选》第一卷，人民出版社 2006 年版，第 532 页。
③ 《江泽民文选》第二卷，人民出版社 2006 年版，第 1—49 页。
④ 光明日报：《深刻领会"三个代表"的发展观》，2003 年 6 月 29 日，见 https://www.gmw.cn/01gmrb/2003-06/29/103098629A245DA44C48256D54000590 0F.htm。

（二）走新型工业化道路

改革开放初期，由于技术的落后和产业基础的薄弱，我国经济发展主要依赖粗放式生产，这就导致了我国自然资源被无节制消耗、生态环境遭受巨大破坏，对人民群众的生活质量和生命健康造成了严重影响，使国民经济的健康发展受到阻碍。党的十四大以后，以江泽民同志为主要代表的中国共产党人总结改革开放以来我党关于实现工业化的实践经验，最终提出了走新型工业化的发展道路。

在1996年的中央经济工作会议上，面对国内经济发展面临的现实问题，江泽民同志提出要调整经济结构、提升经济发展质量，大力发展科技含量高、带动作用强、市场需求大、经济效益好的产业，并强调产业结构调整是长期性、系统性的工程，需要有战略远见。

2002年11月，在党的十六大报告中，新型工业化道路正式被提出。这是党中央从我国实际出发，借鉴国外经验教训，在充分发挥我国比较优势和后发优势的基础上，作出的重大理论创新。走新型工业化发展道路是贯彻可持续发展理念的必然要求，是对"先污染、后治理"的传统工业发展模式有力替代。这强调在工业化过程中，注重资源节约集约利用和生态环境保护，努力降低资源消耗、提高资源利用效率，减少污染排放，预防环境破坏，最终实现经济建设与人口、资源、环境协调发展。

四、科学发展观

党的十六大以来，随着我国工业化和城镇化进程的加快，资源约束趋紧、环境污染恶化的情况日益严峻。针对这种情况，以胡锦涛同志为主要代表的中国共产党人，凭借非凡的政治远见和高度的历史责任感，明确提出坚持科学发展观，建设生态文明[①]。科学发展观与我国历届领导集体的绿

① 胡锦涛：《高举中国特色社会主义伟大旗帜　为夺取全面建设小康社会新胜利而奋斗》，《人民日报》2007年10月25日。

色发展理念一脉相承，推动形成具有中国特色的绿色发展道路。

（一）倡导科学发展新理念

21世纪初，党和政府深入分析了我国现阶段经济社会发展遇到的一系列问题。为适应中国发展要求，党和政府始终坚持实事求是、与时俱进的精神，借鉴国外成功发展经验，提出了科学发展观这一发展新理念。科学发展观是对历史发展规律的总结，科学地回答了怎么样发展、实现什么样的发展等重大问题，涵盖了可持续发展、高效率发展、全面发展等思想内涵。科学发展观这一重大战略思想与历代中国共产党人在中国特色社会主义建设实践方面既一脉相承又与时俱进。科学发展观的提出标志我党对人与自然的关系有了更深刻、更清晰的认识。科学发展观是全面、协调、可持续的发展理念，是统筹人与自然和谐发展的重要理论，能有效地纠正传统工业化模式弊端，是一种更为科学理性的发展模式，从根本上体现出中国共产党人实事求是、与时俱进，在社会发展的实践不断开拓发展的新思路、新方法，为我国的生态文明建设指明了方向。科学发展观强调人、自然、社会之间的相互协调，要统筹兼顾，最终实现社会经济和国家民族的全面可持续发展。

（二）构建"两型社会"，转变经济增长方式

为了达到节约自然资源、保护生态环境的目的，党的十六届五中全会提出了构建"两型社会"的战略目标。"两型社会"即资源节约型、环境友好型社会，目的是提倡节约自然资源、保护生态环境，核心还是为了实现可持续发展。过去，我国经济的高速发展建立在高消耗、高污染的粗放型经济发展模式上，对自然资源造成过多的消耗和破坏，给生态环境带来巨大压力，是不可持续的。构建"两型社会"，必须转变原有的经济发展方式，优化产业结构，加快推动形成资源节约集约利用的生产模式和绿色

低碳可循环的消费模式，减少对生态环境的污染和破坏行为。构建"两型社会"一定程度上促进了我国产业结构的转型升级，使我国经济发展模式更加健康合理，对我国的生态文明建设起到了促进作用。

（三）明确提出生态文明建设战略

党的十七大报告明确了生态文明建设的地位、目标、任务和措施，由此建设生态文明成为党和国家工作的重要命题之一。报告要求从产业结构、经济增长方式、消费模式等方面展开探索实践，大力发展循环经济，提高可再生能源使用比例，严厉打击破坏生态环境的行为，加快修复重要生态系统，努力改善人民生活环境，逐步在全社会树立生态文明观念。同时，明确提出，生态文明建设是全面建成小康社会的目标之一，需要全党全国人民的积极参与。

五、习近平生态文明思想

时代是思想之母，实践是理论之源。历代共产党人对生态环境重要性的认识，是在社会主义建设中与时俱进，不断升华的。习近平生态文明思想顺应时代发展新要求，回应人民群众新期待，具有明晰的实践逻辑。

（一）构建"五位一体"战略布局

在分析我国发展现状的基础上，党的十八大把生态文明建设放在突出地位，提出"五位一体"战略布局，不仅合理调整了我国特色社会主义事业建设的布局，而且适应了时代发展的需要。党的十八大报告指出："建设生态文明，是关系人民福祉、关乎民族未来的长远大计。"[1]生态文明建

---

① 胡锦涛：《坚定不移沿着中国特色社会主义道路前进　为全面建成小康社会而奋斗》，《人民日报》2012年11月18日。

设其实就是把可持续发展提升到绿色发展高度，为后人"乘凉"而"种树"，就是不给后人留下遗憾而是留下更多的生态资产。

党的十九大报告要求进一步统筹推进"五位一体"总体布局，统筹推进经济建设、政治建设、文化建设、社会建设、生态建设，以实现经济社会全面协调可持续发展。习近平总书记在党的十九大报告中指出，"我们要建设的现代化是人与自然和谐共生的现代化，既要创造更多物质财富和精神财富以满足人民日益增长的美好生活需要，也要提供更多优质生态产品以满足人民日益增长的优美生态环境需要。"①必须坚定走全面协调可持续的文明发展道路，必须坚持人与自然和谐共生。

（二）建设美丽中国

党的十九大报告把社会主义现代化强国目标从"富强民主文明和谐"丰富为"富强民主文明和谐美丽"，即从物质文明、政治文明、精神文明、社会文明、生态文明的高度，提出推进新时代中国特色社会主义发展的目标，凸显了发展的整体性和协同性。建设美丽中国顺应人民对美好生活的向往，体现了以人民为中心的发展思想。

党的十九大报告中明确指出，人与自然是生命共同体，人类必须尊重自然、顺应自然、保护自然。建设现代化国家，要坚持人与自然和谐共生，形成节约资源和保护环境的空间格局、产业结构、生产方式、生活方式，还自然以宁静、和谐、美丽，坚决摒弃以牺牲生态环境，换取一时的经济增长的做法。改革开放以来，我国经济发展创造了"中国奇迹"，显著提升了广大人民群众的物质生活水平，原有的需求也逐步得到满足。而进入新时代，人民对美好生活需要的内容更加广泛，既包括升级的"硬需要"，

---

① 习近平：《决胜全面建成小康社会 夺取新时代中国特色社会主义伟大胜利》，《人民日报》2017 年 10 月 28 日。

也包括新生的"软需要"，其中就包括人民对优美生态环境的需要。然而目前我国存在优质生态产品供给不足问题，建设美丽中国正是针对这一痛点。

（三）绿水青山就是金山银山

在不断实践之下，习近平生态文明思想完成了从区域治理到国家治理的升华。在习近平生态文明思想体系中，"两山"理论是灵魂和核心。

2013年9月7日，习近平主席在哈萨克斯坦纳扎尔巴耶夫大学发表题为《弘扬人民友谊　共创美好未来》的重要演讲并回答关于环境保护的学生提问时，作出了"两山"理论的"三个重要论断"[①]。第一个论断："既要金山银山，也要绿水青山"，说明经济发展与生态保护要兼顾，而且能够兼顾；第二个论断："宁要绿水青山，不要金山银山"，表明发展经济要将生态环境摆在首位，坚持"生态优先"；第三个论断："绿水青山就是金山银山"，说明生态环境就是宝贵资源，是可以转化为生产力的，所以要坚持生态经济化和经济生态化。

"两山"理论是新时代我国生态文明建设的重要指导思想和"指南针"。深入学习"两山"理论的精髓和内涵，结合当前我国生态文明实践的丰硕成果和鲜活案例，使"两山"理论与实践相结合，用实践检验和助推"两山"理论体系的发展，对今后建设美丽中国、加快生态文明体制改革具有重要的理论指导意义。

"两山"理论源自中国博大精深的历史文化，在总结近现代生态文明发展的基础上，根植于我国生态文明实践，既是马克思主义认识论、方法论、辩证法的有机结合，也是新时代中国特色社会主义的重要组成部分。

"两山"理论的科学内涵主要体现在以下三个方面：

一是"两山"理论深刻反映了生态系统的双重性。生态系统既为人类

---

① 习近平：《弘扬人民友谊　共创美好未来》，《人民日报》2013年9月8日。

生活、休闲提供了物质基础和休闲场所，同时为人类经济活动提供了生产资源，破坏或过度使用生态系统，等同于伤害人类自身。

二是"两山"理论强调运用系统论的方法指导人类发展的各个方面，根据不同的时代背景，动态、全面地评估人类发展，使人类与生态系统和谐相处，促进人类全面发展。

三是"两山"理论是以全心全意为人民为出发点，既要改善人民的物质条件，使人民生活富足，又要为人民谋求福利，使人民生活环境优美、宜居。"两山"理论体现了中国特色社会主义以人民为中心的优越性，诠释了推进生态文明体制改革的必要性。

党的十八大以来，随着生态文明制度建设的全面推进，绿水青山就是金山银山理念作为核心理念和基本原则全面贯彻到生态文明建设的各项制度之中。2017 年 10 月，"增强绿水青山就是金山银山的意识"写进《中国共产党章程》，彰显了中国共产党以人民为中心的价值追求和使命宗旨。

（四）山水林田湖草沙是生命共同体

2013 年 11 月 9 日，习近平总书记在《关于〈中共中央关于全面深化改革若干重大问题的决定〉的说明》中指出："我们要认识到，山水林田湖是一个生命共同体，人的命脉在田，田的命脉在水，水的命脉在山，山的命脉在土，土的命脉在树。用途管制和生态修复必须遵循自然规律，如果种树的只管种树、治水的只管治水、护田的单纯护田，很容易顾此失彼，最终造成生态的系统性破坏。"[1]

习近平总书记在许多讲话中，深刻阐述了坚持"山水林田湖草沙是生命共同体"原则和遵循自然规律的重要性，强调要运用系统论的思想方法管理自然资源和生态系统，把统筹山水林田湖草沙系统治理作为生

---

① 习近平：《关于〈中共中央关于全面深化改革若干重大问题的决定〉的说明》，《人民日报》2013 年 11 月 16 日。

态文明建设的一项重要内容来加以部署。习近平总书记用"命脉"一词，生动形象地阐述了人与自然、自然与自然之间唇齿相依、共存共荣的一体化关系，充分揭示了生命共同体内在的自然规律和生命共同体内在的和谐关系对人类可持续发展的重要意义。山水林田湖草沙是生命共同体，人与自然也是生命共同体，人类必须处理好人与自然的关系。

建设生态文明是中华民族永续发展的千年大计，在中国特色社会主义进入新时代的大背景下，习近平总书记提出的"山水林田湖草沙是生命共同体"原则，为我国生态文明建设拓展了新思路。要实现山水林田湖草沙系统治理，必须根据生态系统的多种用途、人类开发利用保护自然资源、生态环境的多重目标以及人民所处时代的约束条件，运用系统的、整体的、协调的、综合的方法做好山水林田湖草沙自然资源和生态环境的调查、评价、规划、保护、修复和治理等工作，保持和提升生态系统的规模、结构、质量和功能。统筹兼顾、整体施策、多措并举，促进生态系统的整体保护、系统修复、综合治理，全方位、全地域、全过程推进生态文明建设。

（五）推动绿色发展，促进人与自然和谐共生

推动绿色发展是生态文明建设的重要任务。人类的文明史就是人类在发展进程中探索如何正确处理环境与发展关系的历史。习近平主席在《生物多样性公约》第十五次缔约方大会领导人峰会上指出，"生态文明是人类文明发展的历史趋势。"[①] 践行生态文明理念，是对工业文明粗放型经济增长方式的深刻反思，是实现人与自然和谐发展的新要求。推进生态文明建设，实现人与自然和谐共生的现代化，要更加注重促进形成绿色低碳生产方式和消费方式，形成内生动力机制，构建绿色低碳产业体系和空间格

———————————

① 习近平：《共同构建地球生命共同体》，《人民日报》2021年10月13日。

局。发挥政府、市场双轮驱动作用，完善绿色低碳政策和市场体系，倡导绿色低碳生活，加强应对气候变化等领域的国际合作，推动绿色低碳技术实现重大突破，促进人与自然和谐共生。

绿色发展是满足共同富裕要求的时代选择。习近平总书记在党的二十大报告中指出，"中国式现代化的本质要求是实现全体人民共同富裕，促进人与自然和谐共生。"[①]共同富裕是社会主义的本质要求，是中国式现代化的重要特征，要坚持以人民为中心的发展思想，在经济高质量发展中促进共同富裕。可持续性是共同富裕的关键要素之一，社会、文化、生态等各方面全面协调可持续是高质量发展和高水平共同富裕的内在要求。发展的可持续性意味着发展要与人口、资源和环境的承载能力相协调，要与社会进步相适应。绿色发展是一种人力资本、技术、资源与环境高度耦合的现代化过程，本质是解决人类生存与发展面临的环境恶化、资源枯竭等可持续性问题，满足人民对于美好生活的向往与追求，实现人的全面发展、人与自然的和谐共生。我国推进社会主义现代化建设的进程中，坚持节约资源和保护环境的基本国策，坚持走生产发展、生活富裕、生态良好的文明发展之路；协同推进生态安全、资源安全、经济安全与社会安全，形成绿色低碳发展方式和生活方式，为全球可持续发展作出了重要贡献。绿色发展已成为我国推动共同富裕的重要行动路径与战略选择。

第二节　我国生态文明体制改革和美丽中国建设的成效

"生态文明建设是关乎中华民族永续发展的根本大计"。[②]党的十八大

---

① 习近平：《高举中国特色社会主义伟大旗帜　为全面建设社会主义现代化国家而团结奋斗》，《人民日报》2022年10月26日。
② 黄守宏：《生态文明建设是关乎中华民族永续发展的根本大计》，《人民日报》2021年12月14日。

以来，以习近平同志为核心的党中央带领全党、全国人民团结一致、攻坚克难，生态环境治理成效显著，生态环境得到较大的改善，资源节约和循环利用水平不断提高，生态文明顶层设计和体制机制更趋完善，生态文明建设迈入新阶段。

近年来，我国生态文明建设成效斐然。一是生态文明建设进程不断推进，生态文明制度体制顶层设计趋于完善，生态环境保障法律体系逐步建立；二是生态文明制度体系贯穿源头、过程、后果的全过程，初步建立生态文明制度体系的"四梁八柱"，为生态文明体制改革持续深化奠定基础；三是资源全面节约和循环利用有序推进，能耗、物耗水平降低效果显著；四是重大生态保护和修复工程进展顺利，湿地资源保护和修复、水土流失预防与治理取得明显成效，水资源保护和防治计划推进顺利，森林覆盖率持续提高；五是生态环境状况得到明显改善，城市大气环境质量好转，城镇、乡村生态环境基础设施建设不断改善，城市污水处理率不断提高；六是积极参与全球生态环境保护与治理，履行生态文明建设的国际责任，为推动世界可持续发展作出重大贡献。

一、生态文明建设进程不断推进

2012 年，党的十八大提出中国特色社会主义事业"五位一体"总体布局，将生态文明建设摆在经济社会发展的重要位置，首次把"美丽中国"作为生态文明建设的宏伟目标。党的十八届三中全会明确要求建立系统完整的生态文明制度体系；十八届四中全会提出用严格的法律制度保护生态环境；十八届五中全会将绿色发展列为"十三五"规划的指导方针之一。

2015 年 4 月，为加快推进生态文明建设，中共中央、国务院印发《关于加快推进生态文明建设的意见》，系统、详细地阐述了生态文明建设的总体要求、目标愿景、重点任务、制度体系。同年 9 月，中共中央、国务院印发《生态文明体制改革总体方案》，提出健全自然资源资产产权制度、建立国土空间开发保护制度、完善生态文明绩效评价考核和责任追究制度等八项制度，从而扭转了我国生态文明制度体系缺乏科学合理的顶层设计和整体规划的局面。

2015 年 12 月，中共中央、国务院印发《生态文明建设目标评价考核办法》，生态绩效成为干部考核的重要评价标准。

2017 年，党的十九大报告提出，在经济发展过程中必须坚持节约资源和保护环境的基本国策，树立和践行绿水青山就是金山银山的理念。同时，《中国共产党章程（修正案）》在大会上被审议通过，首次将"中国共产党领导人民建设社会主义生态文明"纳入党章，强调要"增强绿水青山就是金山银山的意识"，为建设社会主义生态文明确立明确的行动纲领。

2018 年 3 月，《中华人民共和国宪法修正案》在第十三届全国人民代表大会第一次会议上表决通过，生态文明正式被写入国家根本大法，得到了全党全国人民的广泛认同，实现了党的主张、国家意志、人民意愿的高度统一。2017 年 7 月，中办、国办发布《甘肃祁连山国家级自然保护区生态环境问题的通报》，直指当地官员"在立法层面为破坏生态行为'放水'"，"落实党中央决策部署不坚决不彻底"，"不作为、乱作为，监管层层失守"等，措辞严厉，一针见血，百名领导干部被严肃问责。①

2022 年，党的二十大报告指出，十年来我国生态文明建设成效显著，"生态文明制度体系更加健全，污染防治攻坚向纵深推进"②，"生态环境保护发生历史性、转折性、全局性变化，我们的祖国天更蓝、山更绿、水更清"③。

党的十八大以来，我国已经完成十几部生态文明相关法律的制定，除

---

① 新华社：《中共中央办公厅、国务院办公厅就甘肃祁连山国家级自然保护区生态环境问题发出通报》，2017 年 7 月 20 日，见 http://www.xinhuanet.com/politics/2017-07/20/c_1121354050.htm。

② 习近平：《高举中国特色社会主义伟大旗帜　为全面建设社会主义现代化国家而团结奋斗》，《人民日报》2022 年 10 月 26 日。

③ 习近平：《高举中国特色社会主义伟大旗帜　为全面建设社会主义现代化国家而团结奋斗》，《人民日报》2022 年 10 月 26 日。

了新环保法，还有环境影响评价法、大气污染防治法、环境保护税法、野生动物保护法等多部，有效地推动了环境执法工作，成为遏制环境污染的有力武器。2018年全国实施行政处罚案件18.6万件，罚款数额152.8亿元，同比增长32%，有力地遏制了环境违法行为继续蔓延的势头。[①]

二、生态文明制度体系初步形成

党的十八大以来，按照"源头严防、过程严管、后果严惩"的思路逐步建立了生态文明制度体系，党的十八届三中全会通过《中共中央关于全面深化改革若干重大问题的决定》，系统地阐述了生态文明制度体系的构成及其改革方向、重点任务，逐步形成以国家自然资源资产管理体制、自然资源资产产权制度、自然资源监管体制、主体功能区制度、空间规划体系、用途管制、国家公园体制为核心的源头严防制度体系；以资源有偿使用制度、生态补偿制度、资源环境承载力检测预警机制、污染物排放许可制、企事业单位污染物排放总量控制制度为核心的过程严管制度体系；以生态环境损害责任终身追究制、损害赔偿制度为核心的后果严惩制度体系。各级政府部门积极建设生态文明试验区，推动省以下环保机构垂直管理制度、区域流域机构、生态环境损害赔偿制度改革试点、控制污染物排放许可制、禁止洋垃圾入境、生态环境监测网络建设、构建绿色金融体系、河湖长制等一系列生态文明体制改革举措相继出台，初步建立"四梁八柱"性质的制度体系，为生态文明体制改革持续深化奠定基础、积累经验。

从自然保护区建设看，2019年，全国自然保护区达2750个，自然保护区的总面积达到147万平方千米，比2000年增长50.0%。[②]党的十八大

---

① 人民网：《2018年中国实施环境行政处罚案件18.6万件》，2019年1月19日，见http://env.people.com.cn/n1/2019/0119/c1010-30578385.html。

② 中国新闻网：《生态环境部：中国自然保护区总面积占陆域国土面积15%》，2019年9月29日，见https://baijiahao.baidu.com/s?id=1645996100743150431&wfr=spider&for=pc。

以来，我国积极开展国家公园建设，中央全面深化改革领导小组先后审议通过了三江源、东北虎豹、大熊猫、祁连山四个国家公园体制试点方案，国家发展和改革委员会先后批复了神农架、武夷山、钱江源、南山、普达措、北京长城六个国家公园体制试点实施方案。2015 年 12 月，中央深化改革领导小组召开第十九次会议，审议通过《中国三江源国家公园体制试点方案》，开启自然资源管理体制改革的新探索。作为我国首个国家公园，三江源国家公园包括长江源、黄河源、澜沧江源"一园三区"，是维系中国乃至亚洲的水生态安全重地。目前，三江源国家公园建设有序推进，成效初显。2016 年 9 月，面积 12.31 万平方千米的三江源国家公园成为我国第一个得到批复的国家公园体制试点，也是目前试点中面积最大的一个公园。两年多来，青海省委、省政府先后实施原创性改革 100 多项，将三江源国家公园体制试点列为重点改革工程，基本改变了管理混乱、监管不到位的局面，解决了环境保护和执法监管"碎片化"问题，生态保护的能力进一步增强，初步理顺了自然资源所有权和行政管理权的关系。三江源国家公园体制试点先后实施的黑土滩治理、沙化防治等 30 多项的重大工程，治理后植被覆盖度由不到 20% 增加到 70% 以上。[1] 近年来，三江源国家公园内已探索形成了系统、全面的生态管护公益岗位，实现生态环境系统网格化巡查，持证上岗生态管护员达 17211 名，每户居民年均收入增加 21600 元。[2] 自三江源国家公园体制试点以来，青海省已有近万人端上了"生态饭碗"。

三、资源全面节约、降耗效果显著

习近平总书记在十八届中共中央政治局第六次集体学习时指出："节

---

① 中国经济导报：《三江之源万物生——来自三江源国家公园的改革实践》，2022 年 5 月 18 日，见 http://sjy.qinghai.gov.cn/news/zh/24798.html。

② 中国经济导报：《三江之源万物生——来自三江源国家公园的改革实践》，2022 年 5 月 18 日》，见 http://sjy. qinghai.gov.cn/news/zh/24798.html。

约资源是保护生态环境的根本之策。扬汤止沸不如釜底抽薪，在保护生态环境问题上尤其要确立这个观点。过去一段时间，生态环境遭到破坏的大部分原因是由于资源粗放型使用和资源过度开发。如果竭泽而渔，最后必然是什么鱼也没有了。"① 因此，必须从资源使用这个源头抓起。党的十八大以来，我国在推进资源全面节约、降低物耗能耗方面的效果显著。具体来说，一是城市土地集约节约利用水平显著提高，二是矿产资源开发利用更趋合理化、高效化，三是资源、能源消耗总量和强度不断降低。

（一）城市土地集约节约利用水平显著提高

党的十八大以来，自然资源部连续三年组织开展了城市区域建设用地节约集约利用状况调查评价工作，现已形成包括 2015 年度区域初始评价、2016 年度区域更新评价、2017 年度区域更新评价在内的三轮评价成果，评价范围覆盖了全国 31 个省（区、市）及新疆生产建设兵团的 560 余个城市。总体来看，2014—2016 年，参评城市国土开发强度从 6.85% 上升至 7.02%，城乡建设用地人口密度从 4665 人 / 平方千米下降到 4613 人 / 平方千米，地均 GDP 由 201.1 万元 / 公顷提高到 222.2 万元 / 公顷，地均固定资源投资由 125 万元 / 公顷增长至 152.3 万元 / 公顷，单位 GDP 消耗新增建设用地量从 11.1 公顷 / 亿元下降到 9.07 公顷 / 亿元，单位固定资产投资消耗新增建设用地量由 1.2 公顷 / 亿元减少到 0.8 公顷 / 亿元，集约用地水平逐年提高。②

近年来，全国各地级市在城市土地开发利用方面，坚持土地资源集约利用和总量控制，不断改善、优化城区和乡镇内部土地利用结构，严格控

---

① 新华社：《习近平主持中共中央政治局第六次集体学习并讲话》，2018 年 6 月 30 日，见 http://www.gov.cn/xinwen/2018-06/30/content_5302445.htm。

② 中国政府网：《自然资源部通报全国城市区域建设用地节约集约利用评价情况》，2018 年 9 月 2 日，见 http://www.gov.cn/xinwen/2018-09/02/content_5318591.htm。

制城市建设用地总量控制，市区建设用地总量增长速度保持在较低水平，土地用途管制更趋严格、合理；城市建设用地利用效率不断提高，城市建设用地单位产出和回报率持续提升；各省、市积极开展土地整治和修复工程，土地闲置、土地利用效率低等现象得到有效改善，土地节约集约利用评价指数增长显著。

（二）矿产资源开发利用更趋合理化、高效化

1. 矿产资源勘查投入更趋合理化、开发利用达标率不断提高

党的十八大以来，我国矿产资源开发利用的重点聚焦在西部地区和大宗矿产资源丰富的地区，矿产资源开发利用更趋合理化、资源开采利用达标率显著提升。首先，矿产资源勘查的投资更趋合理、高效，勘查投资主要集中在西部地区的矿产资源勘探。党的十八大以来，我国地质勘查投入不断减少，2018 年我国地质勘查投入 173.72 亿元，比 2015 年全国地质勘查投入减少 137.09 亿元，全国地质勘查投入每年保持 10% 以上的缩减；全国地质勘查投入的来源中，中央财政、地方财政、社会投资各占 1/3 左右，其中地质勘查投入的社会资金占比最高，达到 35.5%；2018 年全国矿产资源勘查投入 92.79 亿元，占全国地质勘查投入的 53.41%，矿产资源勘查投入同比减少 23.1%，其中社会资金投入 51.86 亿元，占全国矿产资源勘查投入的 55.9%；全国矿产资源勘查投入前五的矿产资源分别是金、煤炭、铅锌、铜、铀，占全国矿产勘查总投入的 58.3%。[①] 矿产资源勘查投入主要集中在西部地区，其中勘查投入资金前五的省份分别是新疆、内蒙古、青海、山西和贵州。其次，重要矿产资源"三率"达标率不断提升。2018 年，全国煤矿数量减少 1143 个，煤炭开发布局进一步优化；铁矿地

---

① 中国政府网：《2018 年全国地质勘查成果通报》，2019 年 5 月 26 日，见 http://www.gov.cn/xinwen/2019–05/26/content_5394891.htm。

采回采率为 87.3%，露采回采率总体稳定在 96% 以上，重点矿山选矿回收率为 75.8%；有色金属回采率超过 85%。[①]

2.矿产资源综合利用效率显著提升

矿山技术、模式创新和"红线"划定，带动了综合利用效率显著提升。一是在矿产资源开采品位逐渐降低，资源开采难度加大的情况下，开采回采率稳中有升。2018 年，原油平均采收率为 26.4%，与上年持平；地采铁矿回采率为 87.3%，维持在较高水平，同期采出品位比上年降低 0.57%。[②]二是在资源选别难度加大的同时，选矿回收水平总体向好。在原矿入选品位变化不大的情况下，铜矿地采回采率在 87% 左右，露采回采率在 98% 左右；铅锌、锡、锑、钨、钼等开采回采率除铅锌矿外均超过 90%，部分矿种露采回采率达到 98%。[③]三是为构建矿产开发利用标准体系，国土资源部先后发布 27 个矿种"三率"最低指标要求，划定矿山企业开发利用矿产"最低要求"和节约与综合利用"红线"。[④]

（三）资源、能源消耗总量和强度不断降低

1.污染物排放总量控制、能源消耗"双控"目标完成较好

2011 年，国务院印发《"十二五"节能减排综合性工作方案》，明确了"十二五"污染减排的总体要求、主要目标、重点任务和政策措施，污染物减排工作继续强化。2021 年，单位国内生产总值二氧化碳排放下降

---

① 中国矿业网：《全国矿产资源节约与综合利用报告（2019）解读之二》，2020 年 2 月 3 日，见 http://www.chinamining.org.cn/index.php?a=show&c=index&catid=6&id=30672&m=content。
② 中国矿业网：《全国矿产资源节约与综合利用报告（2019）解读之二》，2020 年 2 月 3 日，见 http://www.chinamining.org.cn/index.php?a=show&c=index&catid=6&id=30672&m=content。
③ 中国矿业网：《全国矿产资源节约与综合利用报告（2019）解读之二》，2020 年 2 月 3 日，见 http://www.chinamining.org.cn/index.php?a=show&c=index&catid=6&id=30672&m=content。
④ 中国矿业网：《全国矿产资源节约与综合利用报告（2019）解读之二》，2020 年 2 月 3 日，见 http://www.chinamining.org.cn/index.php?a=show&c=index&catid=6&id=30672&m=content。

达到"十四五"序时进度；氮氧化物、挥发性有机物、化学需氧量、氨氮排放总量同比分别减少 3.2%、3.2%、1.8%、3.1%，均好于年度目标[①]。党的十八大以来，各地方党委、政府以及各级机关认真贯彻党中央、国务院"双控"工作部署，将能耗"双控"目标作为经济发展的首要目标。2016 年，我国能耗物耗"双控"目标完成较好，全国能源消费总量 43.6 亿吨标准煤，同比增长约 1.4%，低于"十三五"时期年均约 3% 的能耗总量增速控制目标，全国单位 GDP 能耗降低 5%，超额完成降低 3.4% 以上的年度目标，2017年前三季度，全国单位 GDP 能耗同比下降 3.8%，能耗总量增速约 2.8%，预计能完成能耗强度降低 3.4% 以上、能耗总量控制在 45 亿吨标准煤以内的年度目标。[②]

2. 淘汰一批产能落后产业和企业

各级政府扎实推动产业转型升级，水泥、平板玻璃、钢铁、煤炭等行业的落后产能得到大量淘汰；积极推进清洁生产，严格监督高污染、高消耗行业的节能减排工作，散煤治理初见成效；大力推进新能源技术研发，提高可再生能源使用比例，实现 71% 煤电机组超低排放工作，淘汰黄标车和老旧车 2000 多万辆；加强重点流域海域水污染防治，水质恶化趋势得到基本遏制；提高化肥、农药利用率，提前三年实现化肥农药使用量零增长目标。

四、重大生态保护和修复工程进展顺利

2015 年 3 月 6 日，习近平总书记参加江西代表团审议时强调："要着力推动生态环境保护，像保护眼睛一样保护生态环境，像对待生命一样对

---

① 新华网：《生态环境部：2021 年全国生态环境质量明显改善》，2022 年 4 月 19 日，见 http://www.xinhuanet.com/energy/20220419/88e323c543f94fe2a67bba6fc3930212/c.html。

② 中国政府网：《发展改革委就能耗总量和强度"双控"目标完成情况有关问题答问》，2017 年 12 月 18 日，见 http://www.gov.cn/zhengce/2017-12/18/content_5248190.htm。

待生态环境。"① 党的十八大以来，我国重大生态保护和修复工程进展顺利。具体来说，一是湿地资源保护和修复工程成效进展显著，二是水资源保护和防治计划推进顺利，三是水土流失预防与治理取得明显成效，四是森林覆盖率持续提高。

（一）湿地资源保护和修复工程成效进展显著

1. 湿地资源保护成效进展明显

2014 年第二次全国湿地资源调查结果显示：全国湿地总面积 5360.26 万公顷（另有水稻田面积 3005.7 万公顷未计入），湿地率 5.58%，纳入保护体系的湿地面积 2324.32 万公顷，湿地保护率达 43.51%。② 我国已初步建立了以湿地自然保护区为主体，湿地公园和自然保护小区并存，其他保护形式为补充的湿地保护体系。党的十八大以来，我国恢复退化湿地 30 万亩，退耕还湿 20 万亩。③ 2021 年我国湿地总面积达 8 亿亩，约占全球湿地面积的 4.4%，位居亚洲第一、世界第四。④

2. 滨海湿地保护修复、调查等方面取得了积极进展

近年来，中国地质调查局青岛海洋地质研究所取得了多项创新成果，如自主研发了土壤固碳探测等技术设备、温室气体测量等设备，完善构建了滨海湿地多圈层生态要素探测技术体系，并获得国内外专利 16 项；初步查明典型滨海湿地多圈层生态地质环境特征，为滨海湿地保护修复提供了依

---

① 光明网：《习近平两会之"喻"》，2022 年 3 月 18 日，见 https://m.gmw.cn/baijia/2022-03/18/35595247.html。

② 国家林业和草原局政府网：《第二次全国湿地资源调查主要结果（2009—2013 年）》，2014 年 1 月 28 日，见 http://www.forestry.gov.cn/main/65/content-758154.html。

③ 共产党员网：《推进美丽中国建设——党的十八大以来生态文明建设成就综述》，2017 年 8 月 12 日，见 https://news.12371.cn/2017/08/12/ARTI1502526095662815.shtml。

④ 国家林业和草原局政府网：《2021 年世界湿地日主题"湿地与水"》，2021 年 2 月 2 日，见 http://www.forestry.gov.cn/main/6225/20220530/143544296735872.html。

据；为解决我国蓝碳和碳汇交易环节薄弱、研发技术落后等问题，构建了完善的滨海湿地生态系统固碳效率评价体系，研发了新一代滨海湿地生态系统固碳利用技术方法体系；在我国八个重要的国际滨海湿地进行深入的勘测调查，针对国内需求首次编制滨海湿地生境演化序列图。[①] 针对我国的现实情况，在滨海湿地保护和修复的关键领域，滨海湿地生物地质重点实验室构建了适用于多种滨海湿地情况的系统保护和修复技术方法，并在我国黄河三角洲、辽河三角洲等滨海湿地经行滨海湿地修复工作，使该地区滨海湿地修复取得了重大进展。

（二）水资源保护和防治计划推进顺利

1. 水资源保护、污染防治不断完善

针对我国一些地区水环境质量差、水生态受损重、环境隐患多等问题。2012 年，国务院出台《水污染防治行动计划》，切实加大水污染防治力度，保障国家水安全。《水污染防治行动计划》要求到 2020 年，七大重点流域水质优良率超过 70%，近岸海域水质优良率接近 70%；同时提出强化水资源源头控制，统筹和兼顾水陆、河海资源的行动方针，加快水资源科学治理，对江河湖海实施分阶段、分区域、分流域治理，全面推进水生态保护、水污染防治和水资源管理。

2012 年 5 月，针对重点流域水污染防治的严峻形势，环境保护部、国家发展和改革委员会、财政部、水利部联合出台了《重点流域水污染防治规划（2011 — 2015 年）》，对各重点流域水污染防治目标作出了具体规划，提出到 2015 年，重点流域总体水质由中度污染改善到轻度污染，Ⅰ—Ⅲ类水质断面比例提高 5 个百分点，劣 Ⅴ 类水质断面比例下降 8 个百分点。在海

---

① 谢宏：《地质调查支撑服务滨海湿地保护修复　取得多项创新成果》，《科技日报》2019 年 6 月 11 日。

洋环境方面，我国完善修订了最新版的《海洋环境保护法》，在海洋环境方面，为我国改善海洋资源利用效率低、海洋生态环境恶化等问题，实现海洋、水资源"多规合一"管理，国家海洋局印发了《海洋生态文明建设实施方案》，并出台了《全国海洋功能区划（2011—2020年）》《全国海洋经济发展"十二五"规划》等多项规划，在此基础上完善和修订了《海洋环境保护法》，为科学谋划海洋空间布局提供了国家层面的管理依据，为海洋资源保护和管理提供了有力保障。

2. 地表水水质总体情况得到改善

党的十八大以来，我国水环境质量得到阶段性改善，水质优良的比例不断提高，地表水质总体情况得到较大改善，地表水质 V 类、劣 V 类水占比逐步下降。2019 年 1 至 3 月，全国 1940 个国家地表水评价断面中，水质优良（I—III 类）断面比例为 74.3%，同比上升 8.0 个百分点，比 2016 年优良水质占比提高 6.5%；劣 V 类断面比例为 6.0%，同比下降 3.6 个百分点（见图 2-1）。[①]

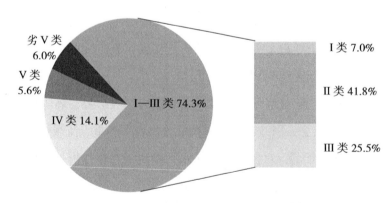

图 2-1　2019 年第一季度我国地表水质类别比例

---

① 生态环境部：《生态环境部发布 2019 年 3 月和 1—3 月全国地表水环境质量状况》，2019 年 5 月 7 日，见 https://www.mee.gov.cn/xxgk2018/xxgk/xxgk15/201905/t20190507_702079.html。

3. 各流域水质情况稳中向好

2019 年 1 至 3 月,长江、黄河、珠江等七大流域及西南诸河、西北诸河和浙闽片河流的 I—III 类水质断面比例为 76.3%,同比 2018 年上升了 6.6 个百分点;此外,劣 V 类为 6.7%,同比 2018 年下降 3.3 个百分点。[①] 主要污染指标为氨氮、化学需氧量和五日生化需氧量。从流域水质评估结果来看,西南诸河、西北和浙闽片河流水质为优,长江和珠江流域水质良好,松花江、黄河、淮河和海河流域为轻度污染,辽河流域为中度污染(见图 2-2)。

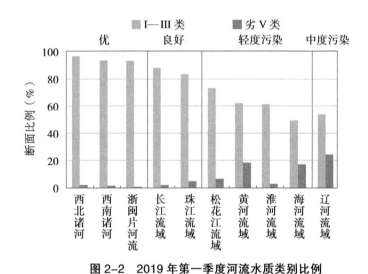

图 2-2 2019 年第一季度河流水质类别比例

4. 重要湖泊、水库水质状况及营养状态显著改善

2019 年 1 至 3 月,全国监测的 98 个重点湖泊、水库中,I—III 类水质湖库个数占比为 72.4%,同比 2018 年上升 7.3 个百分点;此外,劣 V 类水质湖库个数占比为 3.1%,同比 2018 年下降 5.4 个百分点。全国范围内监测富营养化状况的 96 个重点湖泊、水库中,两个湖泊、水库呈中度富营养化

---

① 生态环境部:《生态环境部发布 2019 年 3 月和 1—3 月全国地表水环境质量状况》,2019 年 5 月 7 日,见 https://www.mee.gov.cn/xxgk2018/xxgk/xxgk15/201905/t20190507_702079.html。

状态，占 2.1%；18 个湖泊、水库呈轻度富营养状态，占 18.8%；其余湖泊、水库未呈现富营养化，超标的污染指标主要为总磷量、pH 值和化学需氧量。[①]

（三）水土流失预防与治理取得明显成效

党的十八大以来，我国生态文明建设不断推进，重大生态保护工程进展顺利。在水土流失治理方面，我国土地沙漠化、荒漠化速度整体呈减缓、遏制的趋势，沙漠化、荒漠化重点地区的情况得到明显改善，实现了由"沙进人退"到"人进沙退"的历史性转变。全国第五次土地监测结果显示：2015 年，全国沙化土地面积 172.12 万平方千米，荒漠化土地面积 261.16 万平方千米，有明显沙化趋势的土地面积 30.03 万平方千米，实际有效治理的沙化土地面积 20.37 万平方千米，占沙化土地面积的 11.8%。[②] 与 2009 年全国第四次土地监测结果相比，全国沙化土地面积减少 0.99 万平方千米，荒漠化土地面积减少 1.21 万平方千米。[③] 与 1999 年全国第二次土地监测结果相比，全国沙化土地面积减少 2.19 万平方千米，荒漠化土地面积减少 6.24 万平方千米。[④] "十三五"期间，我国累计治理沙漠化、荒漠化土地 1257.8 万公顷，年均减少 1980 平方千米的沙漠化土地，[⑤] 土地沙化和荒漠化情况逐步得到缓解，各地区出现风沙天气的天数明显减少，水土流失防治工作取得了阶段性成功。

[①] 生态环境部：《生态环境部发布 2019 年 3 月和 1—3 月全国地表水环境质量状况》，2019 年 5 月 7 日，见 https://www.mee.gov.cn/xxgk2018/xxgk/xxgk15/201905/t20190507_702079.html。

[②] 中国政府网：《环境保护事业全面推进　生态文明建设成效初显》，2018 年 9 月 18 日，见 http://www.gov.cn/shuju/2018-09/18/content_5322930.htm。

[③] 中国政府网：《环境保护事业全面推进　生态文明建设成效初显》，2018 年 9 月 18 日，见 http://www.gov.cn/shuju/2018-09/18/content_5322930.htm。

[④] 中国政府网：《环境保护事业全面推进　生态文明建设成效初显》，2018 年 9 月 18 日，见 http://www.gov.cn/shuju/2018-09/18/content_5322930.htm。

[⑤] 顾仲阳、寇江泽、尤家桢：《我国荒漠化沙化石漠化面积持续缩减》，《人民日报》2021 年 6 月 18 日。

（四）森林覆盖率持续提高

党的十八大以来，我国年均新增造林超过 9000 万亩。[1] 根据全国第八次森林资源清查结果，我国现有森林面积 2.08 亿公顷，森林蓄积 151.37 亿立方米，森林覆盖率达到 21.63%，活立木总蓄积 164.33 亿立方米。[2] 与 1973—1976 年的全国第一次森林资源清查相比，森林面积增加 0.86 亿公顷，森林蓄积增加 69.01 亿立方米，森林覆盖率提高 8.93 个百分点，活立木总蓄积增加 64.81 亿立方米。[3]2017 年，全国各地区完成造林面积 736 万公顷，比 2000 年增长 44.2%。[4] 森林良种使用率从 51% 提高到 61%，森林质量稳步提升，造林苗木合格率稳定在 90% 以上，累计建设国家储备林 4895 万亩，全国 118 个城市成为"国家森林城市"，启动两个百万亩防护林基地建设。[5] 我国森林资源呈现出总量增加、质量提升、结构优化的变化趋势。2021 年，全国拥有的森林总面积达到 33 亿亩，覆盖我国近 23.04% 的国土面积，其中，人工林保存面积超过森林总面积的三分之一，达到 12 亿亩，位居全球第一。[6]

五、生态环境状况得到明显改善

2018 年 5 月，习近平总书记在全国生态环境保护大会上指出："生态环境是关系党的使命宗旨的重大政治问题，也是关系民生的重大社会问

[1] 郭超凯：《绿水青山是最普惠的民生福祉》，《人民日报（海外版）》2017 年 10 月 16 日。
[2] 中国政府网：《环境保护事业全面推进　生态文明建设成效初显》，2018 年 9 月 18 日，见 http://www.gov.cn/shuju/2018-09/18/content_5322930.htm。
[3] 央视新闻网：《森林面积 33 亿亩覆盖率达 23.04%　美丽中国"答卷"亮眼》，2021 年 3 月 12 日，见 https://baijiahao.baidu.com/s?id=1694028343220820509&wfr=spider&for=pc。
[4] 央视新闻网：《森林面积 33 亿亩覆盖率达 23.04%　美丽中国"答卷"亮眼》，2021 年 3 月 12 日，见 https://baijiahao.baidu.com/s?id=1694028343220820509&wfr=spider&for=pc。
[5] 中国政府网：《环境保护事业全面推进　生态文明建设成效初显》，2018 年 9 月 18 日，见 http://www.gov.cn/shuju/2018-09/18/content_5322930.htm。
[6] 央视新闻网：《森林面积 33 亿亩覆盖率达 23.04%　美丽中国"答卷"亮眼》，2021 年 3 月 12 日，见 https://baijiahao.baidu.com/s?id=1694028343220820509&wfr=spider&for=pc。

题。"[1] 党的十八大以来，我国生态文明建设进展顺利，生态环境状况得到明显改善，极大地回应了广大人民群众的热切期盼。具体来说，一是城市大气环境质量明显改善，城市空气质量不达标的天数逐渐减少；二是城镇、乡村生态环境基础设施建设不断改善，城市污水处理率不断提高，城镇垃圾合理分类、高效回收工作不断推进。

（一）大气环境质量明显改善

党的十八大以来，面对日益严峻的大气污染问题，我国制定了详细的大气污染和预防机制，出台了《大气污染防治行动计划》，明确了未来一段时期我国大气环境治理的总体要求和目标。自实施大气污染防治行动以来，我国大气污染治理效果显著，全国大气环境改善明显，大气污染严重地区大气环境得到较大的转变，全国各城市空气质量达标占比以及各城市空气质量良好天数呈不断增加的趋势。

2021 年，我国 339 个地级以上的城市中，达到城市空气质量标准的城市有 218 个，未达到城市空气质量标准的城市有 121 个，相较于 2020 年，全国空气质量达标的城市占比提升 3.5 个百分点。[2]2021 年，全国 339 个地级以上城市空气质量优良的平均天数比例比 2020 年增加了 0.5 个百分点，达到 87.5%；城市空气质量未达标的平均天数比例下降到 12.5%（见图 2-3）。[3] 全国 339 个地级以上的城市中，空气质量优良天数比例为 100% 的城市有 12 个，空气质量优良的天数比例在 80%—100% 的城市有 254 个，空气质量优良的天数比例在 50%—80% 的城市有 71 个，空气质

---

[1] 中国政府网：《习近平出席全国生态环境保护大会并发表重要讲话》，2018 年 5 月 19 日，见 http://www.gov.cn/xinwen/2018-05/19/content_5292116.htm。

[2] 中华人民共和国生态环境部：《2021 中国生态环境状况公报》，2022 年 5 月 27 日，见 https://www.mee.gov.cn/hjzl/sthjzk/zghjzkgb/。

[3] 中华人民共和国生态环境部：《2021 中国生态环境状况公报》，2022 年 5 月 27 日，见 https://www.mee.gov.cn/hjzl/sthjzk/zghjzkgb/。

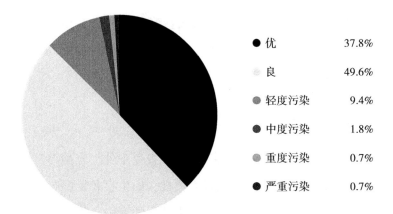

● 优	37.8%
● 良	49.6%
● 轻度污染	9.4%
● 中度污染	1.8%
● 重度污染	0.7%
● 严重污染	0.7%

图 2-3 2021 年全国 339 个城市空气质量各级别天数比例

量优良的天数比例在 50% 以下的城市有 2 个。[①]

（二）城镇环境基础设施建设水平进一步提高

2016 年，城市污水处理率为 93.4%，比 2000 年提高 59.1 个百分点；城市用水普及率 98.4%，提高 34.5 个百分点；全国建制镇用水普及率 83.9%，污水处理率 52.6%；全国乡村用水普及率 71.9%，污水处理率 11.4%；全国城市燃气普及率 95.8%，提高 50.4 个百分点；建成区绿地率为 36.4%，提高 12.7 个百分点；城市人均公园绿地面积 13.7 平方米，增长 2.7 倍；城市集中供热面积 73.9 亿平方米，增长 5.7 倍。[②]2016 年，全国农村卫生厕所普及率 80.3%，比 2000 年提高 35.5 个百分点。[③]城市垃圾处理方面，截至 2018 年，城市生活垃圾无害化处理率达到 98.2%；北京、上海、江苏、广西、四川等八个省或直辖市验收通过 100 个农村生活垃圾

---

① 中华人民共和国生态环境部：《2021 中国生态环境状况公报》，2022 年 5 月 27 日，见 https://www.mee.gov.cn/hjzl/sthjzk/zghjzkgb/。

② 中国政府网：《环境保护事业全面推进 生态文明建设成效初显》，2018 年 9 月 18 日，见 http://www.gov.cn/shuju/2018-09/18/content_5322930.htm。

③ 中国政府网：《环境保护事业全面推进 生态文明建设成效初显》，2018 年 9 月 18 日，见 http://www.gov.cn/shuju/2018-09/18/content_5322930.htm。

分类和回收利用示范县（区）；八个省或直辖市 75% 的乡镇开启生活垃圾分类处理工作。① 全国排查出近 2.4 万个不规范垃圾处理点，其中 47% 的垃圾处理点已经得到有效整治。②

六、履行生态文明建设的国际责任

"生态兴则文明兴，生态衰则文明衰"。古今中外，人类与自然的关系和相处方式印证了良好的生态环境对人类社会的生存和发展产生了积极的影响。党的十八大以来，以习近平同志为核心的党中央将生态文明建设纳入"五位一体"的重要战略布局，推动我国生态文明建设不断进入新征程。近年来，我国生态文明建设初显成效，生态环境不断改善，资源节约集约利用程度不断提高。中国作为世界各国中的一员，在不断改善本国生态环境的同时，积极响应全球生态环境保护行动、履行生态文明建设的大国责任，"共谋全球生态文明建设，深度参与全球环境治理"③，"绿水青山就是金山银山"的理念走向世界，逐渐受到国际社会广泛认同。

2013 年 9 月 7 日，在哈萨克斯坦纳扎尔巴耶夫大学，习近平主席发表题为《弘扬人民友谊　共创美好未来》的重要演讲，他指出："中国明确把生态环境保护摆在更加突出的位置。我们既要绿水青山，也要金山银山。宁要绿水青山，不要金山银山，而且绿水青山就是金山银山。"④ 习近平主席的讲话向世界表明了我国生态文明建设的决心和态度，生动形象地表达了生态环境与经济发展之间关系，并将绿水青山就是金山银山的理念传达给世界。

---

① 全国能源信息平台：《固废处理发展潜力如何？固废处理行业发展前景》，2020 年 2 月 12 日，见 https://baijiahao.baidu.com/s?id=1658298610028601313&wfr=spider&for=pc。
② 全国能源信息平台：《固废处理发展潜力如何？固废处理行业发展前景》，2020 年 2 月 12 日，见 https://baijiahao.baidu.com/s?id=1658298610028601313&wfr=spider&for=pc。
③ 张孝德、张蕾、周洪双：《共谋全球生态文明建设》，《光明日报》2021 年 12 月 29 日。
④ 习近平：《弘扬人民友谊　共创美好未来》，《人民日报》2013 年 9 月 8 日。

2015 年 6 月，我国正式向联合国提交了《强化应对气候变化行动——中国国家自主贡献》的文件，该文件明确了我国参与全球环境治理的行动目标。文件指出：到 2020 年单位国内生产总值二氧化碳排放比 2005 年下降 40% 至 45%，非化石能源占一次能源消费比重达 15% 左右；2030 年二氧化碳排放达到峰值并争取尽早达峰，单位 GDP 二氧化碳排放比 2005 年下降 60% 至 65%，非化石能源占一次能源消费比重达 20% 左右。该文件表明了我国生态文明建设的决心和信心，展现了我国面对全球环境治理的大国责任和担当，体现了我国应对全球生态环境恶化所作出的巨大努力。

2015 年 11 月 30 日，习近平主席在巴黎出席气候变化巴黎大会开幕式并发表题为《携手构建合作共赢、公平合理的气候变化治理机制》的重要讲话。他指出中国会尽最大努力早日完成"国家自主贡献"中的目标，实现森林蓄积量比 2005 年增加 45 亿立方米左右。[1]我国正在以行动不断向世界证明，我国有信心和决心实现承诺，为全球生态环境保护作出最大的努力。

2016 年 5 月，联合国环境规划署专门发布《绿水青山就是金山银山：中国生态文明战略与行动》报告，高度肯定中国生态文明建设的举措和成果。中国的生态文明建设实践，不但增进了中国人民福祉，也为全世界的可持续发展提供了经验借鉴。

2016 年 9 月 3 日，习近平主席同美国总统奥巴马、联合国秘书长潘基文在杭州共同出席气候变化《巴黎协定》批准文书交存仪式。《巴黎协定》描绘的绿色低碳发展全球大势与中国生态文明建设战略选择相一致，无论国际形势如何变化，中国都将贯彻创新、协调、绿色、开放、共享的发展理念，积极应对气候变化。这是可持续发展的内在需要，也是打造人类命运共同体的责任担当。

---

① 习近平：《携手构建合作共赢、公平合理的气候变化治理机制》,《人民日报》2015 年 12 月 1 日。

2017 年 1 月 18 日，在瑞士日内瓦万国宫，习近平主席出席"共商共筑人类命运共同体"高级别会议，并发表题为《共同构建人类命运共同体》的主旨演讲。习近平主席在演讲时指出："我们不能吃祖宗饭、断子孙路，用破坏性方式搞发展"，要"寻求永续发展之路"。[①] 习近平主席的演讲向联合国表达了中国推动生态文明建设、改善生态环境的决心。

2018 年 12 月，在中国政府的积极斡旋下，波兰气候变化大会最终达成重要共识。近 200 个国家就下一步如何应对全球气候恶化、生态环境改善的行动细则达成一致意见。我国将继续大力推进气候变化南南合作，目前中国气候变化南南合作基金已经正式运营，包括建立 10 个低碳示范区、开展 100 个减缓和适应气候变化项目以及提供 1000 个赴华培训机会等在内的合作项目正在实施，切实为发展中国家应对气候变化、实现绿色发展提供战略支持。中国南南合作团队已与 27 个国家开展合作，帮助这些国家提高适应和减缓能力、管理能力和融资能力。中国作为全球应对气候变化事业的积极参与者，中国绿色发展理念以考虑全球生态安全的角度出发，为推动世界更好实现可持续发展作出贡献。

"绿色治理"理念得到越来越多的世界赞誉，中国也终将成就世界眼中的"美丽风景"。

第三节 我国生态文明体制改革和美丽中国建设的措施

党的十八大以来，我国构建起自然资源资产产权制度、国土空间开发保护制度、空间规划体系、资源总量管理和全面节约制度、资源有偿使用和生态补偿制度、环境治理体系、环境治理和生态保护市场体系、生态文明绩效评价考核和责任追究八项制度。这八项制度构成了产权清晰、多元

---

① 习近平：《共同构建人类命运共同体》，《人民日报》2017 年 1 月 20 日。

参与、激励约束并重、系统完整的生态文明制度体系，推进生态文明领域国家治理体系和治理能力现代化，努力走向社会主义生态文明新时代。

一、建立与完善自然资源资产产权制度

由于我国自然资源种类丰富，功能各异，因此对不同自然资源的管理千差万别，涉及不同的行政部门、企业和人口，是一个极其复杂庞大的管理系统，自然资源资产不能再采取分割式管理，而是应该推进其构建"边界清晰、主体多元、利益协调"的所有权系统与建成"权责明晰、监管有效、运行规范"的管理权系统。

（一）全面统筹相关要素，提升综合利益

生态环境作为一个系统性的整体，不同自然资源相互关联，并与经济、社会紧密相连。基于自然资源的整体性，建立与完善自然资源资产产权制度不仅要统筹不同资源产权的划定问题还需要统筹同种资源不同功能的产权，明确资产所有权和管理权产权的划定、权利主体义务及其责任，处理好政府与市场的关系，推进个人、企业、其他社会组织、社会在产权机制的约束激励下优化自然资源的配置，还需要考虑自然资源产权制带来的综合效益包括经济效益、生态效益及其未来可能带来的效益。

随着环境污染、生态破坏、资源耗竭引发成本的不断上升，无论是生态损害赔偿，或是资源的定价都更需要把资源的外部性内化为发展成本，从而实现自然资源高效率利用，减少浪费实现有序合理开发，在社会生产和再生产过程中实现资源自我补偿。

（二）细化自然资源管理方式，明确自然资源资产产权

社会主义现代化是人与自然和谐共生的现代化，自然资源的绿色开发是质量变革和效率变革的根本支撑。自然资源管理要践行绿色发展理念，

推进自然资源绿色开发与有偿使用，细化自然资源管理方式。

现阶段，我国自然资源资产所有权和管理权的主体虚置和缺位，导致自然资源资产的价值长期被低估。因此，进一步明晰化、具体化产权制度体系是解决自然资源低效利用、闲置浪费等问题的重要途径。完善自然资源资产产权制度要完善自然资源委托代理机制，建立国务院—省—市—区（县）多层级自然资源委托代理和评价考核机制，实现自然资源的合理、高效配置。同时对自然资源的使用权进行明确的界定和划分，明确自然资源使用权的权利范围，实现自然资源资产的增值保值。

（三）统筹自然资源所有权和管理权体制

推动自然资源所有制形成"边界清晰、利益平衡、权责对等"的所有权体系，合理划分和确定自然资源的所有权，使权利互不重叠、功能完整，权利范围覆盖更为全面，权力界定更为清晰。同时还要推动"权责明晰、监管有效和运行规范"的管理权系统，建立自然资源产权登记制度，完善自然资源的离任审计制度，推进自然资源资产市场的完善，实现对自然资源的有效保护和管理，推进自然资源的所有权和管理权体制协同发展。

二、构建国土空间开发保护制度

传统的"资源使用观"仅仅注重资源的经济属性和社会属性，对生态属性不够重视。在自然资源开发和生态环境保护发生矛盾和冲突时，往往注重资源开发，注重获取经济效益，而放任生态环境遭破坏，从而尝受自然界的惩罚。从生态文明建设的角度来看，国土空间开发保护制度从经济、社会、生态等多重角度奠定了经济社会发展和生态文明建设的物质基础和空间载体，关乎国家经济安全、生态建设和社会发展。

（一）完善主体功能区配套政策

完善主体功能区战略需要合理划定、优化开发城市化地区，保护基本农田和耕地的粮食主产区，建立以修复生态环境和保护生态安全优先的生态功能区，提高自然资源的使用效率、保障生态安全，使经济发展、人口扩张与资源环境承载力相协调。在城市化地区，构建以国家重点开发和优化开发地区为轴构建城市化战略格局，优化地区内部结构，在环境承载力的范围内进行发展；在农产品主产区，以基本农田为基础，其他农业区为辅的战略格局；在生态功能区扩大环境容量，增加生态产品供给。

（二）建立以国家公园为主体的自然保护地体系

国家公园为主体自然地保护体系是我国生态文明建设的重要内容。目前，我国自然保护地体系存在国家自然保护区、森林公园的生态空间受不同职能部门的重叠管理，导致我国的自然保护地体系管理混乱。因此，建立和完善自然保护地体系要明晰各个部门、各个法规权利义务的边界，大力推进国家公园的试点建设，推进对国家公园的管理方法、法律、标准的划定和完善。同时，也要推进国家公园建设相配套的管理，包括设立分不同级别的国家公园管理委员会或是管理局等，对水、土地、森林等自然资源进行确权登记。明晰国家公园在内的自然资源的所有权、管理权、经营权的划分与界定，可以采取委托代理方式，将自然资源的管理权交给管理机构代为管理和经营，明确双方的责任和义务，确定违约责任，从而实现对国家公园为主体的自然保护地体系和自然资源进行有效管理。

三、完善国土空间规划体系

完善国土空间规划体系要以经济社会发展规划和空间综合规划两者并

重，国家、省域层面的法定规划经济社会发展规划主要注重经济社会发展战略、重大产业布局引导、资源环境保护等内容，空间综合规划融合城乡规划和土地利用规划对发展目标定位、空间布局结构、土地指标、空间管制的核心内容，以重要城镇布局和土地使用管控为主，地方层面则以空间综合规划为主导，细化落实国家、区域的发展战略和空间管控要求，协调各专项规划和部门发展诉求。地方层面的空间综合规划内容可包括发展战略、目标定位、发展规模、空间布局、空间管制等内容，划定生态控制线、城市增长边界线，并作为空间综合规划的主要控制要索，实现空间综合规划对环境资源的保护和土地使用的管控。

（一）严格落实国家主体功能区规划制度，完善国土空间规划体系

以全国国土规划纲要、跨省（区、市）重点区域国土规划为主要框架，在国家、省级和区域层面，强化国土规划对国土空间开发、利用、保护、整治的综合统筹和指导作用，促进国土空间规划制度和自然资源用途管理制度作为实行自然资源资产管理的重点，按照自然资源资产管理的现实需求展开针对性和具本性的工作实践。

一方面，要严格落实全国主体功能区规划制度。主体功能区规划是我国国土资源开发的战略性、基础性和约束性规划。2010 年，国务院印发了《全国主体功能区规划》，为构建高效、协调、可持续的国土空间开发格局提供了纲领性指导意见。严格落实主体功能区规划制度，就是要按照各主体功能区的定位推动区域发展。各级人民政府要严格依据国家发展和改革委员会、环保部颁布的《关于贯彻实施国家主体功能区环境政策的若干意见》，实施有区别的、差异化的自然资源资产管理措施，对禁止开发区、重点生态功能区、重点工发区和优化开发区采用具有不同问题指向的规划、监督、执法和绩效评价体系。

另一方面，要完善国土空间规划体系。国土空间是人们赖以生存的场

所，也是生态文明建设的空间载体。受到以往计划经济体制和行政管理制度等因素的制约，我国符合市场经济快速发展要求的国土空间规划体系尚未建立。在生态文明建设中，要按照资源优化配置的目标和要求，打破部门分割、指标管理的局限，建立起城乡规划、国土规划、生态环境保护等规划相互协调、功能互补、相互衔接的规划体系。在规划体系的建立过程中，要使规划过程更多体现群众意愿，使规划制定的最终结果更加符合地方经济社会发展的长远布局，争取"多规合一"，实现"一个县市一张规划图，一张规划图管一百年"。作为国土空间管理的基础环节，县级政府要充分发挥积极性和主动性，要因时因地制宜，根据地方工业化、城市化和经济社会发展趋势有效研判和科学制定生态功能区、居民生活区、工业开发区、农业发展区的合理边界，并依据高效优质的基础设施体系和物流、信息流支持体系，使各类自然资源资产功能得到扩散和共享，让国土空间规划的科学价值在生态文明建设中发挥引领性、先导性和约束性作用。

（二）促进小城市和小城镇协调发展

促进小城市和小城镇协调发展要以土地利用总体规划为基础，统筹安排城镇各类用地及空间资源，合理部署各项建设。合理控制特大城市规模，增强中小城市承载能力。科学设置城镇开发强度，提高城镇土地利用效率、城镇建成区人口密度，科学划定城镇开发边界，严格新城、新区设立条件和程序，从严合理供给城市建设用地，推动城镇化发展由外延扩张向内涵提升转变。

（三）科学设置开发和保护边界，严格用途管制

基于生态系统的整体性和系统性，要对生态系统进行统一集中管理，要根据不同地区的自然发展状况和经济发展水平，清晰划定一个地区包括

"生存线""发展线""保障线""生态线"在内的红线和边界。其中，"生存线"是基本农田、耕地资源的红线，要优化国土资源的开发和空间结构；"发展线"是控制资源的开发利用强度，为经济发展提供土地空间，有利于农业、工业、服务业三大产业的绿色增长；"保障线"是为石油、天然气及其重要矿产资源提供运输渠道，保证国家能源的供应；"生态线"需要不断扩大生态空间的比重，提高水质达标率，增强环境承载力、扩大环境容量，提升环境总体质量。

四、完善资源总量管理和全面节约制度

现阶段，由于我国资源人均总量较低、对外依存度较高，通过对资源总量、强度的约束，严格限制重要资源的使用总量和使用强度，建立节约资源的长效保护机制，有利于推进人与自然、社会之间的协调发展。贯彻绿色发展理念，创新水、土地和矿产等资源的节约机制，构建市场导向的绿色创新体系，减少开发利用自然资源的能量和物料损失，推进自然资源的全面节约和循环利用。完善和落实最严格的资源保护制度，严守生态保护红线、永久基本农田、城市开发边界三条红线，加强流域环境治理、加快构建以国家公园为主体的自然保护地体系。

（一）强化约束性指标管理，实行总量和强度双控

建立和完善资源总量管理和全面节约制度要强化约束性指标管理，对能源和水资源消耗、土地等开展总量和强度双控行动。这不仅仅会改进传统的资源宏观管理方式，同时也将促进资源的节约和高效利用。为了实现这一目标，必须摒除部门和地方之间的利益牵绊，以全局视角健全完善约束性指标体系，提高节约资源的标准，把总量和强度的双控目标同环境改善、经济发展和社会和谐目标结合起来。同时建立目标责任制，将目标任务进行合理分解落实。建立自然资源监管体系和资源利用的审查、准入、

核定和违法处罚制度，将资源利用双控指标纳入经济社会发展综合评价体系，并且将考评结果作为干部考核和晋升的重要依据。

（二）坚持最严格的节约用地制度

坚持严格的土地节约集约利用制度。制定土地节约集约相关标准，修订完善土地使用标准，完善土地利用评价制度，加强全过程节约管理，合理控制土地开发利用强度，提高土地综合利用效率，进一步推进土地资源利用方式向集约高效转变。

强化耕地数量质量生态"三位一体"保护。落实严格的耕地保护制度，构建约束性保护、建设性保护、激励性保护、自律性保护相结合的耕地保护新格局。调整完善土地利用总体规划，严格划定城市发展边界，划定生态保护红线、永久基本农田并实行特殊保护。坚持耕地保护数量质量生态并重。探索多样化的耕地保护补偿机制。充分发挥耕地生产粮食、保护生态环境和传承农耕文化的多重功能。

（三）完善用水权、用能权等产权的初始分配

由于我国资源的产权、排放权利的初始分配制度起步较晚，导致我国资源使用的价格存在一定的扭曲，企业排放成本较低。因此，通过完善用能权、用水权、排污权等权利的初始分配制度，对自然资源进行确权登记，处理好政府与市场的关系，发挥市场在资源配置中决定性作用，从而有效提高资源的利用效率和建立资源长效保护机制。其次，现行的合同能源管理和合同节水管理这一系列市场手段虽然取得一定成效，但是在我国仍然存在缺乏推进市场手段相配套的保障措施，融资不足、缺少对环境价值的认同。因此，要不断创新政策工具，加大财政政策投入，扩宽融资渠道，完善资源环境的市场机制。

五、完善环境治理体系

（一）以政府为主导进行环境治理

2018 年，国务院机构改革方案设立生态环境部，把原有的分散的环境治理的制度体系逐渐统一起来，从生态环境的整体系统来制定生态环境的法律法规、政策、标准，将环境保护与环境治理相统一。由政府积极推进环保信息的强制披露，通过增加惩罚力度来增加生态破坏行为的成本，建立环保信用评价体系，对大气污染、水污染、土壤污染等环境污染进行及时防治的修复，对固定废弃物采取回收再利用的方式，提供优质生态产品，推进建立绿色低碳循环的经济体系。通过环保督察和环境监测及时对环境污染行为进行监测，为解决环境突出问题，推进生态文明建设奠定了基础，激发产业结构升级，切实履行好政府在环境治理中的职责。

（二）明确企业保护环境的责任与义务

构建环境治理体系应以政府为主导，企业、公民、社会公共参与。企业既作为活跃经济和发展的主体，也是引发环境污染的重要主体，但是企业的行为是基于现有的市场机制作出的，因此不仅要完善现有的生态环境市场，更应该在市场中体现生态环境的价值。创新绿色金融的服务体系尤其是生态产品的金融方式，形成有效的自然资源的定价机制和有偿使用制度，加大对绿色产业的财政投入和绿色项目扶持，刺激国有资本、社会资本能够有效地投入到环境治理过程中，同时推进企业的环保信息披露和环保信用体系的，发挥企业在环境治理中的重要作用。

（三）引导公众和社会组织参与环境治理的积极性

生态环境既为人们提供了生产、生活空间，同时作为一种公共物品具有外部性。生态环境与公民的生存环境息息相关，每个公民是环境治理的重要利益群体。公民以参加社会组织的形式，通过利益相关体建立起环境治理协商机制。因此，政府在制定环境治理相关决策时，应该积极听取公民与社会组织的意见，扩宽听取公民、社会组织提供意见的渠道，并建立配套的协商、讨论、谈判机制。扩大公益诉讼的主体范围，激励社会组织反应环境治理诉求，推进环境治理法规的有效执行。公民也通过积极参与环境治理过程，从生活中减少资源浪费环境破坏的现象，采取绿色低碳的生活方式。

（四）环境治理向系统化、整体化发展

推进生态系统整体保护，要优化生态安全屏障体系，构建生态廊道和生物多样性保护网络，开展生物多样性保护，提升生态系统质量和稳定性。加强流域与湿地的保护，推进生态功能重要的江河湖泊水体休养生息。建立以国家公园为主体的自然保护地体系，改革各部门分头设置自然保护区、风景名胜区、文化自然遗产、地质公园、森林公园等的体制，对上述保护地进行功能重组，建立国家公园制度，实施最严格的保护。

推进生态系统的系统修复，要坚持保护优先、自然恢复为主的原则，人工修复应更多地尊重自然、顺应自然，要有系统性、整体性方案。长期以来，我国高强度的国土资源开发导致许多生态系统出现了比较严重的退化。针对这些生态退化，国家相继组织开展了一系列生态修复和治理工程，提高了林草植被、森林覆盖率，但由于工程之间缺乏系统性、整体性考虑，存在着各自为战、要素分割的现象，局部效果较好，但整体效果差。对山水林田湖草沙生态系统的修复治理，要统筹山上山下、地上地下、陆地海洋以及流域上下游，依据区域突出生态环境问题与主要生态功能定位，确定生态保护与修复工程部署区域。要抓紧修复重要生态功能区和居民生活区废弃矿山、交通沿线敏感矿山山体，推进土地污染修复和流域生态环境修复，加快对珍稀濒危动植物栖息地区域的修复。

（五）加强环境治理的法制建设

基于环境基本法，加强对环境治理的法制建设，以改善生态环境为目标，理顺不同部门的行政制度、法律、流程之间关系，是提升环境治理水平的法制基础。完善环境治理的法制建设，首先要做到有法可依，全面考虑到环境治理存在的复杂性和环境要素之间的联动性、整体性，政府、企业、个人都可以依照法律规定执行。其次，建立起社会对生态环境破坏行为的监督体系，完善责任者需对自己的生态破坏行为进行生态补偿的机制和制度建设，推进生态赔偿制度的试点，不断完善生态环境治理的司法保障。最后，要提高环境治理的科学化水平。绿色技术创新作为当代发展最为活跃的领域，提高绿色技术创新水平有助于解决我国经济发展与资源约束发展瓶颈的问题，是实现环境治理与经济增长双赢的重要路径。绿色技术创新一方面帮助人民认知环境问题的形成过程，另一方面有助于人民提出具有针对性环境治理方案、污染监测预警系统等方式实现对环境污染的控制，进一步运用互联网、物联网等信息技术工具，推进信息的电子化，并且及时将环境信息向公众反馈更有利于环境的监督。

六、完善资源有偿使用和生态补偿制度

（一）加快自然资源及其产品价格改革

加快自然资源及其产品价格改革，使其能全面反映市场供求、资源稀缺程度、生态环境损害成本和修复效益。依据市场的供求关系，构建科学合理的资源价格体系，深化资源性产品价格和税费改革，使财政对资源的有偿使用的配置调解职能得到充分发挥，同时调整资源的使用制度，进而使整个资源性企业的经济效率得到提高。充分发挥资源税对市场调节作用和资源消费利用结构的调节作用。全面扩大对资源税的征收范围，将资源税的税收种类扩展到矿产资源、水资源等各类对生态环境

产生影响的资源。特别是对那些再生能力较弱且对环境破坏严重的资源性产品，应该征收重税。政府通过相关政策推动退耕还林、退牧还草，对地下水严重超采和污染严重的耕地的用途进行调整，有序实现耕地、河湖休养生息。

（二）坚持生态补偿的主体多元化

目前主要的生态补偿主要依靠政府部门，不仅加重了政府部门的财政负担，同时也使生态补偿难以持续。因此，必须充分调动市场的力量，从而形成真正的市场机制的补偿方式。推进企业等市场主体作为生态补偿主体，将相关的费用核算到生产的产品成本中，进而使广大消费者与生产企业一起为生态环境保护与建设贡献力量，在全社会形成共同保护生态环境的良好氛围。

（三）提高生态补偿的标准

当前，地方政府财政每年都会拿出一部分经费进行生态补偿，但由于经费有限，很难对生态环境起到"源头治理""系统治理"的作用。此外，部分地方政府仅仅参照相关部门的简单核算就确定了生态补偿的标准。而国际上通用的生态补偿标准是生态补偿客体（自然环境）的自然成本，其中包括生态服务功能价值、环境治理成本和生态恢复成本。因此，生态补偿需要借鉴国际经验，建立科学合理、符合中国国情的生态补偿标准，完善高标准的生态补偿制度体系。

七、构建环境治理和生态保护市场体系

（一）培育生态保护市场主体，实现生态经济可持续发展

2015年9月18日，中共中央、国务院明确提出了培育环境治理和生态保护市场主体的改革举措。以企业为主体、政府引导，充分发挥市场配

置资源的决定性作用，培育和壮大企业市场主体，提高环境公共服务效率，形成多元化的环境治理体系。政府需强化利益调节机制，借助价格、税收、信贷、补偿等经济杠杆，吸引市场主体参与生态保护与修复，培育一批生态建设与保护的龙头企业，通过产权流转、租赁等形式与公民合作。国家通过规范、监督企业对生态的保护和建设行为，形成"政府＋龙头企业＋公民"共同参与的模式，实现生态经济可持续发展。在生态建设保护中可以创新多种机制，将政府目标与市场主体行为结合，国家提供资金补助，企业按期完成治理目标，市场主体发展产业，形成利用和保护产业链。大力推进市场机制建设，打造大量规模以上的环保企业，尤其注重提升企业的技术水平、管理经验、品牌效应和服务能力，促进具有明显优势的环保企业集聚。扩大市场主体范围和增加市场供给，推进环保生态市场建设和绿色产业不断发展。

（二）创新金融工具，建立产权流转抵押的金融体系

我国现行的自然资源的确权登记工作，为自然资源产权的流转提供了基础。目前产权流转的方式有出租、转让、抵押贷款等。建立产权流转、抵押、拍卖的金融体系，加大金融部门对生态经济系统的投入力度，以自然资源的所有权或使用权作为抵押物向金融机构借款，可增加市场主体进入自然资源生态建设与保护的积极性，从而推动环境治理市场全面开放，政策体系更加完善，环境信用体系基本建立，监管更加有效，市场更加规范公平，生态保护市场化稳步推进。推行环境污染第三方治理、政府和社会资本合作，引导和鼓励技术与模式创新，提高区域化、一体化服务能力，不断挖掘新的市场潜力。

（三）加强政府监管，建立对生态保护市场主体的监管制度

自然资源产权在市场流转时，产权主体还要承担相应的保护生态环境

的义务。政府应当根据自然资源的地理条件、生态状况，对其用途、利用方式、利用条件等作出科学的评估和规划。建立对生态保护市场主体的监管制度，健全法律法规，强化执法监督，规范和净化市场环境，发挥规划引导、政策激励和工程牵引作用，调动各类市场主体参与环境治理和生态保护的积极性，在激励的同时约束监管企业及公民对自然资源的保护与利用。

八、完善生态文明绩效评价考核和追责制度

（一）明确的考核评价主体和考核评价对象

在中央全面深化改革领导小组第十四次会议上，习近平总书记指出："要强化环境保护'党政同责'和'一岗双责'的要求，对问题突出的地方追究有关单位和个人责任。"[①] 在生态环境保护的方面，"党政同则"与"一岗双责"也应该作为政府考核的基准与根本要求。

党的十八大以前，我国对于政府各级部门生态环境保护方面的考核与评价相对较少，政府各级负责人作为政绩考核的主要对象，在区域、行业等方面均未对其设置明确、有效的生态环境考核指标，这无疑导致早期政府部门对环境保护的重视不足。同时，由于责任和对象不明晰，在现行的环境保护的监管体制下，各部门间仍存在职能交叉、权责不清、缺乏协作的问题，执法主体和监测力量分散，环保领域多头执法问题突出。相关的监管制度散见于法律、法规和规章中，不同层级的法律文件规定也不尽相同，使环境保护行政主管部门对尾矿环境安全的监管难以形成合力。各级立法委员大都是从自身的角度出发来制定环境监管的法规文件，相互之间缺乏统一，甚至还会有激烈的冲突，而对于经济欠发达的地区，发展的任

---

① 新华网：《习近平主持召开中央全面深化改革领导小组第十四次会议强调把"三严三实"贯穿改革全过程　努力做全面深化改革的实干家》，2015 年 7 月 1 日，见 http://www.xinhuanet.com/politics/2015-07/01/c_1115787597.htm。

务重、压力大。在经济发展与环境保护产生矛盾时，由于政绩需要地方政府常常会向经济发展妥协，而生态环境则成为"牺牲品"，造成了实际监管活动中存在着执法不严、监管不到位的问题。

近年来，在生态文明建设的要求下，我国出台了诸如《全面推行河长制意见》《党政领导干部生态环境损害责任追究办法（试行）》等政策文件，从流域、行政区域等空间维度提出了环境保护的具体要求，为党政领导干部的环境保护工作指明了方向，落实了"党政同责、一岗双责"的原则。由此也可见，明确考核评价主体和考核评价对象，建立科学、有效的生态环境保护考评制度是未来发展的必然趋势。

（二）设置科学的考核评价指标体系内容

现行的《生态文明建设目标评价考核办法》《生态文明建设考核目标体系》和《绿色发展指标体系》，即"一个办法、两个体系"，共同构建了生态文明制度建设的考核评价制度规范。由于我国经济发展逐渐进入新常态阶段，资源环境日益趋紧，由此产生新的经济问题和环境问题。因此，把绿色发展指数和公众满意程度纳入考核评价体系是面临新问题的必然选择，而且不仅要将更多绿色环保的指标纳入环保体系中，还需要科学合理对绿色环保的指标权重进行分配，从而影响官员的行动机制。环境治理更应从源头治理，从整体上综合考虑各个地区生态承载力、禀赋的差异及其经济发展状况的差异，在发生环境污染后，确定环境污染的来源和污染因素，对不同地区进行差异化的考核体系，综合定性评价和定量评价，制定考评制度。

（三）确保考评程序的公正公开

1.健全政府考核评价的监督管理机制

通过定期开展制度的学习和培训，领会考核评价制度的精神，对重点环境问题组织人员进行专题学习，培养考核人员专业性，以增强政府执行制度的自觉性。构建考核对象自查上报程序，实行个人执行制度情况专项报告，通过召开民主生活会、个人重大事项报告和年终总结等，为政府部门及负责人在制度执行情况方面提供自查报告平台。提升考核人员监督管理水平，要让考核组织机构人员在进行对象考核时，有理有据，知晓人员的工作实际情况，认真负责，全程参与监督，做好信息交接和发布工作。

2. 充分利用媒体的大众传播功能，建立环境保护信息公开机制

政府信息公开是政府依法行政的重要职责，主流媒介作为舆论的导向，需要以传播生态知识、传播生态文化为己任，成为传播生态文明理念的主流平台。第一，在发生重大环境事故，造成严重环境问题时，政府应积极与媒体、环保部门合作，第一时间将环境真实信息告知给公众，让公众有正确认知，并采取防范和准备。这是对政府环境监管职责的要求，也是对社会公众负责的体现。第二，加大信息公开力度，让群众充分行使环境信息的知情权，是落实政府工作的重要手段。政府通过媒体采取多种方式宣传生态文明建设的意义、基本要求、主要思路和实施步骤。第三，拓宽公众参与渠道，通过网络新闻等媒体舆论进行监督。媒体要成为生态文明信息交流的平台，避免公众和舆论媒体滥用权利，防止公众用权利办坏事。政府敞开各种渠道让公众参与环保实施的监督，媒体要及时传达政府关于生态文明建设的决定和部署，同时向政府有关部门反馈人民的建议。

（四）严格追究生态环境责任人的法律责任

美好的生态环境是人民追求美好生活的基本需要，生态环境一旦破坏就难以恢复。长期以来，我国部分地区对经济发展过程中的生态环境恶化、资源浪费、破坏等现象没有重视，对生态环境恶化地区的党政干部采取约

谈、劝勉或调职等措施，导致生态环境恶化的现象没有得到根本性的扭
转。党的十八大以来，我国制定实施了党政干部生态环境损害终身追究制
度，地方党政官员无论职位有多高、无论升职或调任多久，只要其在任期
间因决策失误或监管不严格导致生态环境恶化都要依法追究责任。严格追
究生态环境责任人的法律责任，一是要对地方党政干部实行严格的考评制
度，增加生态环境保护考评内容占全部考评的权重，同时针对不同地区的
生态环境、经济发展情况，制定领导干部的考核标准；二是严格实行党政
领导干部生态环境终身责任制，对生态环境恶化问题坚持谁破坏谁负责、
谁获利谁负责，将生态环境责任与官员紧紧捆绑在一起，确保地方领导干
部的发展思路转变为绿色发展、可持续发展。

九、以"双碳"目标为核心推动绿色低碳革命

全球气候变化引发的极端天气频发、海平面上升、生物多样性破坏等
已经影响到人类的生存和发展，逐渐成为经济社会可持续发展的重大挑
战，积极应对气候变化是实现生态文明和社会主义现代化建设的重要内容
和目标，也是中国参与全球治理和承担国际社会责任的重要领域。2020 年
9 月，习近平主席在第七十五届联合国大会一般性辩论上提出，中国"二
氧化碳排放力争于 2030 年前达到峰值，努力争取 2060 年前实现碳中和"[1]。
2022 年 10 月，党的二十大报告指出，"实现碳达峰碳中和是一场广泛而深
刻的经济社会系统性变革"[2]，以"碳达峰碳中和"目标为核心的绿色低碳
革命，是一场广泛而深刻的经济社会系统性变革，也是进入新发展阶段、
加快推进生态文明建设的内在需要。

---

① 习近平：《习近平在第七十五届联合国大会一般性辩论上的讲话》，《经济日报》2020 年 9
月 22 日。
② 习近平：《高举中国特色社会主义伟大旗帜　为全面建设社会主义现代化国家而团结奋
斗》，《人民日报》2022 年 10 月 26 日。

（一）碳达峰碳中和已成为全球环境气候治理的综合引擎

全球变暖势不可当，《2020 年全球气候状况》报告显示，2020 年全球平均温度较工业化前高出 1.2℃，二氧化碳浓度已超过 410 百万分比浓度。目前，全球已有超过 120 个国家和地区积极响应《巴黎协定》，做出碳中和承诺，这意味着未来绿色可持续经济低碳竞争将成为全球经济发展的主基调，国际经济体系的主导权正朝着绿色低碳化的方向发展。可以说，绿色低碳经济正成为国际经济增长引擎，一个国家未来国际秩序转型的主导性和发言权，其关键性支撑力量之一就是在绿色低碳领域的竞争力与创新力。中国作为全球环境气候治理的重要力量，"双碳"目标的提出，标志着中国全面进入绿色低碳时代，经济高质量发展与碳中和相结合，迈向经济社会绿色低碳全面转型的步伐加速，中国必将在全球环境气候治理中发挥重要作用。

（二）碳达峰碳中和有利于保障能源安全，实现经济高质量发展

中国能源消费结构仍然以化石能源为主，但油气资源匮乏，对外依存度达 62.8%，能源安全问题日益突出。碳中和要求中国采取化石能源清洁利用和清洁能源利用并重的发展路径，[1]构建以新能源生产和消费为主体的绿色低碳能源体系，从而减少对油气资源的对外依存度，提高能源安全自主保障水平，形成以内循环为主的新发展格局。

碳达峰碳中和是经济高质量发展的动力。从碳达峰到碳中和是实现经济增长和二氧化碳相对脱钩走向绝对脱钩的过程，[2]碳中和是实现经济高质量发展的内在要求，为经济发展的绿色转型提供了方向，不仅带来能源转

---

　　[1]　邹才能、何东博、贾成业、熊波、赵群、潘松圻：《世界能源转型内涵、路径及其对碳中和的意义》，《石油学报》2021 年第 2 期。

　　[2]　庄贵阳：《实现碳达峰碳中和意义深远》，《中国青年报》2021 年 3 月 29 日。

型也带来产业结构的变革，通过行政、财政等手段将碳排放成本纳入企业的生产成本，在能源与资源领域、先进材料与制造领域等新型产业实现绿色科技变革，实现经济转型增效。

（三）碳达峰碳中和是生态文明建设的重要任务

人类的文明史就是人类在发展进程中探索如何正确处理环境与发展关系的历史，"生态文明是人类文明发展的历史趋势"[①]。践行生态文明理念，是对工业文明粗放型经济增长方式的深刻反思，是实现人与自然和谐发展的新要求。

碳达峰碳中和为生态文明建设设定了目标和约束，倒逼生产模式从传统的高碳模式到低碳模式再到零碳生产模型的演变，推进经济高质量发展。将碳达峰碳中和纳入生态文明建设整体布局，有利于发展成为资源节约型和环境友好型的生产方式、生活方式及其空间格局，积极发挥减污降碳的协同作用，走生态优先、绿色低碳的高质量发展道路，实现工业文明向生态文明转变。

---

① 习近平：《共同构建地球生命共同体》，《人民日报》2021年10月13日。

第三章　我国生态文明体制改革和美丽中国建设面临的主要问题和挑战

第一节　我国绿色发展面临的主要问题和挑战

目前，我国现代化发展的进程和经济高质量发展的需求促使人民更加重视生态环境保护问题。我国在进入 21 世纪后，环境保护工作得到有效开展，但生态系统面临的严峻局面仍未得到改变。传统的粗放型经济发展模式带来的资源耗竭、生态功能破坏、生物多样性减少等问题，导致人与自然之间的矛盾与日俱增，并严重阻碍了我国经济社会可持续发展进程。虽然我国经济总量位居世界第二，但我国是世界最大发展中国家的国际地位没有变。随着我国生态文明体制改革的推进，体制机制改革逐渐进入"深水区"和"阵痛期"，生态环境保护任务依然艰巨。新冠疫情暴发以来，面对国际经济下行和国内经济"新常态"的双重压力，转变经济结构、拓展经济发展动力、合理有效配置资源、实现人与自然和谐相处已成为目前亟待解决的问题。为加快建设中国式现代化、突破高质量发展瓶颈，必须妥善处理经济发展与环境保护之间的辩证关系。总体而言，我国绿色发展主要面临以下几点问题和挑战。

一、绿色生产和消费的法律制度亟待完善

首先，绿色发展领域尚缺乏一部提纲挈领的国家绿色发展基本法。目前，我国涉及绿色发展方面的立法虽然数量颇多，但主要集中在生态环境保护和自然资源保护方面，例如海洋环境、大气、水、固体废物等污染防止法，以及森林、渔业、土地、矿产、草原、能源等自然资源管理法。在构建绿色发展模式的方面，主要有《节约能源法》《循环经济促进法》《可再生能源法》等法律。但是，这些法律法规的制定常常是滞后于社会发展的，往往是在问题出现并发展到相当严峻的情形下，为了补缺而颁布的。因此，它们不仅在时效性上有所欠缺，而且内容的前瞻性也不足。其原因归根结底是目前在绿色发展领域缺乏一部基本法作为"母法"和主干，为立法工作提纲挈领。现有立法工作往往是"走一步，看一步"，各种法律法规均为应对现有问题而生，没有明确的统属关系。其结果便是，各类资源保护法律各自独立，缺乏联系，各类环保法律之间体系相对不够紧密，没有形成具有统一指导理念的绿色发展法律体系。

其次，绿色发展法律适用主体仍然片面。绿色发展是包含政治、经济、社会、文化等在内的整体系统转变的目标发展方式，必须用系统思维统筹全面地推进实施。绿色发展法律的适用主体应囊括行政、生产、生活消费的所有主体，从国家管理基础思路、物质文化产品生产全过程、人民生活消费理念等所有主体出发，充分保障绿色发展法律的普适性，不仅在国家管理模式上进行转变，同时推进全社会生产生活理念的转变。这不仅要求政府各部门在制定发展目标、分解工作计划和协调各职能部门利益关系过程中，充分考虑到绿色发展相关法律要求，将绿色理念放在所有工作目标、战略规划之前；而且要严格依法限制和取缔违反绿色发展基本理念的落后产能和落后生产技术，依靠法律的强制性提高各产业的绿色生产效率。同时，无论是经营者还是消费者都应认同和遵守绿色发展理念，关注

消费绿色化，通过自身的行为规范维护绿色发展法律的权威性和正确性。但是，在传统发展模式的惯性下，绿色发展的立法大多建立在禁止环境违法和号召节约资源上，缺乏系统的治理观念和绿色发展理念的渗透。绿色发展相关立法工作并没有把绿色发展作为出发点，而是作为各项工作任务之后的一个次要约束条件进行考虑。由于法律没有把防止环境破坏、坚持绿色优先的职责赋予政府各个职能部门以及社会生产生活的各个主体，使得环境保护更多地集中于破坏后的环境修复，因此环保部门要承受过多的监管责任。

再次，现有法律体系落后于绿色发展的时代需求。绿色发展是我国未来必须长期坚持的发展战略，必须对社会生活的方方面面进行根本性地调整。回顾现有法律体系，无论是刑法、民法、商法等，都还没有响应国家绿色发展战略而作出相应调整。例如，我国的刑法对于资源环境犯罪缺乏关注；民法对于自然资源产权纠纷问题尚未有明确的条款；教育法没有对绿色发展相关理念作为标准教学内容进行规范；商法中没有明确自然资源产权流转、碳汇、绿色金融、财税对绿色产业扶持等相关内容；行政法中对于政府在推进绿色发展中的职能职责缺少相关规定。绿色发展不是一个时期的问题，绿色发展法律体系的建立必须从基本法出发，贯穿国家法律体系的方方面面，机械地增加法律数量不能将绿色发展理念完美地融入国家核心发展理念之中。要使绿色发展理念在社会传递中不偏移，统一社会对于绿色发展的集体认知，必须让绿色发展的核心理念深刻融入国家法制体系的方方面面，以法律的形式规范绿色发展理念，以标准和合理的结构形成协同效应。

最后，法律的普适性、稳定性、强制性没有对绿色发展形成助力。绿色发展在包括我国在内的世界许多国家，首先都是通过鼓励政策进行推动，并且对法律进行了有效补充，缓解了规范与事实之间的尖锐矛盾，但也在一定程度上牺牲了法律的规范性、强制性和普适性。政策缺乏长期性、强制性和普适性，政策的实施范围有其局限性，绿色发展归根结底是国家永续发展的根本路径，政策在发展模式转变的初期，能够起到促进、补充、探索的作用，但长期来看政策不足以代替法律的作用和地位，建立完善绿色发展法律体系的主要目的是肯定绿色发展的核心战略地位，全面推进绿色发展理念发展。我国绿色发展政策与法律的协同作用机制仍未建立，例如制定低碳发展的"十二五"规划、制定绿色发展战略的"十三五"规划等，都是从国家未来总体宏观规划开始，自上而下地进行发展理念的调整和创新，但政策的推行都需要一个过程，在初期很难做到各个层次的法律法规和政策统一响应，现阶段环保、资源、能源等法律并无明确的绿色发展内容体现，政策与法律缺乏协调统一的转变。

考虑到绿色发展的深刻性和多维性，在现有法律体系中进行针对性的改革和创新必然有其滞后和矛盾频发阶段，建立绿色发展的法律体系必须使绿色发展顶层设计与现有法律体系改革创新的相向而行，以绿色发展理念为核心建立统一、系统的法律体系，实现现有法律体系的绿色化以及政策与法律的兼容并施。

二、科技创新对绿色发展的驱动力有待提升

在传统工业化时代，政府往往注重经济发展速度，忽视经济发展质量和资源环境保护。在这种背景下，推动经济发展的技术创新不断涌现，而实现经济发展和环境保护双赢的绿色技术没有得到应有重视，经济增长速度与污染物排放量增加尚未脱钩，引发了越来越严重的资源环境问题，人与自然之间的关系变得不协调。长期以来，我国在科技创新工作中积累了一些问题，并日益成为绿色发展的瓶颈制约。

（一）绿色核心技术供给不足，研发水平与发达国家存在差距

一是绿色技术创新水平与发达国家存在差距。节能环保技术是绿色技

术的重要组成部分，2007 年以来，中国节能环保产业专利申请量一直保持世界第一位，2014 年专利申请达到 164107 件，远超日本（6364 件）和美国（3868 件）。[①] 我国在节能环保产业专利申请量上取得的进步，与我党历年来高度重视生态环境保护、资源节约和可持续发展密不可分，但在绿色技术创新的质量上仍存在不足。首先，绿色技术的原创不够。中国节能环保产业的专利申请中，发明专利申请数量刚超过总量的一半。其次，我国节能环保技术水平较国外发达国家偏低，核心技术较少，国内申请人的发明专利仅占总量的四成，美国节能环保产业申请人的发明专利则占总量的九成。

二是研发经费投入量低于发达国家水平。2011 年，中国研发经费投入量为 341 亿元，仅为日本的 41.7%，美国的 12.9%。[②] 近年来，中国研发经费快速增长，截至 2021 年，中国研发经费投入量为 2.8 万亿元，位列全球第二大研发经费投入经济体。但是，中国研发经费投入量占国内生产总值的比重与发达国家仍具有一定的差距。2021 年，中国研发经费占国内生产的比重为 2.44%，与 2020 年美国 (3.45%)、德国 (3.14%)、日本 (3.27%)、韩国 (4.81%) 等国家相比，中国仍有较大差距。[③]

（二）市场没有在技术创新的资源配置中发挥决定性作用

一是绿色技术创新自我循环比较严重，没有面向市场需求。当前我国的环境科技创新体系，还是以传统的末端治理为目标，绿色技术运用滞后于绿色发展的需求，绿色科技成果多用于已出现的环境污染问题，对于提

---

① 张江雪、张力小、李丁：《绿色技术创新：制度障碍与政策体系》，《中国行政管理》2018 年第 2 期。

② 尤喆、成金华、易明：《构建市场导向的绿色技术创新体系：重大意义与实践路径》，《学习与实践》2019 年第 5 期。

③ 中国新闻网：《中国研发经费保持较快增长　预计 2022 年将超过 3 万亿元》，2022 年 9 月 1 日，见 http://henan.china.com.cn/finance/2022–09/01/content_42092194.htm。

高资源能源利用效率等前端治理运用不够。

二是科研和经济联系不紧密。近年来科技进步对经济贡献率取得了长足的进步，2019 年我国科技进步贡献率达 59.5%，2020 年全球创新指数我国位居世界第 14 位，创新型国家建设取得新进展。但世界创新型国家科技进步的贡献率普遍高达 70% 以上，我国科技进步的贡献率与创新型国家相比仍存在较大的差距。[①] 我国在基础研究、创新生态、科研生态等方面存在着短板，需要进一步完善。

三是市场激励、市场约束和市场交易机制运行不畅。在市场激励方面，当前我国绿色技术创新项目主要靠政府财政支出，但支持力度不够。国家对节能环保的财政支出占 GDP 的比例明显少于美国、德国、日本等发达国家。绿色创新主体融资渠道少，社会力量向绿色创新主体投资的渠道和收益分配的机制不通畅。绿色技术创新市场是新兴市场，进入的门框较低，绿色技术创新市场进入、退出机制还未建立。绿色技术创新是高新技术创新，具有高风险的特征，收益实现的过程较长。中央政府缺乏鼓励对绿色技术创新项目进行风险投资的税收优惠政策，容易导致绿色创新主体在投资经营中承担的风险无法得到相应保障，市场主体参与的积极性不高。

（三）绿色技术创新体系中存在失衡现象

一是绿色技术创新方向不清晰，政府和企业在绿色技术创新体系中位置模糊，创新资金使用存在浪费。绿色技术创新产业是政策导向性极强的产业，需要强有力的政策保障。打破原有的技术创新体系，重新构建市场导向的绿色技术创新体系，需要强有力的政策推动，通过政策、标准、立法推动绿色需求的释放。一个典型的例子是，国家鼓励发展新能源汽车产

---

① 冯华、喻思南：《我国科技进步贡献率已达 59.5% 创新驱动发展战略深入推进》，《人民日报》2020 年 10 月 21 日。

业，采取新能源汽车优先上牌、直接现金补贴等行政和财政措施。然而，由于缺少相应的管理，某些厂商钻政策空子，骗取新能源补贴。

二是绿色金融法律法规体系不完善、协同发展条件不足、金融机构参与程度不高、产品创新力度不够。绿色金融是为绿色发展而生，绿色技术创新体系引领绿色发展，因此绿色金融对绿色技术创新体系的支持不可或缺。

三是绿色技术创新的创新成果应用不够。高校、科研院所绿色技术创新的积极性及参与度都非常高，在技术突破领域发挥了重要的作用。某些科研人员满足于课题经费、论文、专利和获奖科研成果，企业虽然参与创新、甚至是部分课题的牵头方，但是由于考评体系、利益分配体系的缺陷，企业多为伪主体，很多时候课题虽为企业牵头，但背后真正起主导作用的依然是脱离应用的科研人员。

四是公众还未适应简约适度、绿色高效的生活方式，对绿色消费需求的拉动不足。当前，广大人民群众对优质生态产品的需求日益增加，从消费层面来看，大多数公众仍然处于高碳消费的生活模式，对绿色产品的购买量较少。我国缺少推动绿色消费的基本法，一方面对违反绿色消费标准的行为没有制约；另一方面缺乏对绿色消费行为的鼓励。从公众层面来看，公众的绿色消费意识偏低，对绿色消费和绿色产品的认识不够；公众的绿色消费认识有限，不少公众认为绿色消费仅仅是购买与消费，忽视了使用后的处理等问题。

三、绿色金融仍处于起步阶段

"金融是现代经济的血液。血脉通，增长才有力。"[1] 金融服务实体经济的能力对经济发展起着重要的驱动作用。随着我国经济发展阶段的转变，

---

[1]　习近平：《习近平"一带一路"国际合作高峰论坛重要讲话》，外文出版社 2018 年版，第 8 页。

绿色发展已经成为我国高质量发展阶段的主旋律。我国实行供给侧结构性改革离不开绿色金融，在转变发展方式、优化经济结构、转换增长动力的攻关期，加速完善绿色金融政策体系，促进绿色金融在绿色产业发展和生态环境修复中发挥驱动作用，是畅通新经济血脉，促进高质量增长不可或缺的一环。从 1995 年央行发布的《关于贯彻信贷政策与加强环境保护工作有关问题的通知》开始，我国陆续颁布了一系列规划指引性政策文件，旨在引导和规范金融机构开展绿色金融业务。2015 年，中共中央、国务院在《生态文明体制改革总体方案》中首次明确了我国绿色金融体系的顶层设计思路。2016 年，七部委联合发布《关于构建绿色金融体系的指导意见》，标志着建立健全绿色金融体系、大力发展绿色金融已上升为国家发展战略。2017 年，党的十九大报告中明确提出"发展绿色金融，壮大节能环保产业、清洁生产产业、清洁能源产业"[1]。2022 年，党的二十大报告中进一步指出"完善支持绿色发展的财税、金融、投资、价格政策和标准体系"[2]。加强绿色金融体系建设、全面推动绿色金融发展已经成为实现新时期我国绿色发展战略的重要抓手。

现阶段我国资源环境矛盾仍然严峻，加快淘汰落后产能和过剩产能、鼓励和扶持绿色产业发展、推进供给侧结构性改革的任务紧迫，虽然我国绿色金融发展起步较晚，但客观需求很高。在此背景下，我国绿色金融呈现出蓬勃发展的趋势，截至 2018 年年末，国内 21 家主要银行的绿色贷款余额已超 8 万亿元，增幅超 16%，体量稳居世界第一。[3]但同时也应注意到，由于我国绿色金融体系建设仍处于起步阶段，发展中仍存在一些制约

---

[1] 习近平：《决胜全面建成小康社会　夺取新时代中国特色社会主义伟大胜利》，《人民日报》2017 年 10 月 28 日。

[2] 习近平：《高举中国特色社会主义伟大旗帜　为全面建设社会主义现代化国家而团结奋斗》，《人民日报》2022 年 10 月 26 日。

[3] 中国人民银行：《中国绿色金融发展报告（2018）》，2019 年 11 月 20 日，见 http://www.gov.cn/xinwen/2019–11/20/content_5453843.htm。

因素，主要体现在：

一是缺乏有实践意义的绿色金融扶持体系。现有政策体系均是从引导、指引出发，从宏观战略上鼓励金融机构开展绿色金融业务，缺乏统一、全面、有实践意义的监管和奖励政策，不能从税收优惠、财政补贴等制度上补偿绿色金融各方的正外部性。由此带来的结果是，金融机构开展绿色金融业务的主要动力仅来源于营造企业社会形象和响应政策号召，绿色产业融资成功率主要还是与还款能力和还款周期挂钩。

二是绿色金融相关行业标准欠缺。发展绿色金融旨在定向扶持绿色产业发展，而判断绿色产业、评估扶持力度、落实监管必须形成金融行业统一标准，统一标准的缺失将使绿色金融的战略作用大打折扣，甚至成为金融腐败的温床。

三是企业信息披露机制仍有待完善。信息披露机制是金融机构和融资主体接受社会监督的有效形式。金融机构统一披露相同口径的信息将为国家产业布局调整提供有效数据支持，而完善的信息披露机制也能够对融资企业形成全流程监管。

四是缺乏市场化创新环境。绿色金融的正外部性补偿机制尚未建立，金融机构在产品创新上缺乏活力，而市场第三方参与的途径也未打开，因此绿色金融市场化的配套服务体系的创新难以形成。绿色金融领域亟须要产品创新、模式创新和体系创新。

四、资源全面节约和循环利用水平不高

推进资源全面节约和循环利用是我国生态文明建设的重要内容，是解决资源环境问题、倒逼经济发展方式转变、推动经济高质量发展的重要措施。改革开放以来，我国资源节约和循环利用工作取得了巨大成就，但仍然存在一些问题。一是能耗、物耗水平较高，资源利用方式仍然粗放。我国单位能耗不仅远高于美国、日本等发达国家，也高于印度、巴西等发展

中国家，能耗强度仍需进一步降低；水资源利用效率不高，每万元工业增加值用水量 28.2 立方米，高于世界先进水平 50% 以上，农田灌溉水有效利用系数只有 0.568，远低于 0.7 至 0.8 的世界先进水平，每万美元 GDP 用水量约为 350 立方米，高于 300 立方米的发达国家水平；[①] 土地资源节约集约利用程度不高。二是废弃资源利用效率不高。我国废弃资源主要品种回收率不超过 50%，与发达国家相比还有较大差距。三是生产系统与生活系统脱钩。生产系统与生活系统循环利用率低，系统内部余热、余能资源大量闲置，缺乏科学、合理的资源调控机制。四是市场机制仍不完善。排污权、碳排放权、用能权、用水权制度不完善，资源保护管理不到位、资源产权纠纷频发，资源滥用、资源闲置的局面没有从根本上扭转；资源有偿使用制度不完善，资源要素和环境外部成本没有得到体现，资源价格对资源节约和循环利用的引导性不够。

第二节　我国环境治理面临的主要问题和挑战

一、水污染形势仍不容乐观

我国气候干旱，缺水严重，虽然淡水资源总量较多，但人均水资源量仅达到世界平均水平的四分之一，此外，实际可开发利用的淡水资源较少，且水资源分布呈现出巨大的时空差异：南方多北方少，东部多西部少，春夏多秋冬少。在这种不容乐观的水资源情况下，我国水环境还面临着严重的污染风险。根据国家环境监测网对地表水环境质量的实际监测显示，2017 年全国 1940 个地表水国考断面（点位）水质达到 I—III 类，IV—V 类及劣 V 类水环境质量比例分别为 67.9%、23.8% 和 8.3%，氨氮、石油类

---

① 水利部：《2021 年中国水资源公报》，2022 年 6 月 15 日，见 http://www.mwr.gov.cn/sj/tigb/202206/t20220615_1579315.html。

和高锰酸盐等指数构成了主要污染指标。[①] 到 2021 年，全国 3632 个地表水国考断面（点位）水质达到Ⅰ—Ⅲ类，Ⅳ—Ⅴ类及劣Ⅴ类水环境质量比例则分别为 84.9%、13.9% 和 1.2%。[②] 正如图 3-1 及图 3-2 中我国七大流

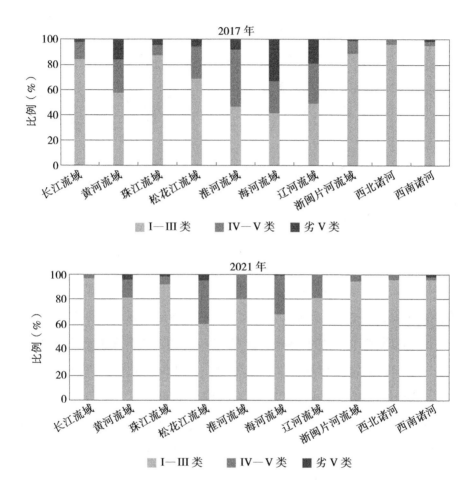

图 3-1　七大流域和浙闽片河流、西北诸河、西南诸河水质状况

资料来源：《2017 年中国生态环境状况公报》《2021 年中国生态环境状况公报》。

---

① 生态环境部：《2017 年中国生态环境状况公报》，2018 年 5 月 22 日，见 http://www.gov.cn/guoqing/2019-04/09/5380689/files/87a1ee03f56741f699489bee238ba89a.pdf。
② 生态环境部：《2021 年中国生态环境状况公报》，2022 年 5 月 26 日，见 http://www.gov.cn/xinwen/2022-05/28/5692799/files/349e930e68794f3287888d8dbe9b3ced.pdf。

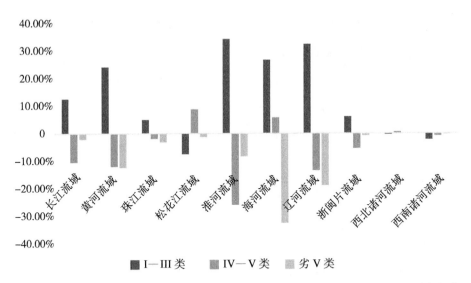

图 3-2　2017 年、2021 年七大流域和浙闽片河流、西北诸河、西南诸河水质变化率
资料来源：《2017 年中国生态环境状况公报》《2021 年中国生态环境状况公报》。

域和浙闽片河流、西北诸河、西南诸河水质状况及其变化率所示，自 2005 年松花江重大水污染事件发生后，政府花重金、出重拳对污染流域进行水环境治理修复，松花江流域及海河流域水质有明显改观，取得了显著成效；海河流域因其地理位置的特殊性及污染的突出性，其治理关系到京津冀的发展，在严格划定排放标准，积极采取控排减排措施，调整流域产业结构，其水污染治理凸显转机，水质量得到明显提升。

整体来看，我国地表水水质正在稳步改善，但部分重点流域的支流污染状况仍然严重，重点湖库及部分海域水体富营养化问题突出，城市黑臭水体仍大量存在，饮用水安全保障亟待加强。

此外，我国水生态破坏情况较为普遍：第一，过度开发导致浅滩湿地、江河湖泊生态环境质量难以保障，河道岸坡硬质化降低了水体自净能力，部分河道水体生态功能丧失殆尽；第二，工程建设、栖息地退化等因素显著改变了生物的生存环境，部分生物生存环境恶劣，生物多样性受到一定影响；第三，大江大河沿岸化工企业、工业集聚区与饮用水水源相互交错，部分河道、滩涂底泥、沙重金属含量超标，甚至存在通过食物链威胁人类身体健康的风险。

因此，在解决水污染问题上，要以系统工程思维指导水环境的治理、修复、管理、防治等一系列工作，聚焦于重点流域、近岸海域等污染较为严重的地区，加大力度整治不达标水体、惩处相关偷排行为，对达标水体实行更为严格的保护，以此推进地下水污染综合防治工作。流域是由山、水、林、田、湖、草、沙等元素构成的生命共同体。因此，实施流域环境综合治理需要从整体出发，多管齐下，将流域作为统一的治理单元，对其上中下游、左右岸、陆地水域环境实行整体保护、系统管控和综合治理。此外，随着近海岸污染日益严重，综合治理显得尤为重要，要贯彻落实从山顶到海洋、海陆一盘棋的理念，以二者兼顾，区域联动的原则指导入海河流的综合整治工作，严格管控海岸线活动，对于围填海、占用自然岸线等开发建设活动加大审核力度，持续推进海洋生态修复治理，加强污染防治和生态保护的系统性及协同性。

二、土壤污染风险不容忽视

伴随着人口增长，经济高速发展，城镇化进程的加快，我国土地资源利用强度不断加大，土地资源生态环境遭到严重破坏，不断威胁着我国土地资源生态安全。植被覆盖率锐减、水土流失凸显、旱涝灾害频繁出现、矿产资源过度开发、土壤污染严重等问题，在持续威胁我国土地资源生态安全的同时，阻碍了我国的可持续发展。土地资源利用的方式及强度反映了区域生态环境与人类社会经济活动相互作用的结果。随着经济建设步伐加快、市场转型升级、社会不断发展及人口数量上升等大环境影响，人类面临着越来越多的生态环境问题，而这些生态问题的根源都与土地资源利用的方式及强调有关。

我国是世界上荒漠化面积最大、受影响人口最多、风沙危害最重的国家之一。2021年，国家林业和草原局发布的数据显示，我国荒漠化土地总面积达261.16万平方千米，占国土面积的27.2%。[①]

其次，土地资源开发利用过程中存在的不合理行为，导致我国面临严重的水土流失问题；森林、绿地面积的减少导致我国二氧化碳增加，土地利用规模的增加破坏了我国地表覆盖，增加了土壤负荷，影响了土地的经济产出和生态可持续发展。

目前，我国农用地土壤污染状况总体稳定，但是一些地区土壤重金属污染问题仍比较突出。有色金属矿采选、有色金属冶炼、石油开采、石油加工、化工、焦化、电镀、制革等重点行业企业用地土壤污染隐患不容忽视。部分企业地块土壤和地下水污染严重。对农用地土壤环境分类管理、建设用地准入管理进一步核控，加强成因排查及源头防治行动，大力开展土壤污染防治与修复以保障农产品质量和人居环境安全。对风险突出的重点行业企业，要依法依规纳入土壤污染重点监管单位名录，推动落实污染隐患排查整治，防止新增土壤污染。

还应加强固体废弃物和垃圾处置，实行垃圾分类政策，提高危险废弃物的处置水平，夯实化学品风险防控基础以防止造成二次污染和由土壤污染引发的地下水污染。

三、大气污染防治形势依然严峻

2013年全国多省市出现不同程度的"雾霾围城"事件，PM2.5浓度超过阈值，北京及周边城市长时间处于极端低能见度和重度空气污染状态，对居民的生产生活造成了严重影响，引起了全国人民的高度关注。在此背景下，国务院颁布了《大气污染防治行动计划》，规划了未来五年的发展

---

① 人民网：《从"沙进人退"到"绿进沙退" 我国荒漠化沙化石漠化面积持续缩减》，2021年6月17日，见 https://www.xuexi.cn/lgpage/detail/index.html?id=6730261584049783425&item_id=6730261584049783425。

目标和防治路线，开启了我国大气污染防治新纪元。中国的大气污染防治始于 20 世纪 70 年代，主要污染源与污染物伴随着经济发展而发生变化，从燃煤、工业污染为主转变为燃煤、工业、机动车污染等多种污染并存，污染物从开始的总悬浮颗粒物、二氧化硫增加了氮氧化物、颗粒物等，政府也不断根据现实情况出台阶段性的政策加以应对。在此期间，若干大型国际赛事、国际会议的举办，使北京、上海等特大城市积累了较为先进的空气质量管理和污染治理修复的经验。在此基础上，我国陆续出台颁布了一系列法律法规和政策，为我国大气污染防治事业保驾护航，形成了自上而下的涵盖基础能力建设、减排措施以及保障性措施的大气污染防治政策框架（见表 3-1）。

表 3-1 我国部分大气污染领域相关政策

出台时间	制定部门	政策文件名称
2013 年	国务院	《大气污染防治行动计划》
	国务院	《大气污染防治行动计划重点工作部门分工方案》
2014 年	三部委	《煤电节能减排升级与改造行动计划（2014—2020 年）》
	国务院	《大气污染防治行动计划实施情况考核办法（试行）》
	国务院	《关于推进环境污染第三方治理的意见》
2015 年	第十二届全国人大常务委员会	新《环保法》实施
	七部委	《燃煤锅炉节能环保综合提升工程实施方案》
	两部委	《全面实施燃煤电厂超低排放和节能改造工作方案》
	国务院	《生态环境监测网络建设方案》
	三部委	《挥发性有机物排污收费试点办法》
	四部委	《关于全面推进黄标车淘汰工作的通知》
2016 年	第十三届全国人大常务委员会	《中华人民共和国大气污染防治法》（修订案）
	国务院	《控制污染物排放许可制实施方案》
	两部委	《重点行业挥发性有机物削减行动计划》
	环保部	《生态环境大数据建设总体方案》

续表

出台时间	制定部门	政策文件名称
2017 年	国务院	《"十三五"节能减排综合工作方案》
	三部委	《"十三五"挥发性有机物污染防治工作方案》
	环保部	《机动车污染防治技术政策》
	环保部	《关于推进环境污染第三方治理的实施意见》
	工信部	《汽车行业挥发性有机物削减路线图》
	环保部	《国家环境保护标准"十三五"发展规划》
	七部委	《加快推进天然气利用的意见》
	国务院	《建设项目环境保护管理条例》
2018 年	国务院	《关于全面加强生态环境保护 坚决打好污染防治攻坚战的意见》
	第十二届全国人大常务委员会	《中华人民共和国环境保护税法》实施
	生态环境部	《钢铁企业超低排放改造工作方案》（征求意见稿）
	国务院	《打赢蓝天保卫战三年行动计划》（拟）
	生态环境部	《钢铁烧结、球团工业大气污染物排放标准》
	生态环境部	《〈环境空气质量标准〉（GB3095-2012）修改单的公告》
2019 年	生态环境部	《关于印发重点行业挥发性有机物综合治理方案》
	五部委	《关于推进实施钢铁行业超低排放的意见》
2020 年	国务院	《关于构建现代环境治理体系的指导意见》
	国务院	《省（自治区、直辖市）污染防治攻坚战成效考核措施》
2021 年	国务院	《"十四五"节能减排综合工作方案》
2022 年	国务院	《新污染物治理方案》

在政策框架的倾斜下我国大气污染防治工作取得了阶段性的胜利，空气质量明显好转，严重污染的天数显著下降，空气质量优良率有所提升，2017 年年底"大气十条"提出的空气质量改善目标全面实现，大气污染形势得到了一定控制。到 2020 年，全国地级及以上城市优良天数比例达到了 87%，比 2015 年增长了 5.8 个百分点，超过"十三五"目标 2.5 个百分点。$PM_{2.5}$（细颗粒物）未达标地级及以上城市平均浓度达到了 37 微克／立方

米，超过"十三五"目标 10.8 个百分点。2021 年，全国 339 个城市空气质量优的天数占比为 37.8%，比 2017 年上升了 12.2 个百分点，空气质量为轻度污染、中度污染和重度污染的天数占比较 2017 年分别下降了 6.2 个、2.1 个和 1.2 个百分点（见图 3-3）。

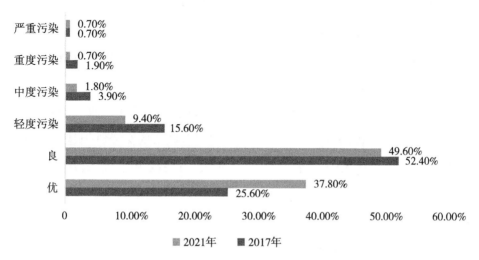

图 3-3 2017 年、2021 年我国城市环境空气质量各级别天数比例
资料来源：《2017 年中国生态环境状况公报》《2021 年中国生态环境状况公报》。

总体而言，自大气污染防治行动计划实施以来，我国大气污染治理工作力度和措施强度前所未有，大气环境质量总体向好，但下一步要推进空气质量持续改善还面临许多困难和挑战，例如京津冀及周边地区、汾渭平原等重点地区，大气污染物排放仍然偏高，$PM_{2.5}$ 浓度依然较高，距离达标还有比较大的差距，一些地区臭氧浓度显现逐年上升态势。大气污染表现在天上，源头却来自土壤环境，其主要原因是产业结构、能源结构及生活方式等方面不合理。必须持续实施大气污染防治行动，推动供给侧结构性改革，严格执行环境保护标准，持续整治"散乱污"企业，推进重点行业污染源治理，加快不达标产能关停退出；抓好北方地区清洁供暖，推动煤炭等化石能源高效利用；严格控制机动车尾气治理，提高铁路货运量、降低公路货运量。深化重点区域大气污染联防联控，有效应对污染天气，让人民群众享有更多蓝天白云。

四、其他污染交织并存

我国正处于社会转型和环境敏感、环境风险高发与环境意识升级共存叠加的时期，长期积累的环境矛盾突出，引起社会广泛关注。除了水污染、大气污染和土壤污染之外，城市噪音污染、"光污染"等其他污染交织并存，极大地降低了人民的生活幸福感。

城市噪音污染日益严重并且对人们的生活和健康产生了很大影响。随着中国城市化进程的进一步加快，一些大中型城市的交通负担越来越重，噪音污染对城市居民的生活和健康影响加大。这些噪音主要来源于交通运输噪音、建筑施工噪音、工业噪音和日常生活噪音等，主要表现在破坏城市生活环境、影响人们的身心健康。其中交通噪音是城市噪音的主要来源之一，而且交通运输所产生的噪音污染随着城市道路的延伸而不断扩散。从根本上、源头上解决噪音污染问题是我国生态文明体制改革进程中面临的主要问题之一。

"光污染"越来越普遍，给市民的日常生活带来越来越严重的干扰。城市"光污染"已经成为继水污染、大气污染、噪音污染、固体废弃物污染之外的第五大污染，作为一种新生的污染源，除了给人们的生活带来不便，还潜在许多隐性危害，对人们的视觉和身体健康产生不良的影响。目前，针对水污染、大气污染和固体废弃物污染我国已经出台了污染防治法，但噪音污染、"光污染"的监管在我国法律体系中仍是空白，噪音污染、"光污染"的治理和控制存在一定难度。

五、环境治理体系亟待建立

随着我国工业化、城镇化的快速发展，生态环境问题日益凸显，着力解决环境突出问题，推动环境治理已成为实现可持续发展、建设美丽中国的重要任务之一。但旧有的地方保护主义、体制机制的缺位、环保观念的缺失等是我国环境治理漫漫长途中的拦路虎，环境治理本身仅针对治理对象提出解决措施并不困难，但其治理过程中的结构、体制、机制等本质问题使得治理过程面临重重困难。

（一）政府行政边界意识明显，圈层分割现象普遍

环境污染的外部性决定了环境治理需要系统思维，不可能仅凭借单个行政区域的治理来终结我国环境突出问题，人为划定的行政区划对于环境治理而言并无实质意义，因此，在环境治理过程中，实行共治共享的协同治理模式显得尤为重要。我国环境治理存在的最明显的一个问题就是"属地意识"过于强烈，"碎片化"政府导致"治理失灵"困境凸显，"公地悲剧"频繁上演。我国环境治理中圈层分割现象普遍，主要体现在区域间的行政圈层分割，行政区内的圈层分割及城市政府内的部门分割。圈层效应的产生主要来自各地政府间的利益冲突，各地政府对城市发展定位有所不同，导致政府间的利益出发点不同，存在难以协调的困境；政府在治理当地环境突出问题时具有"搭便车"的心里，不惜以牺牲环境为代价片面追求地方经济增长，在理念层面缺乏整体、合作意识；此外，圈层效应的深层机理源于环境治理主体间横纵互动较少，合作动机缺乏，从而无法构建有效的区域协调机制。随着2018年生态环境部的成立，明确了统一行使生态和城乡各类污染排放监管与行政执法职责的权责主体，为解决上述问题提供了新契机。

（二）缺乏落地的长效治理机制，环境治理后劲不足

我国环境治理经常陷入"治标不治本"的困境中，究其根本，是由于我国缺少对于常态型环境问题的根本认识，未能建立起一套覆盖事前、事

中和事后的完整的、长效的治理机制，从而无法为我国环境问题治理指明道路方向，划定治理边界，明确治理目标，综合考评治理成效，奖惩治理主体等。政府监管体制机制尚未健全，缺少合理科学的权力监督机制，导致政府权力执行落实有所欠缺，执法上"各自为政"给垂直整合部门的监管带来一定阻力；政府内部考核绩效不明确，行政决策中只考虑经济效益和彰显政绩，忽视经济发展的"绿色性"，导致环境决策短视；环境保护主体奖惩机制未落地，各主体在参与环境治理时缺乏动力，导致环境治理后劲不足。

（三）经济支持力度不足，地区政策存在偏斜

环境治理离不开资金支持，由于我国在发展初期的不合理开发结构使得环境问题累积，至今已成为"历史欠账"问题，因此在环保治理上我国需要更多投入以平衡当时不计后果的开发而造成的负面影响。党的十八大以来我国环境治理采取"重拳出击"并取得了突出成效，这一切与环保投入密不可分。近年来，我国用于环境治理的投资总额呈现出上升的趋势。此外，在环保投入上存在治理对象分配不均，治理政策存在地区倾斜：国家花重金治理大气污染，对于其他污染治理的投入较少，废气治理配套政策较为完善，对于废水、固体废弃物等治理投入较少，但随着新《环境保护法》的实行，我国环境治理体系在进一步完善；在地区治理上，由于其特殊的地理位置和战略地位，国家政策较倾斜于"京津冀""长三角""珠三角"等地区。

（四）缺乏信息共享机制，"信息孤岛"阻碍环境治理

在生态环境问题治理中，"碎片化管理"模式弊端日益凸显，横向政府因利益冲突，观念出入等采取"信息封锁""信息孤立"等措施，导致区域内其他利害方无法及时准确获取有效信息，从而缺乏对治理现状和策

略选择作出正确判断的科学依据，导致环境治理效果滞后严重，环境问题产生的负面效应波及范围较广。各自为政的"属地治理"模式导致我国环境信息无法实现共通共享，同时，各区域对于环境问题监测的渠道、标准、方法不一，数据库功能存在差异，使得数据共享存在一定困难，对区域环境治理造成了一定的阻滞。因此，推动生态环境治理体系变革，亟待消除政府间的信息孤立，开创共治共享的和谐治理局面。

第三节 我国生态系统保护体制机制和美丽中国建设面临的主要问题和挑战

我国的生态系统种类繁多，结构复杂，是一个同时具有多样性、系统性、独特性的复杂巨系统。同时，由于我国特殊的地理格局，也造成了我国不同地区在生态系统属性上存在巨大的差别。我国生态系统类型复杂，涵盖了从森林、草地、湿地、湖泊、农耕地到荒漠的绝大多数生态系统，覆盖了我国八成的陆地领土面积。但是由于气候条件与地理因素的影响，我国部分地区的生态系统较为脆弱、恢复能力差。此外，由于我国悠久的发展历史，长久以来的人类活动和社会经济发展需求造成了一种习惯性的高强度资源开发的状态，这些历史事实造成了各类原生生态系统受到巨大影响，也使得当前我国社会经济可持续发展面临巨大问题。

党的十八大以来，中央政府高度重视生态环境保护工作的计划与落实。在中央政策与规划的带动下，印发颁布了主体功能区划，明确生态政策的具体要求与空间格局；深入推进天然林保护和退耕、退牧还林还草的工作，同时推进实施三江源生态恢复、京津风沙源治理和岩溶地区石漠化综合治理等工程，着重从已经发生的生态系统破坏问题入手，逐步恢复生态系统功能；推进重点生态功能区生态转移支付，构建市场化的生态产品交易体系。随着我国生态系统治理情况的逐步好转，我国生态系统所要面对的困境发生了本质性的变化：问题产生的原因由传统的农业污染向工业污染和城市污染转移，问题的主要表现形式从传统的量上的衰退转向了质的不足。整体上看，我国面临的生态环境方面的困局可以归纳为以下五个方面。

一、生态环境脆弱性较高

生态环境的脆弱性是评价生态系统的重要指标。由于地理条件等因素，我国的生态环境脆弱性在各国的比较中情况堪忧。此外，由于我国长期以来经济高速发展主要依赖于资源环境要素的投入，生态系统的承载能力长期被透支，进而形成了过去四十年来生态系统的功能性退化。依据我国主体功能区划，我国生态环境高度敏感区面积占到国土面积的四成左右，生态环境脆弱区的总体面积占到国土面积的六成以上。这些区域广泛分布于"黑河—腾冲一线"以西的广大国土以及西南地区以喀斯特地貌为地质基础的岩溶地区。此外，由于长期以来的经济建设，我国大量自然系统均经历了不同程度的人工化改造，生态系统质量相较于世界平均水平存在明显差距。从内部结构来看，质量较好的原生生态系统占比过低，且大量生态系统依然面临人工化的挑战，生态系统的质量难以保持。

二、土地退化问题依然严重

我国土地退化主要表现为水土流失、沙漠化与石漠化三个方面，经过长期以来的努力，土地退化的面积与程度有所好转，但退化土地的存量问题依然是威胁生态安全的重要部分。

（一）水土流失

长期以来，西部地区是我国水土流失问题的主要地区，其中，西北与西南的严重水土流失更是各方面关注的焦点。由于地质条件造成的基本物质基础的差异，东部地区水土流失情况相对西部地区而言较好。自公元

2000 年以来，我国水土流失问题随着各级政府对于环境问题的重视程度不断加强，得到了有效控制，但截至 2021 年年底，全国水土流失面积仍有267.42 万平方千米。[①]

（二）土地沙化

由于我国大面积的国土深居内陆，自然条件干旱，因此土地沙化始终是对整体生态安全较大的威胁。同时，伴随着社会经济的发展与生产需求的不断扩张，沙化问题在新疆、西藏、内蒙古地区表现得尤为突出，其沙化面积已占到全国沙化土地面积的八成以上。随着近年来国土绿化工作的展开，土地沙化问题的恶化趋势受到了有效的遏制，但由于地理条件的限制，已经遭到破坏的系统需要很长的时间才能得到充分的修复，这一压力使当地的发展受到较强的制约。

（三）西南地区石漠化

我国西南、中南地区是传统上的岩溶地区，面积广大，同时由于经济发展相对落后，当地对于土地的开发需求又远强于其他地区，石漠化情况严重。随着长期以来石漠化治理工作的不断落地，这些地区的重度石漠化地区得到了不同程度的改善。而目前，石漠化问题主要体现在中度石漠化地区的面积仍然较大，其恢复周期也相对较长。

三、流域生态存在风险

流域生态问题是全世界各国均面对重大生态课题。由于同流域地区生态系统密切相关，流域内地区，特别是上游地区的生态系统一旦遭到破坏，势必影响到下游地区的生态安全。当前我国主要河流的生态系统均面

---

① 新华社：《我国水土流失面积和强度继续保持"双降"》，2022 年 6 月 27 日，见 http://www.gov.cn/xinwen/2022-06/28/content_5698072.htm。

临相似的问题，一方面由于上游地区水土保养难度较大，水土流失问题较为严重；另一方面由于产业化生产导致的污染问题不断扩大，各主要流域均面临严重的生态安全挑战。

四、城镇扩张导致生态系统恶化

城镇化是我国过去四十年来社会经济发展的主旋律与大背景，同时也成为生态环境问题的重要策源地。从普遍的情况来看，城镇系统的通病在不断凸显，如热岛效应、污染集中等问题成为绝大部分城镇发展与生俱来的"城镇病"，同时由于缺乏长期协调的规划，城镇也普遍出现了内涝、拥堵的问题，伴随着人民生活需求的不断提高以及生活模式的不断变化，这些问题越来越严重地影响到生活质量的进一步改善。此外，作为生态系统中人工化倾向最为明显的地区，城镇的自然生态也被深刻改变，原生物种的种类不断减少，种群数量不断降低，严重影响到城镇人居环境的改善。

第四节　我国生态环境监管体制面临的主要问题和挑战

进入新时代，妥善解决好人民日益增长的美好生活需要和不平衡不充分的发展之间的矛盾，对生态环境监管工作提出了一系列新要求。从广义角度去发掘生态环境监管体制的所需要承担的具体职能和重点任务，主要包括了自然资源的开发利用管理、生态系统的整体保护和系统修复以及水、土、气等环境污染物的有效预防与治理三个核心领域。生态环境监管体制改革包含的三个重点领域彼此交叉、普遍联系、相互影响，形成了一个系统综合、完整统一、不可分割的"生命共同体"。根据党的十九大报告对改革生态环境监管体制的总体部署和具体安排，新时代生态环境监管体制改革的重点任务涵盖自然资源资产管理、生态空间用途管制和保护修复以及各类城乡污染防治三个"统一行使"。但目前在三个"统一行使"

方面,仍面临以下几点问题和挑战。

一、生态环境监管体制不完善

(一)横向职能分散,缺乏有效协调

从横向上来看,我国的生态环境监管体系存在环境监管职能分散、权责不对等、环境保护综合协调机制不完善等问题。根据《环境保护法》的相关规定,我国政府部门中有 15 个部门涉及环境管理相关职能,这么多相关部门的存在不可避免地会使各个部门之间的职能产生交叉和重叠。其次,《环境保护法》与《水法》《土地管理法》《森林法》等法律的层级一致,难以起到统帅环境管理和监管的作用,环境管理部门统一行使的监管职能与行业主管部门分管的职能交叉且缺乏制度化、规范化、程序化的沟通协调机制,使环境监管工作中经常出现相互推诿或扯皮现象,难以形成环境综合监管的合力。

(二)纵向监管乏力,执行约束不足

由于地方各级生态环保部门存在"双重"管理体制问题,即地方生态环保部门既要接受上一级生态环保部门的专业性指导和监督管理,同时地方生态环保部门的人事、财政等权利都要接受同级党委和政府的领导和管理。这种双重管理体制使得上一级生态环保部门无法对下一级生态环保部门的业务情况进行监督管理,而只能进行一定程度的业务指导。地方生态环保部门的编制、预算和人事任命、日常工作以及与其他部门的合作关系都是由同一级地方政府决定。

(三)监管手段单一,参与机制缺失

我国现行的生态环境监管大多数采取行政强制性管理手段,缺乏采用

市场化和社会化的管理形式和手段，因而降低了生态环境监管效率，同时增加了生态环境监管的成本，造成环境资源的严重浪费。其次，生态环境监管缺乏外部参与的机制。一般而言，生态环境监管分为内部监督和外部监督。外部监督包括行政外部监督、司法监督、社会监督和舆论监督。而社会监督和舆论监督的参与机制还存在缺失，公民的环境知情权、环境监督参与权、生命健康权得不到有效保障。政府主导与公众参与、舆论媒体相结合的生态环境监管实施机制未能真正建立，生态环境监管缺乏社会公众的外部监督，使生态环境管理机构存在失职的可能性，最终使生态环境管理机构工作效率降低。

二、生产空间挤占生活、生态空间

（一）城市生态资源减少，生态服务功能弱化

当前，我国城市尤其是大型、特大型城市生态压力日益增大。一是城市植被覆盖率偏低，大量林地、草地、山地、滩涂等植被资源被高楼大厦和道路广场吞噬，钢筋水泥丛林面积不断扩大；二是过度的工程建设使城市内湿地、湖泊、河流、沼泽被分割成面积狭小、生境破碎、孤岛式的生态斑块，城市湿地面积锐减，生物多样性持续减少；三是城市生态超载严重，绿地、丛林、山川等自然景观难以满足人民群众居日益增长的精神文化需求，人们回归自然、愉悦身心所需的蓝天、绿地、净水等城市生态产品供给受到了分布不均且日益减少的自然本底制约；四是绿道、风道和雨污收集排放通道设计不合理或设施建设不够，致使城市生态空间自净、扩散能力较差，生态赤字严重，降低了城市的宜居度。

（二）城市国土空间布局失衡，"城市病"久治不愈

随着我国城市规模的扩大，高度集中的城市资源和功能难以辐射到整

个城市。一些城市不断向周边地区延伸，然而商业、教育、医疗、居住等
功能布局相对集中于城市中心，此种空间扩展方式难以形成合理的城市空
间结构和自然开敞的空间网络，造成了城市居民在中心城区和外围工作地
之间的"钟摆式"移动，致使城市公共服务供需矛盾增大，供给严重不足，
城市人口拥挤、交通堵塞、住房困难等城市病久治不愈，影响了城市的社
会和谐。城市群作为我国城市发展的新形态，已经成为城市空间拓展的重
要途径。但是，一些城市群内的城镇等级结构不合理，中心城市、中小城
市、小城镇和大乡镇之间未能形成网络型的分工与合作关系，城市之间停
留在自然、地缘的连接层面，尚未形成互动均衡的城市群落化发展格局。
城市群之间缺乏连接和过渡，城市群中间空白地带的城市定位模糊、资源
受限，存在被边缘化的风险。①城市空间结构的失衡，既制约了城市发展
的社会服务功能，又削弱了其应对各类自然灾害的能力。

三、人与自然、局部与整体、发展与保护的关系不协调

（一）人类与自然的关系不协调

山水林田湖草沙是生命共同体，人与自然也是生命共同体。山水林田
湖草沙生态系统是人与自然、自然与自然普遍联系的有机躯体。山水林田
湖草沙生态系统既给人类提供物质产品和精神产品，又给人类提供生态产
品。人类不仅需要更多的物质产品和精神产品，同时也需要更多的生态产
品。人类如果只注重开发自然资源，从自然界获取物质产品，忽视了对自
然界的保护，就会破坏山水林田湖草沙生命共同体。破坏了山水林田湖草
沙生命共同体，也就破坏了我们生存和发展所需要的物质产品、精神产品
和生态产品，也就破坏了人与自然这个生命共同体。人类可以通过社会实
践活动有目的地利用自然、改造自然，但人类归根到底是自然的一部分，

---

① 陈文玲：《创新城市发展方式　推进城市化持续健康发展》，《全球化》2013 年第 4 期。

人类不能盲目地凌驾于自然之上，人类的行为方式必须符合自然规律。例如，在我国重要的生态屏障秦岭，存在着别墅乱开发现象，这些不合理的开发行为，大面积破坏了秦岭山体植被，侵占了耕地，造成了土地资源的极大浪费。更为严重的是，在秦岭地区开发别墅，使得人类活动过多地向秦岭地区延伸，对秦岭地区的自然生态系统造成负面影响，破坏了秦岭提供生态产品的能力。习近平总书记指出："人与自然是生命共同体，人类必须尊重自然、顺应自然、保护自然。人类只有遵循自然规律才能有效防止在开发利用自然上走弯路，人类对大自然的伤害最终会伤及人类自身，这是无法抗拒的规律。"[①] 保护自然就是保护人类，建设生态文明就是造福人类。

（二）局部与整体的关系不协调

山水林田湖草沙生态系统是一个有机整体，山、水、林、田、湖、草、沙等自然资源、自然要素是生态系统的子系统，是整体中的局部，而整个生态系统是多个局部组成的整体。人类开发利用山、水、林、田、湖、草、沙其中一种资源时必须考虑对另一种资源和对整个生态系统的影响，要加强对各种自然资源的保护和对整个生态系统的保护。例如，在开发矿产资源时，就要处理好局部与整体的关系。如果不考虑开发一种资源对另一种资源的影响，不考虑资源开发对生态环境的影响，就会破坏伴生矿产、土地、水和其他动植物资源，就会破坏矿区周围的生态环境。典型的案例是祁连山系列环境污染案，其中一个突出的问题是在保护区内违法违规开发矿产资源，造成了保护区局部植被破坏、水土流失、地表塌陷，严重破坏了祁连山的生态系统。所以，一处矿产是否需要开采，必须考虑局部与整体的关系，要综合考虑资源间的相互影响和资源开发对生态环境的影响。

---

① 中共中央宣传部：《习近平新时代中国特色社会主义思想三十讲》，学习出版社 2018 年版，第 485 页。

（三）发展与保护的关系不协调

习近平总书记在阐述经济发展和生态环境保护的关系时指出："我们既要金山银山，也要绿水青山"，"宁要绿水青山，不要金山银山，而且绿水青山就是金山银山"，要"树立正确的政绩观，不能只要金山银山，不要绿水青山"，"保护生态环境就是保护生产力，改善生态环境就是发展生产力"。[①]发展是人类永恒的主题，节约资源和保护生态环境是我国的基本国策。我们在开发利用自然资源时，要注重保护自然资源和生态环境；在推进经济社会发展时，要推动自然资源节约集约利用和生态环境健康发展。发展不可避免会消耗资源和污染环境，会对山水林田湖草沙生态系统产生破坏，会影响山水林田湖草沙生命共同体的健康，所以我们在发展的同时要注重生态环境保护，要坚持生态优先、绿色发展，要建立绿色低碳循环的现代经济体系。[②]

[①]　中共中央文献研究室：《习近平关于社会主义生态文明建设论述摘编》，中央文献出版社2017年版，第55—56页。

[②]　高世楫、李佐军：《建设生态文明　推进绿色发展》，《中国社会科学》2018年第9期。

第四章　推进绿色发展体制机制

自 20 世纪 90 年代以来，以"气候谈判"为标志，绿色低碳发展已成为全球大趋势与时代潮流。实现绿色低碳发展已成为国际社会的广泛共识，也是我国推进生态文明建设、实现共同富裕的内在要求。党的十九大报告指出，要"实行最严格的生态环境保护制度，形成绿色发展方式和生活方式"[①]。党的二十大报告进一步指出，要"协同推进降碳、减污、扩绿、增长，推进生态优先、节约集约、绿色低碳发展"[②]。立足新发展阶段，完整、准确、全面贯彻新发展理念，构建新发展格局，我国必须坚定走生态优先、绿色低碳的高质量发展道路。

第一节　绿色发展理念的社会背景和理论来源

一、绿色发展理念的社会背景

从世界范围来看，生态环境持续恶化已成为全球性问题之一，这要求

---

① 习近平：《决胜全面建成小康社会　夺取新时代中国特色社会主义伟大胜利》，《人民日报》2017 年 10 月 19 日。
② 习近平：《高举中国特色社会主义伟大旗帜　为全面建设社会主义现代化国家而团结奋斗》，《人民日报》2022 年 10 月 26 日。

人们对长久以来的发展模式进行反思。毫无疑问，工业化、现代化发展对人民生活水平的提高起到了至关重要的作用，并在全球范围内创造了巨大财富。但是，生态破坏和环境污染也造成了全球性的问题，全球生态危机不仅破坏了本国的生态环境，还对周围邻国也产生了负面影响，严重影响了各国居民的生活条件。如果人类继续不尊重自然规律，盲目利用自然资源，对开发造成的环境污染漠不关心，那么人类社会的"倒退式"发展也会近在咫尺，人类文明的永续发展也无从谈起。

全球生态环境恶化致使各国不得不重新思考人与自然之间的依存关系，人与自然和谐相处成为全球发展的重要议程。如何平衡环境与发展的关系、实现共同富裕是人类社会文明进程中的永恒课题，绿色低碳高质量发展的基本要义就是要破解全球环境气候与人类生存和发展之间的矛盾，解决好人与自然的和谐共生问题，为构建地球生命共同体、人类命运共同体创造更大空间。因此，绿色发展模式的相关概念和内涵研究应运而生。

二、绿色发展的理论来源

首先，绿色发展的概念继承了马克思主义的自然思想。马克思主义生态自然思想指出，人不能独立于自然而存在，作为自然的一个部分，应该对自然所固有的基本规律时刻保持敬畏和尊重之情。自然在人类产生之前就存在，先于人类历史，换言之人也是自然界的不断发展与进化中产生的。恩格斯指出："人们本身就是自然的产物，是在自己所处环境和外部环境共同发展起来的。"[①] 因此，人类社会的发展有赖于自然界的发展，人是具有自主意识与主观能动性的自然人，能够在遵循自然规律的前提下对自然进行改造，劳动活动就是人与自然间相互连接的媒介，可以按照人的

---

① 恩格斯：《自然辩证法》，人民出版社 2015 年版。

意志来引导，调节人与自然间物质转化的过程。但人对自然的改造也不是随意的，对物质转化的调节也不可随心所欲，违背自然规律与法则的活动必将招致自然的报复与惩罚。绿色发展理念正是基于这一思想而产生的，继承了其中的精髓，是充分结合中国国情和全球大环境所提出的发展之策。绿色发展理念强调人与自然之间的相互依存关系，要求发展要以生态环境保护为前提，倡导保护自然就是保护人类自身，绿色发展的目标之一是使人与自然和谐相处，并最终造福于人类。依据绿色发展理念，人在实践活动中不能征服自然，而是要依赖、顺应大自然。

其次，习近平绿色发展的概念继承了马克思主义生态思想中国化的突出成就。绿色发展的概念是建立在中国国情的基础上，在以人为本的价值取向下，是由几代党中央领导的智慧的凝聚体。新中国成立初期，快速的工业化进程导致了污染问题日益严重。面对日益严重的资源投入与环境污染之间的矛盾，毛泽东同志指出："天上的空气，地上的森林，地下的宝藏，都是建设社会主义所需要的重要因素。"[①] 他充分肯定了自然在生产实践中的重要地位，为绿色发展的建议奠定了坚实的基础。在继承毛泽东同志对自然的肯定和对自然的尊重的基础上，邓小平同志提出了人与自然协调发展的绿色理念，坚持"科学技术是第一生产力"，强调中国的生态环境与环境保护的发展应紧随着科学技术进步的脚步。它为绿色发展的建立树立了科学的旗帜。改革开放后，在中国经济高速增长的同时，生态环境问题也令人担忧。面对日益突出的环境问题，以江泽民同志为主要代表的中国共产党人提出了可持续发展战略，强调生态环境保护是一项全面系统的工程。要采取多种措施，追求经济，社会和生态的多维平衡。进入 21 世纪，随着中国现代化建设的需要，胡锦涛同志提出了"科学发展观"，并将其纳入党的指导思想。在党的十七大报告中，胡锦涛同志进一步提出

① 毛泽东：《论十大关系》，人民出版社 1976 年版。

"建设资源节约型，环境友好型社会"[1]，建设有中国特色的社会主义文明，为绿色发展观的正式提出铺平了道路。在继承和发扬党的历代领导集体绿色发展思想的基础上，习近平总书记创造性地提出了"绿色发展观"，把中国的生态环境保护问题提到了前所未有的新高度。在党的十九大报告中，习近平总书记指出，要"坚持推动构建人类命运共同体"，"构筑尊崇自然、绿色发展的生态体系，始终做世界和平的建设者、全球发展的贡献者、国际秩序的维护者"。[2] 在党的二十大报告中，习近平总书记指出，"推动经济社会发展绿色化、低碳化是实现高质量发展的关键环节"[3]，丰富了绿色发展的科学内涵和现实意义，对我国绿色低碳发展、高质量发展具有重要推动作用。

第二节　推进绿色发展的重要意义

中国经济持续四十年的高速增长引发了需求结构升级，新时代下人们对优质生态产品和美好环境的需求日益迫切。经济发展的新阶段就是满足新需求、体现新发展理念的阶段，是提高产品供给质量、绿色成为普遍形态的阶段。绿色发展方式兼顾环境保护和经济增长，在生态保护的前提下寻找新的经济增长点，打破了资源环境的瓶颈，是实现人类社会永续发展的基础。

一、推进绿色发展是化解新时代社会矛盾的重要手段

人的需要是丰富的、多样的、全面的，随着人类生存条件的变化而不

---

① 胡锦涛：《高举中国特色社会主义伟大旗帜　为夺取全面建设小康社会新胜利为奋斗》，《人民日报》2007 年 10 月 25 日。

② 习近平：《决胜全面建成小康社会　夺取新时代中国特色社会主义伟大胜利》，《人民日报》2017 年 10 月 19 日。

③ 习近平：《高举中国特色社会主义伟大旗帜　为全面建设社会主义现代化国家而团结奋斗》，《人民日报》2022 年 10 月 26 日。

断变化，具有从"低级需要"向"高级需要"不断发展的内在逻辑。人类社会发展史表明，人类始终都在追求美好生活、向往未来的美好生活，并且提出了各种美好生活的构想和蓝图。美国心理学家马斯洛提出了"生理需要、安全需要、爱和归属的需要、尊重的需要和自我实现的需要"著名的"五层次需要理论"，这五层次需要是一个由低级到高级的有机体系。马克思把人的需要划分为人的自然需要、人的社会需要以及人自由而全面发展的需要这递进的三层级序列，并认为这三大层级的需要有机联系在一起，构成了人性的实质内容。

随着我国经济发展和生活水平提升，人民的基本需要也在发生深刻变化，不仅有物质财富和精神财富需要，还有对优美生态环境的追求与向往。中国特色社会主义进入新时代，我国社会主要矛盾已经转化为人民日益增长的美好生活需要和不平衡不充分的发展之间的矛盾。人民群众对美好生活的向往更加强烈，对优美生态环境的需要和当前环境问题突出的现状之间的矛盾已成为这一矛盾的重要方面。人民群众对干净的水、清新的空气、安全的食品、优美的环境等要求越来越高，对更优美的生态环境的期盼日益强烈和迫切。生态环境在群众生活幸福指数中的地位不断凸显，优美的生态环境成为人民对美好生活向往的重要内容，也是我党的奋斗目标和执政使命所在。

改革开放以来，为了快速发展生产力，以满足人民日益增长的物质文化需要，中国经济发展注重"量"的提高，而忽视了"质"的发展，这种粗放型的生产方式给人民追求美好生活造成巨大的阻碍，一方面，化工围城、工业企业高强度排放、大规模、破坏性的资源开发等由高速发展带来的污染问题对区域生态、环境、人居安全造成严重威胁；另一方面，绿色发展意识缺乏，技术创新有待提高，忽视生态产品的供给的问题亟待解决。因此，必须加快推进绿色发展方式的形成，从根源解决生态产品供给和生态环境保护问题，以化解新时代社会矛盾。

二、推进绿色发展是经济实现高质量发展的重要途径

经济增长进入新常态后，不能再依赖资源高消耗和环境高污染的经济发展模式，必须实现经济转型，转变发展方式，依靠劳动者素质和科学技术水平的提高来提升产品和服务供给质量，推进经济的高质量发展。一方面，推进绿色发展可形成新的经济需求和市场，形成新兴产业和新的经济增长点；另一方面，将绿色低碳循环纳入发展的全过程，提高资源、能源的利用效率，降低生产成本和资源要素投入。这样的发展才是有质量的而且具有可持续性的。把绿色发展作为提高发展质量和效益的重要内容，从设计、生产、流通、消费的全过程和生活方式上实现绿色低碳转型，有利于推进经济发展的稳定性和可持续性。

推进绿色发展为我国高质量发展提供新动力。国际上很多国家在进入中等收入阶段后，由于转变经济发展模式不及时，导致收入差距过大、生态环境破坏问题的出现，发展陷入停滞。当前，我国经济已由高速增长阶段转向高质量发展阶段，需要跨越一些常规性和非常规性关口。与此同时，我国生态文明建设正处于压力叠加、负重前行的关键期。高质量发展是体现新发展理念的发展模式，需要处理好发展与保护、质量与效率、稳增长与有效供给等问题。推进绿色发展方式就是要以建设生态文明为战略目标，遵循"尊重自然，顺应自然，保护自然"①的原则，实现降低环境成本、提高绿色全要素生产率、防范负外部效应，从而实现生态效益、社会效益与经济效益的统一。我国需要摆脱传统的、自我破坏式的发展模式，转向构建绿色发展的创新驱动发展模式，在最大限度保护生态环境的前提下实现共同富裕。

① 新华社：《习近平在联合国生物多样性峰会上的讲话》，2020年9月30日，见 https://www.xuexi.cn/lgpage/detail/index.html?id=6879705047554752083&item_id=6879705047554752083。

三、推进绿色发展是突破资源环境约束的必经之路

金融危机后，我国人口红利下降，要素价格上升，出口增长速度减慢，拉动经济增长的三驾马车增速放缓，我国经济由高速增长进入新常态阶段，资源、能源对生产、生活的约束作用日益明显，走绿色发展道路，建立协调经济、社会、生态发展的现代化经济体系是建设社会主义现代化国家的重大战略任务。绿色发展是解决现代化经济体系中资源约束与经济发展不平衡问题的关键，是实现高质量发展的重要途径。传统的发展模式以增长型政府主导，未形成有效的市场机制，可以集中社会资本和劳动力，形成工业主导的产业体系，快速实现工业化，但这种产业体系具有粗放型、高耗能、高污染等特点，存在环境恶化、生态破坏、资源紧缺、资源配置效率低下，经济增长速度和增长方式没有与自然环境的容量和承载力相平衡等问题。如果继续采用传统的发展方式，不将资源环境的成本内部化，面临现有的资源、能源限制，经济发展将会承担更高的成本，导致结构性减速，发展方式难以持续。而且在经济高速增长阶段，随着人们收入的增加，消费结构也逐渐呈现出多样化，实现转型升级。人们对环境保护和资源节约日益关注，绿色、低碳、循环成为新的消费需求和经济增长点。因此，推进经济增长与资源消耗、环境污染相脱钩，将资源环境的要素纳入发展中，能够促进经济活动中的实体资本、人力资本和自然资本开始转向绿色能源、绿色产业、绿色技术创新领域，实现要素的绿色配置，从而提高能源、资源的利用效率，降低环境污染，实现生态改善，协调经济发展和生态环境的平衡，推进经济绿色发展，实现传统经济体系向现代化经济体系的内生转化，突破资源环境约束。

四、推进绿色发展是实现永续发展的必要前提

在自然界，除人类以外的其他客体都被称为生态环境或自然环境。人

与生态环境的关系是相互依存、相互影响的共生关系。人是自然界的产物，是"能动"与"受动"的辩证统一体。一方面是具有自然力、生命力，是能动的自然存在物；另一方面是受动的、受制约的和受限制的存在物。从"受动性"来看，人因自然而生，受着各种自然规律的制约，人的生存和发展一时一刻也离不开生态环境。由水、土地、生物以及气候等形成的生态环境，是人类生存之本、发展之源。从"能动性"来看，人在不断地改造生态环境，以谋求自身的生存与发展，人的实践活动使自在生态环境向自为生态环境转变，成为一种带有人类实践烙印的"人化生态环境"。而生态环境的演化存在着不以人的意志为转移的客观规律，不能盲目地用人的主观意志改造生态环境。人类的任何实践活动都会对生态环境产生影响，反之，生态环境的任何改变也直接影响人类的生存与发展。如果人类能够正确认识和运用自然规律，按自然规律利用和改造生态环境，生态环境就能更好地服务人类的生存与发展。如果违背自然规律改造生态环境，随意改变亿万年所形成的生态环境，人类对大自然的伤害最终会伤及人类自身。因此，推进绿色发展，保护生态环境，实现人与自然和谐共生，是人类生存和社会持续发展的基础、人类的福祉所在，也是人类获得美好生活需要、实现永续发展的基础。

第三节　绿色发展理念的科学内涵

我国经济社会转型的主要方向和目标的提炼即是绿色发展，作为我国生态文明建设的重中之重，自党的十八大以来，习近平总书记立足我国社会主义现代化建设实际，洞悉世界技术创新、产业革命和生态环境的发展趋势和客观规律，提出了一系列发展新思想、新观点、新论断，结合中华民族自古以来的人与自然哲学思想，凝练出绿色发展理念。党的十八届五中全会提出"创新、协调、绿色、开放、共享"① 五大发展理念，具体阐述了绿色发展的主要内涵，并且明确了绿色发展将是未来较长一个时期我国经济社会发展的基本理念。习近平总书记关于生态文明建设的多个重要论述汇聚成为生态文明建设的理论体系："建设生态文明是关系人民福祉、关系民族未来的大计"，"我们既要绿水青山，也要金山银山。宁要绿水青山，不要金山银山，而且绿水青山就是金山银山"。② 党的十九大报告明确指出，我们要建设的现代化是人与自然和谐共生的现代化，既要创造更多物质财富和精神财富以满足人民日益增长的美好生活需要，也要提供更多优质生态产品以满足人民日益增长的优美生态环境需要。基于此，人与自然和谐共生是绿色发展的实质，共生的范围包括生态、生产和生活的方方面面，必须让绿色发展的基本思想融入人类活动的各个层面，成为最基本的活动出发点。绿色发展的基本内涵，即走绿色生产、绿色生活和绿色生态的发展道路，以实现生活美好、生产美化、生态美丽为发展的最终目标。

一、建设绿色生态，实现生态美丽

历史经验表明，文明的兴衰很大程度上取决于生态的兴衰，生态环境是人类幸福美好生活的必要前提。习近平总书记指出："生态环境是人类生存最为基础的条件，是我国持续发展最为重要的基础。"③ 改革开放四十多年来，我国经济建设所取得的成绩受到世界瞩目，但付出的代价是巨量的自然资源消耗和严重的生态环境破坏，恶化的生态环境给人民生活带来

---

① 习近平：《中国共产党第十八届中央委员会第五次全体会议公报》，《求是》2015 年第 21 期。
② 人民网：《弘扬人民友谊 共同建设"丝绸之路经济带"——习近平在哈萨克斯坦纳扎尔巴耶夫大学发表重要演讲》，2013 年 9 月 8 日，见 http://cpc.people.com.cn/n/2013/0908/c64094-22843681.html。
③ 人民网：《让绿水青山造福人民泽被子孙——习近平总书记关于生态文明建设重要论述综述》，2021 年 6 月 3 日，见 https://www.xuexi.cn/lgpage/detail/index.html?id=2180218806320095605&item_id=2180218806320095605。

了显著的影响，生态环境问题已经成为我国现阶段可持续发展的重要掣肘，通过转变发展理念和发展方式解决现阶段的资源、环境、生态问题的客观需要十分严峻。

一是要形成科学的生态环境意识，即人类对待生态环境的根本态度和认知。在人类不同的历史发展阶段，人类的生态环境意识是不断发展变化的。在农耕文明，人类生产力低下，人类对待自然的态度是敬畏和顺应；在工业文明，人类通过机械革命，掌握了巨大的生产能力，获得了极大的物质丰富，人类开始征服自然、改造自然、掠夺自然；在工业文明后期，人类错误的生态意识，造成了巨大的资源环境问题，人与自然的关系开始激烈冲突；在未来的生态文明时期，人类必须摆脱现有的错误的生态意识，系统调整对待自然资源和生态环境的态度，形成来源于基本行为准则的绿色生产方式、生活方式，尊重自然、爱护自然，顺应自然发展规律地进行生产活动。要遵循节约优先、保护优先、自然恢复为主的基本原则，要始终将保持优美自然生态环境为基本目标。

二是要构建绿色生态体系。山水林田湖草沙生命共同体是由山、水、林、田、湖、草、沙等多种要素构成的有机整体，是具有复杂结构和多重功能的生态系统。习近平总书记用"命脉"把人与山水林田湖草沙冰生态系统、把山水林田湖草沙冰生态系统各要素之间连在一起，生动形象地阐述了人与自然、自然与自然之间唇齿相依、共存共荣的一体化关系。人的命脉在田，田的命脉在水，水的命脉在山，山的命脉在土，土的命脉在树和草。这充分地揭示了生命共同体内在的自然规律和生命共同体内在的和谐关系对人类可持续发展的重要意义。山水林田湖草沙生命共同体各要素之间是普遍联系和相互影响的，不能实施分割式管理。实施分割式管理很容易造成自然资源和生态系统破坏。因此，政府在解决资源、环境、生态问题时，要坚持系统工程观念和整体思维，统筹山水林田湖草沙系统治理，在建设环境友好型、资源节约型社会的基础上，增加对生态安全建设的力度。

三是要改善绿色生态环境。绿色发展过程中必须坚持资源绿色发展，通过绿色矿山、国家公园、资源总量控制等一系列的政策制度建设，落实绿色发展理念，实现资源的高效利用和循环利用；坚持环境保护和发展并重，具体解决水、土、气污染问题，实现废弃物的减量化和循环利用，实现垃圾的资源化；坚持生态绿色保护和发展，大力开展国土绿化行动，还生态以宁静美好。

二、发展绿色生产，实现生产美化

生产是人类维系发展的必要活动，发展生产为生活消费提供物质基础。人类在创造物质财富、进行生产活动时无可避免要向大自然索取大量的生产资料，而这一过程一定会对资源与环境产生影响。习近平总书记曾对生态环境保护与社会经济发展之间的辩证关系作出重要论述，他指出二者间并非是绝对的对立，社会生产能够以保护自然为前提，做到环境影响最小化；而资源、环境保护是人类生产活动的必要前提，没有了自然提供的丰富生产资料，人类的生产活动则无从开展，因此必须探寻一种有利于生态环境保护的经济发展方式。基于习近平总书记对于二者间关系的论述，绿色发展的关键在于处理好经济社会发展与生态环境保护的关系，走出一条生产绿色化、环境美化的道路。

一是要形成绿色生产方式。人类在各个发展阶段对生产资料的需求与使用方式不同，对生态环境的影响程度也存在差异。在最初的农耕文明时期，人类以耕种为主要生产方式，主要产出是各类农业产品，农业生产对自然条件的要求较高，会随着雨汛、洪涝、干旱等自然气候变化而进行调整，在自然规律的支配下从事生产活动，对自然法则的敬畏程度较高，因此对资源的索取以及环境的破坏相对较小；而在工业革命之后，人类进入高污染、高消耗的工业文明时代，在生产各类工业品的同时，向自然索取可观的资源，又向其排放大量的废弃物，这种以追求一时的繁荣、不断向自然索求的生产方式是难以为继的。因此，推动绿色发展需要形成科技含量高、资源消耗少、环境污染低的绿色生产方式，并且在国民经济发展的各个行业都推行绿色生产方式。

二是要构建绿色生产体系。马克思主义认为，动物的生产是片面的，而人的生产是全面的。根据马克思的论断，人类在发展历程中忽视了生产发展的复杂性，仅仅将生产作为物质的生产，将经济建设等同于生产发展，而忽视了精神文化的创建、社会民生发展、生态环境保护。构建绿色生产体系，需要丰富生产的内涵，在原有生产内涵的基础上增加物质、精神、社会等多种生产方式，将绿色发展理念贯穿于绿色生产体系的全过程。此外，还应注重绿色物质、绿色文化、绿色社会等要素。

三是要营造绿色生产环境。生产环境是人类进行生产活动时需要考量的重要因素之一，生产活动发生区域的生态环境安全不仅关系着劳动参与者的参与意愿、参与效率，也关系到劳动参与者的幸福与健康。全面推进生态文明建设需要优美、宜人、健康的生产环境，而构建迎合人民美好生活需要的生产环境，需要多方勠力同心，政府积极引导，企业悉心营造，职工努力配合都是培育美好生产环境的关键。

三、培育绿色生活，实现生活美好

人类生存的最基本活动形式之一就是生活。显而易见，良好得生态环境是人类维持美好生活的必备条件。在生态文明建设的新时代，人民群众对优质生态产品的需求越来越高。因此，亟须探索一条生态优先、循环利用的绿色发展道路，要辩证地、统一地处理好生活与生态的关系。

一是要形成绿色低碳生活方式。人类的生活方式具有多种表现形式，其中人们消费物质资料是一种具体的表现方式，如衣食住行用等消费行为。不同发展阶段，人类具有不同的生活方式，而生活方式的差异又会对人类赖以生存的生态环境产生不同的影响。人类进入工业时代以后，对工业制成品的需求不断增加，而原有的生产方式会对生态环境造成破坏。与此同时，物质生活的极大丰富，助长了奢侈攀比浪费的风气，这种风气是不利于生态环境保护的。我国生态文明建设已经进入了新时代，对生产方式提出了新的要求。绿色消费、绿色环保、绿色出行已成为全社会的共识，进而促进人们养成了良好的绿色消费习惯。随着全社会不断倡导简约适度、文明环保、绿色低碳的绿色生产生活方式，我国经济社会发展将更稳步地走上绿色低碳之路。

二是要构建绿色循环生活体系。在不同的文明阶段，人类的生活状况不同，人类的生产活动会对生态环境和自然资源产生不同的影响。农业文明时代，由于生产力的落后，限制了人类对物质生活的要求，所以对生态环境和自然资源产生的负面、消极的影响相对较小；工业文明时代，随着生产力的大幅提升，人类改造自然的能力前所未有的加强，人类对物质生活的追求越来越高，因而对生态环境和自然资源产生了较大的破坏。我国生态文明建设已经进入了新时代，人民群众对美好生态环境的需求不断增加，同时也渴求丰富多彩的精神生活、公平正义的社会环境。构建绿色循环生活体系，应当摒弃对物质生活的无序追求，积极提倡绿色、循环、和谐的生活方式。

三是要营造绿色生活环境。环境质量是影响人类生活质量的重要因素，当前人民群众对宜居、宜业生活环境的需求日益增加。为了提升环境质量，让人民群众在美好环境中生活，亟待深入开展爱国卫生运动，统筹整治国土环境卫生。在城市地区，要把创造优良人居环境作为战略目标，以解决水污染、垃圾围城等关乎市民切身利益问题为突破口，进一步增加绿色生态公共空间，把绿水青山引入城市；在农村地区，要把农村人居环境质量作为工作重点，把解决农村垃圾清理、生活污水处理、饮水安全等问题作为突破口，进一步提升农村人居环境干净整洁的水平。

第四节 推进绿色发展的实践路径

党的十九大报告指出"加快建立绿色生产和消费的法律制度和政策导向，建立健全绿色低碳循环发展的经济体系。构建市场导向的绿色技术创新体系，发展绿色金融，壮大节能环保产业、清洁生产产业、清洁能源产业。推进能源生产和消费革命，构建清洁低碳、安全高效的能源体系。推进资源全面节约和循环利用，实施国家节水行动，降低能耗、物耗，实现生产系统和生活系统循环链接。倡导简约适度、绿色低碳的生活方式，反对奢侈浪费和不合理消费，开展创建节约型机关、绿色家庭、绿色学校、绿色社区和绿色出行等行动"[①]是推进新时代绿色发展的重要途径。

一、加快建立绿色生产和消费的法律制度和政策导向

纵观中国改革开放四十多年，发展是绝不动摇的主题，尽管在基础薄弱和认识欠缺的局限下，人们在相当长一段时间里选择以资源环境换经济发展的发展道路，但在不断的经验总结和前景展望中，绿色发展成为我国自主选择的永续发展实现路径。从国家战略到社会生产生活全面贯彻绿色发展理念，离不开法律的引导、规范和保障，法律法规是践行绿色发展的重要基础。法治是实现绿色发展和生态文明建设的固有需求，绿色发展必须依靠法律体系的强力推行，依靠法律的强制力、普适性纠正传统发展路径的缺陷，贯彻绿色发展的统一性。以法治的视角观察，转变生产生活方式、实现绿色发展，显然需要经历从政策引导到强制规范，再到自发践行的过程。不难发现政策先行后，立法必须紧随其后，政策引导也要求法律作为基础。实现绿色发展的法治化，需要通过一个绿色发展的基本法，针对当前现实情况引导政策制定，完善法律法规，实现从政策引导转换到政

[①] 习近平：《决胜全面建成小康社会 夺取新时代中国特色社会主义伟大胜利》，《人民日报》2017年10月28日。

策与法律的双重引导，实现从国家推动到社会自发行为的转变。

我国绿色发展政策法律体系建设仍处于起步阶段，必须将全面推进依法治国的基本国策范围扩展到绿色发展的道路保障上，其中几个方面亟待引起重视：

（一）制定绿色发展基本法，实现绿色发展法制理念的统一

统一的顶层设计是制定绿色发展基本法过程中亟待解决的首要问题。自由、秩序、效率、公平等价值会因不同利益主体的利益诉求呈现多元化格局，明确和巩固绿色发展立法理念基础，将现有资源环境保护相关法律统筹归属到绿色发展基本法下，是完善绿色发展法律体系的重要思路。例如，韩国在 2010 年公布实施的《绿色增长基本法》综合吸收了《能源基本法》《可持续发展基本法》和《气候变化对策基本法》等立法内容，成为指导韩国社会经济结构划时代变革的"泛绿色化"立法。为实现绿色发展的规范化、法制化，建立健全具有内在逻辑一致性和外部协同统一性的绿色发展法律制度，形成具有中国特色的绿色发展法治体系，需要进一步分析绿色发展的内在本质，用专门法的形式提升绿色发展的核心理念的长期稳定性和相关法律体系的统一性、系统性。

（二）建立绿色发展司法体系，实现绿色发展的强制性和普适性

道德和法治都是社会公平正义的守护者，但只有法治的保障才能成为公平正义的最终守护者，绿色发展是实现最普惠的人民利益的最优途径，绿色发展司法体系在推进生态文明建设中发挥着不可或缺的重要作用。建立绿色发展司法体系，其目的是保障绿色发展法律法规的权威性，内容上应成立环境司法审判机构，探索生态犯罪审判专门化。2014 年最高人民法院发布《关于全面加强环境资源审判工作为推进生态文明建设提供有力司法保障的意见》，首次以司法政策的方式，宣示了"向污染宣战"的国家

意志，对环境司法体制机制改革的成果进行了集中展示。同时最高人民法院环境资源审判庭正式挂牌成立，标志着我国环境司法进入了新的历史阶段。建立完善绿色发展司法体系，保障了绿色发展法治的长期稳定性、强制性和普适性。稳定性是法律的基本特征，是对绿色发展长期国策的坚持和肯定，能够用规范的方式将各种绿色发展相关法律践行到实处，避免政策代替法律、文件代替法律，影响生态文明建设和绿色发展的稳定性和严肃性。

（三）积极推进现有法律与绿色发展的协同发展

学习总结国际经验，绿色发展不同于浅层次的人本主义发展理念，更关注的是可持续、低生态成本的发展，这是一种更深层次、更根源性的人本主义发展观。在人与自然和谐发展的理念支撑下，要整体扭转现有固化的浅层次发展惯性，迅速形成绿色发展规模效应的客观需求已经提出了对现行法律进行评估和修改的要求，在统一的绿色理念下建立新的绿色法律体系和法律制度是最根本的制度保障。我国现有法律体系中，包括刑法、民法、经济法、行政法等尚未针对绿色发展的根本理念进行相应修法，对于资源环境犯罪、资源产权纠纷、绿色金融、碳汇交易等都缺乏关注。此外，绿色发展在价值取向上所凸显的实现环境、经济、社会、政治及文化协调统一发展的要求，决定其需要扭转各个现有专门法之间对"绿色发展"认知上的分歧，使法律的目的、功能、条文、标准以系统、合理的结构密切配合，形成协同效用。绿色发展是贯穿社会生产生活各个方面的新发展思路和战略，其法治体系不是独立于现有法律体系，而是与其交融和谐，积极推进现有法律法规的绿色化是法制发展的必经之路。

（四）实现绿色发展政策与法治体系的统一

绿色发展是一种全面立体的发展途径，绿色化贯穿于社会生产生活的方方面面，从法律制定上规范和监督绿色发展需要综合考虑绿色化、生态资源、效率等不确定因素，绿色发展相关法律要实现稳定、高效、全面，必须具备抽象空间，对于社会发展趋势有准确的判断，为绿色发展创新提供生长空间。正是这种抽象的要求，包括我国在内的世界许多国家都通过政策推动和践行绿色发展，通过政策填补绿色发展法律体系的空白，有效缓解了法律与实践之间的差距，弥补法律的空隙。实现绿色发展政策与法律的统一，必须在相关法律体系之下，通过细则政策的颁布和实施，以法律体系为骨架，填补政策的血肉，政策的颁布和实施始终围绕着绿色发展法律体系的骨架进行，使绿色发展政策法律体系成为一个有机的整体。

二、建立健全绿色低碳循环发展的经济体系

经济体系是由社会经济活动各个环节、各个层面、各个领域的相互关系和内在联系构成的一个有机整体，党的十九大报告提出的"推进绿色发展，建立健全绿色低碳循环发展的经济体系"[①]，实质是经济体系转换的过程，由传统依靠要素投入的高碳、高污染、低质量经济体系转化为依靠技术进步的绿色、低碳、循环的可持续发展模式，从而实现经济系统、社会系统、自然系统协调发展。由于经济体系的整体性和系统性，绿色低碳循环发展的经济体系包含资源环境经济学中将环境污染的外部性成本内部化的相关理论和政治经济学对发展理论、产业经济理论、现代经济增长理论的丰富和创新。建立健全绿色低碳循环发展的经济体系对建设现代化经济体系、推进绿色发展、推动生态文明建设具有重要意义。

我国资源能源总量丰富、种类繁多，但人均资源占有量少，重要能源储量不足，后备资源不足，能源供给与需求的缺口越来越大，而且由于产业相对低端、绿色低碳循环的技术储备不足、绿色低碳循环产业发展不充

---

① 习近平：《决胜全面建成小康社会 夺取新时代中国特色社会主义伟大胜利》，《人民日报》2017年10月28日。

分、能源资源环境的监管体制机制不健全，在我国仍处于快速城市化、现代化阶段的现实情况下，能源、环境约束对经济发展不平衡不充分问题日益突出。因此，要建立健全绿色低碳循环发展的经济体系，必须从以下几个方面着手：

（一）传统产业绿色改造，发展集约高效的服务业

淘汰落后产能，严格管理传统产业的污染排放和资源消耗，实现传统产业绿色改造。限制产能过剩的行业继续生产，提高排污费标准，制定更为严格的排污、能源总量和强度控制，强化能效管理，实现对能源资源的综合利用和梯级利用，加速行业对落后产能的调整。通过环境规制将环境、资源内化到传统产业的成本中，优化资源配置，扩大优质增量供给，淘汰落后、产能低下的燃煤设备，推进传统产业向绿色低碳循环方向的技术创新，推进能源集中使用和清洁利用，降低非电力用煤的比例，提高能源的产出率，实现传统产业的绿色低碳改造，促进高碳经济低碳化、绿色化。立足改造提升传统优势产业，推动节能和超低排放技术的研发和技术改造。

大力发展集约高效的服务业，推动产业结构的优化升级。要加快金融、电子商务、服务外包、节能环保等生产性服务业发展，推动从设计、生产到营销全链条共生共融，实现产业向专业化和价值链高端延伸。扎实推进商贸物流、健康养老、住宿餐饮、家庭服务、房地产等生活性服务业发展，放宽市场准入条件、创新业态模式、增强服务功能，推动生活性服务业向精细化和高品质转变。

（二）完善绿色低碳循环技术的市场机制，大力推进基础研究和应用研究

建立保障绿色低碳循环技术创新的政策环境。制定绿色低碳循环的发

展规划和严格的绿色低碳循环产品标准，完善自然资源定价机制；加大对绿色低碳循环技术的财政、金融信贷、税收政策等方面的支持，降低技术研发的成本；推进新兴产业绿色技术创新和传统产业向绿色清洁技术的转移。同时积极推进国际合作，创新合作方式，吸收和借鉴世界先进技术并根据该技术进行自主、集成创新和产业化，以发展各类型、多样化的技术。

完善绿色低碳循环技术的市场机制。大力推进对绿色技术的基础研究和应用研究，尤其是对绿色发展的关键性和全局性技术的突破，以提高能源资源效率、减少环境污染为目的，推进产学研深度融合，强化对知识产权的保护，加速绿色技术成果的转化。同时在企业内部进行专业化的技能培训和课程，培养绿色技术人才，扩大人才队伍建设，为绿色低碳循环技术的发展提供保障。不同产业要结合自身的资源利用状况和禀赋条件，合理推动绿色低碳循环技术和产业经济深度融合，促进资源、生产要素向绿色低碳循环的优化配置。推进产业的经营模式和生产方式的变革与创新，带动产业链和价值链的提升，催生出新兴产业、发展模式，也促进原有的传统产业进行清洁化改造和生产，使绿色技术成为新的经济增长点和内生动力。

（三）建立环境监督管理体系，完善绿色生产和消费的投资机制

建立全过程的环境监督管理体系。顶层设计控制污染物排放、降低能耗，在生产和消费的源头、过程、结果全过程中，建立"源头严防、过程严管、后果严惩"的环境监督管理体系，最大程度减少环境污染治理的投入，降低对生态环境的破坏。采取环保、财政、水利等多部门联动，充分利用信息技术在环境监管中的作用，健全环境承载力监测预警机制，加快建立智慧城市、智慧社会体系架构，对污染、排放状况进行实时监测预警，对高污染、高排放企业进行及时惩治，从生产设计、流通、消费、废弃、回收的全过程的环境损害进行限制，从而实现社会经济全过程绿色低

碳循环发展。

构建政府、企业和社会各界共同参与的环境治理体系。积极构建政府、企业、社会多方参与的平台，扩宽企业和社会公民参与政策讨论与决策的渠道，形成长效的社会参与的环境治理机制，形成政府、企业、公民有效互动机制，有利于提高决策质量。促进全社会参与到绿色低碳循环政策的制定和监督，深化绿色低碳循环的理念，担负起绿色低碳发展的责任，并且落实到日常生活中，倡导绿色生产与绿色消费。同时，要制定强制性企业的污染排放信息披露制度，提高污染排放信息的透明度，完善环境损害赔偿制度，积极采用法律、行政手段保护公民的环境权益，为有序参与环境管理提供保障，形成政府主导、企业和社会各界参与的环境治理体系，推进绿色低碳循环经济体系的建立。

完善绿色生产和消费的投资机制。健全和完善绿色市场机制，逐步推进市场主导型的绿色融资机制，创新绿色投资方式，可采用政府与社会资本的合作投资或者民间资本的独资，拓宽社会资本的投资范围，激发社会资本投资的活力。加快环保机制改革，解决环保市场广阔但是利润空间不足的问题，打破行业垄断局面，为绿色生产和消费注入发展创新活力。

三、构建市场导向的绿色技术创新体系

构建市场导向的绿色技术创新体系的科学内涵包含丰富的思想内容，具有深刻的科学内涵。首先，构建市场导向的绿色技术创新体系充分契合新时代高质量发展、绿色发展和生态文明建设的要求。市场为企业提出新问题、提供新机会、创造新利润，价格信号引导企业生产方向、调节供求关系，市场机制为企业解决生产什么、为谁生产、怎样生产的问题。习近平总书记在党的十九大报告中指出，"我们要建设的现代化是人与自然和谐共生的现代化，既要创造更多物质财富和精神财富以满足人民日益增长的美好生活需要，也要提供更多优质生态产品以满足人民日益增

长的优美生态环境需要"①。其次，构建绿色技术创新体系要以创新引领为基本内核。创新是引领发展的第一动力，这是习近平总书记提出的一个重大论断，是对创新与发展关系的新认识。创新始终是推动一个国家、一个民族向前发展的重要力量，也是推动整个人类社会向前发展的重要力量。纵观世界经济史，发达国家通过率先进行、积极参与新的科学技术革命，并迅速在经济活动中应用最先进的科学技术成果，实现经济的迅速发展，达到民族振兴，提升国际地位的目的。最后，构建绿色技术创新体系要运用系统工程思维。以市场为导向的绿色技术创新体系，是对工业文明时代技术创新体系的充实与升级，注重绿色技术研发、扩散和应用，涵盖有利于绿色技术创新的方方面面，包括市场主体、市场规则、市场体系、市场机制等要素，需要加强各要素之间的关联性和系统性。

因此，构建市场导向的绿色技术创新体系必须围绕以下几个方面进行：

（一）创造有利于绿色技术创新体系的政策机制

一是紧紧围绕绿色发展和创新驱动的总体目标要求，研究确定科技创新驱动绿色发展的核心、内涵和大方向。构建市场导向的技术创新体系，政府要明确自身定位，当好市场规则的制定者和支撑者，管理不能越位也不能失位，要精准把握绿色技术创新的大方向，确保走以自主创新为核心的绿色技术创新道路。在当今科技迅猛发展的形势下，国家竞争力越来越体现在以自主创新为核心的科技实力上，自主创新能力是国家竞争力的核心。一个国家或者地区只有拥有强大的自主创新能力，才能在激烈的国际国内市场竞争中赢得主动。

二是以市场需求为导向，明确构建以市场为导向的绿色技术创新体系

---

① 习近平：《决胜全面建成小康社会　夺取新时代中国特色社会主义伟大胜利》，《人民日报》2017 年 10 月 28 日。

的关键节点。首先，明确创新主体、创新基础、创新资源和创新环境，夯实绿色创新基础。其次，激励不同类型的绿色技术创新体系的建设，构建包括节能减排技术、新能源技术、清洁生产技术、生态环境治理技术和环境监测技术等在内的绿色技术创新体系。最后，对企业、产业和区域等不同层次的绿色技术创新体系进行针对性的管理，保证绿色技术创新子系统高效有序运行。

三是清除制约绿色技术创新的制度障碍，建立有利于绿色技术创新的体制机制。要从体制改革、载体建设、制度安排、政策完善等方面厘清制约绿色技术创新的障碍，在此基础上政府针对性地进行改革，完善相关体制机制。首先，要建立对应的管理机构，加快对绿色创新领域的相关标准、准入机制的确立。其次，要通过政府采购、价格补贴、市场倾斜等手段培育绿色技术创新市场，维持绿色技术创新市场的初期规模。最后，要制定中长期规划，整合各种资源，大力支持绿色技术创新、转化、应用和产业化。

（二）培育壮大绿色技术创新主体

一是让企业成为绿色技术创新的真正主体。企业贴近于用户，能够直面用户的需求，是绿色技术创新成果的直接应用者，因此要牢固企业绿色技术创新的主体地位。一方面，要鼓励企业加大绿色技术创新投入，自身进行绿色技术创新，号召大企业和中小型企业建立或联合建立绿色技术研发机构，根据一线市场需求开展前沿性绿色技术创新研究。另一方面，要保障企业专利申请和成果转化应用的权利，通过多种方式促进企业绿色技术创新成果的使用效率，以更少的能耗和更低的污染实现更大的价值。

二是进一步发挥高校和科研院所的知识创新作用。构建更为合理的科研成果评价体系，不仅仅看重基金、论文、专利等指标，也要提高科研成果转化应用指标在评价体系中的权重。建设更合理的收益分配机制，提高科研负责人、骨干技术人员等重要贡献人员的奖励比例，激发科研人员的创新活力并提升原始创新能力。加强科研职业道德建设，建立科研人员诚信体系和惩戒制度，营造风清气正的科研环境。根据创新发展和绿色发展的需求，鼓励高校和科研院所相对应地调整学科架构和专业设置，探索绿色技术前沿学科专业的交叉融合。

三是探索建立高校、科研院所与企业联合开发、利益共享和风险共担的创新模式。大力支持三者形成良性互动，共同攻克一批新兴绿色产业的基础技术、前沿技术和关键共性技术。进一步完善产学研协同创新机制，建立行业骨干企业、科研院所、高等院校和中小微企业协同创新的资金投入、技术开发、成果转化与利益共享机制。

（三）完善绿色技术创新市场运行机制

一是完善市场激励机制。绿色技术创新市场具有风险高、收益回报周期较长的属性，在建立由市场主导的绿色技术研发和路线选择以及产品服务开发激励机制、绿色技术"产学研金介用"协同创新机制、绿色技术应用激励机制、绿色技术采用风险规避机制等的同时，要优化科技资源配置，建立部门、行业、地方之间的统筹协调推进机制。鼓励绿色金融发展，完善风险投资和补偿机制，鼓励社会资本进入绿色技术创新领域的研发与产业化发展过程中。

二是完善市场约束机制。在大力推动绿色技术创新市场发展的同时，要注意发展过程中可能出现的问题，防微杜渐。通过建立绿色技术创新市场的进入和退出机制、鼓励绿色消费的倒逼机制、保证创新主体公平竞争机制、知识产权保障机制、定期评估及反馈机制、知识产权质押融资、知识产权转移转化机制和多元市场投融资机制和促进成果转化的有效机制，迅速解决绿色技术创新市场中出现的各种问题，确保绿色技术创新市场高效、有序、平稳运行。

三是完善市场交易机制。加快构建绿色技术、产品和服务的价格形成机制，让绿色技术创新要素价格真正反映市场的供需状况，促进绿色技术创新要素市场高效配置，以绿色技术创新要素价格体系的市场化机制确保绿色技术的有效供给。此外，要统筹国内国外的绿色创新资源，建立国际化市场化、专业化的绿色科技成果转移转化机制。

四、发展绿色金融

"金融是现代经济的血液。血脉通，增长才有力。"金融服务实体经济的能力对经济发展起着驱动性作用。随着我国经济发展阶段的转变，绿色发展已经成为我国高质量发展阶段的主旋律，我国实行供给侧结构性改革离不开绿色金融，在转变发展方式、优化经济结构、转换增长动力的攻关期，加速完善绿色金融政策体系，促进绿色金融在绿色产业发展和生态环境修复中发挥驱动作用，是畅通新经济血脉，促进高质量增长不可或缺的一环。从 1995 年中国人民银行发布的《关于贯彻信贷政策与加强环境保护工作有关问题的通知》开始，我国陆续颁布了一系列规划指引性政策文件，旨在引导和规范金融机构开展绿色金融业务。2015 年，中共中央、国务院在《生态文明体制改革总体方案》中首次明确了我国绿色金融体系的顶层设计思路。2016 年七部委联合发布《关于构建绿色金融体系的指导意见》，标志着建立健全绿色金融体系、大力发展绿色金融已上升为国家发展战略。在 2017 年党的十九大报告中更进一步明确提出"发展绿色金融，壮大节能环保产业、清洁生产产业、清洁能源产业"。加强绿色金融体系建设、全面推动绿色金融发展已经成为实现新时期国家绿色发展战略的重要抓手。

现阶段我国资源环境矛盾仍然严峻，加快淘汰落后产能和过剩产能、鼓励和扶持绿色产业发展、推进供给侧结构性改革的任务紧迫，虽然我国绿色金融发展起步较晚，但客观需求很高。在这样的背景下，我国绿色金融呈现出蓬勃发展的趋势，截至 2018 年年末，国内 21 家主要银行的绿色贷款余额已超 8 万亿元，增幅超 16%，体量稳居世界第一。但同时也应注意到，由于我国绿色金融体系建设仍处于起步阶段，发展中仍存在一些制约因素，主要体现在：

一是缺乏有实践意义的绿色金融扶持体系。现有政策体系均是从引导、指引出发，从宏观战略上鼓励金融机构开展绿色金融业务，缺乏统一、全面、有实践意义的监管和奖励政策，不能从税收优惠、财政补贴等制度上补偿绿色金融各方的正外部性。由此带来的结果是，金融机构开展绿色金融业务的主要动力仅来源于营造企业社会形象和响应政策号召，绿色产业融资成功率主要还是与还款能力和还款周期挂钩。

二是绿色金融相关行业标准欠缺。发展绿色金融旨在定向扶持绿色产业发展，而判断绿色产业、评估扶持力度、落实监管必须形成金融行业统一标准，统一标准的缺失将使绿色金融的战略作用大打折扣，甚至成为金融腐败的温床。

三是企业信息披露机制仍有待完善。信息披露机制是金融机构和融资主体接受社会监督的有效形式。金融机构统一披露相同口径的信息将为国家产业布局调整提供有效数据支持，而完善的信息披露机制也能够对融资企业形成全流程监管。

四是缺乏市场化创新环境。绿色金融的外部性补偿机制未建立，金融机构在产品创新上即缺乏活力，而市场第三方参与的途径未打开，则绿色金融市场化配套服务体系难以创新形成。绿色金融需要产品创新、模式创新和体系创新。

纵观世界各国绿色金融、环境金融发展现状，要形成金融助力绿色产业发展的规模效应，首先必须完善绿色金融体系建设，通过鼓励、监督、引导的一系列制度安排，推进金融服务绿色经济、实体经济，畅通新经济血脉。针对完善绿色金融体系建设，建议从以下几个方面加强工作：

（一）协调环境政策、财政政策和产业政策，解决负外部性问题

通过完善和落实最严格的环保法律法规，严格监管落后产能、过剩产能的环境负外部性，通过资源环境的惩罚性税收政策，提高其融资成本和融资门槛。同时结合国家产业发展布局，制定和落实绿色产业融资利率补贴和经营税费优惠政策，形成良性循环，提高金融机构开展绿色金融的内生动力。

（二）尽快建立完善绿色金融行业标准体系

通过建立产业绿色化程度认证标准、绿色金融财税补贴标准、融资监管标准、信息披露标准等，完善绿色金融行业标准体系，建立绿色产业扶持清单以及动态调整机制，引导金融机构精准开展绿色金融业务。

（三）建立统一信息披露平台，强化信息披露和监管机制

建立统一的绿色金融信息披露平台，强化金融机构和融资企业的信息披露机制。严格要求享受绿色金融补贴政策的金融机构和融资企业定期发布环境风险评估、绿色效益评估等相关信息，实现绿色金融统一监管的同时引导产业间良性竞争。

（四）探索市场力量参与构建绿色金融配套服务体系的途径

开放技术评估、资产认定、环境影响评价、绿色效益核算、顾问咨询等绿色金融服务的市场准入，引导和鼓励社会资源进入绿色金融配套服务产业，建设市场化绿色金融中介服务体系。

（五）建立绿色金融创新试点机制

鼓励金融机构、行业协会开展绿色金融产品创新和模式创新。选取成熟金融机构进行传统金融产品的绿色化创新改造，以及碳汇、林权、排污

权等绿色金融衍生品交易试点工作。营造绿色金融创新环境，由点及面地推动绿色金融创新体系的完善。

五、壮大节能环保产业、清洁生产产业、清洁能源产业

在严格的生态文明制度的推动下，绿色低碳循环理念也深入人心，环境友好型、资源节约型产品成为一种需求，通过产业发展基金、创业投资引导资金、税收优惠政策等手段，加大对清洁能源、电子信息、新型光电、生物医药、节能环保、新能源、新材料、航空、先进装备制造等新兴产业的研发和应用领域的财政投入，推进能源资源的节约与综合开发和利用，降低新兴产业的生产成本，推动绿色低碳循环生产的战略性新兴产业规模倍增、龙头企业倍增、示范基地倍增。同时积极引导清洁能源消费，优化产业布局，完善配套政策，推进能源结构优化，提高能源资源的利用效率。以战略性新兴产业为先导，加快"两化"深度融合，推动工业向高端化、智能化、集聚化、绿色化、品牌化方向转型，从而对接"中国制造2025"。加快大数据、云计算、物联网应用，积极发展一批智能制造产业联盟、国家智能制造示范区、制造业创新中心，形成新型节能绿色产业、新业态、新模式的发展提供了新的经济增长点。优化产业结构、能源结构，建立清洁的能源、生产体系，促进资源全面的节约利用，倡导适度消费，避免奢侈消费的绿色消费理念。

实现生产生活的各环节、各领域全过程的绿色低碳循环发展。绿色低碳循环发展是一个系统、全面的任务，涵盖经济、社会、环境等众多领域，并不是仅在某一领域或是仅在生产环节，而是在社会生产、生活的各个环节和各个层面，目的是建立以低排放、低消耗、低污染、高效率为特征的产业体系，推进全产业链、产品全生命周期的绿色低碳循环管理。产品、技术创新往往是在生产过程中的某一环节或某一产业的内部，并不一定会带来整个生产使用环节能耗的下降、污染的减少，而绿色低碳循环的

经济体系则是要实现社会经济活动的所有环节和领域总资源消耗最低，排放最少。习近平总书记强调绿色发展的"重点是调整经济结构和能源结构，优化国土空间开发布局，调整区域流域产业布局，培育壮大节能环保产业、清洁生产产业、清洁能源产业，推进资源全面节约和循环利用，实现生产系统和生活系统循环链接，倡导简约适度、绿色低碳的生活方式，反对奢侈浪费和不合理消费"[①]。并在《全面加强生态环境保护 坚决打好污染防治攻坚战的意见》中阐述了"构建市场导向的绿色技术创新体系，强化产品全生命周期绿色管理"。

六、推进能源生产和消费革命，构建清洁低碳、安全高效的能源体系

我国能源发展的思路和理念在不断转变与深化，在改革开放之初，保障能源供给安全是能源开发的主线，而后随着能源的大规模开发，资源环境的压力逐渐凸显，在开发的同时更为强调节约与利用。党的十八大以来，在推进生态文明的要求下，能源开发与生态环境保护的关系更加明晰，强调能源开发与生态环境保护相协调。新时代社会主义思想对能源发展提出了以下三点具体要求：

首先，以能源结构优化助推高质量发展。一是要进行能源供给侧改革，淘汰落后产能，加强清洁能源的技术创新，发展可再生能源。二是落实乡村振兴战略的要求，加大乡村商品能源的供给，提供相应的普遍性服务。三是要与区域协调战略的实施相适应，根据资源型地区的资源现状、发展阶段，促进资源型地区的经济转型。

其次，以能源清洁化促进美丽中国建设。一是要发展能源领域的清洁

---

① 新华社：《坚决打好污染防治攻坚战 推动生态文明建设迈上新台阶》，2018 年 5 月 19 日，见 https://www.xuexi.cn/811aabaf57b287e4c076ac08a02aa4f8/e43e220633a65f9b6d8b53712cba9ca a.html。

环保产业，加大经费投入、科技研发，形成一批具清洁环保能源核心技术的，有竞争力的新兴企业。二是要通过能源生产革命和能源消费革命，从供需两侧共同推进低碳清洁、安全高效的能源体系的形成。

最后，以能源合作加快人类命运共同体的构建。一是要以生态保护，环境友好为原则，共同应对全球气候变化。二是增加非化石能源的应用，减少碳排放，共同履行全球环境保护的职责。

目前，能源问题已成为影响我国经济社会发展的重要一环，我国能源发展的不平衡性逐渐凸显，其中空间上能源发展的不平衡性最为显著。东部地区能源资源匮乏，而西部富足，我国东部地区发展所需的大部分能源来自于西部，但是东部地区享受了能源持续供应所带来的红利，经济快速发展，而西部地区大规模的资源开发破坏地方生态环境的同时，将资源低价出售给东部地区，经济发展缓慢。除此之外，城乡能源发展也极不平衡，我国广大农村地区能源支出占家庭总支出比例过高，以煤为主的能源消费方式，导致其能源贫困、环境恶化等问题越发严重。

2013年年初中东部地区的大面积雾霾天气爆发后，环境问题尤其是大气污染问题成为社会各界高度关注的公众议题。2015年，全国检测站点包含的338个地级以上城市中有265个空气质量不合格，其中尤以$PM_{2.5}$为首要污染物占不合格天数的66.8%。尽管经过多年治理，城市大气污染问题仍未得到有效解决，尤其2016年年底再次爆发的雾霾天气，使得全国24座城市先后启动了空气重度污染红色预警。根据各类研究报告的分析，能源结构不合理是我国城市$PM_{2.5}$污染问题的主要诱因。据统计，北京市的$PM_{2.5}$污染超过一半来自能源活动，来自天津、河北的区域传输也占到了47%左右。从国际上来看，中国目前温室气体总排放量第一，在温室气体减排方面的责任越发沉重。因此，优化能源结构，进行能源革命，促进低碳环保的新兴产业发展已成为推进生态文明的关键。

推进能源生产和消费革命，构建清洁低碳、安全高效能源体系是党的十九大提出的任务。应从以下几方面入手：

（一）促进高耗能领域电气化、智能化、节约化改革，推进能源消费革命

推进能源消费革命必须进行电气化、智能化改革。在工业、生活、交通等领域减少石油的使用，用更为清洁环保的能源进行替代，同时要发展智能工业、建筑、交通等行业，加大互联网技术的应用，提升行业产品的品质，以减少生产和使用过程中的能耗。同时，要倡导能源的节约利用，提高能源使用效率，鼓励建设低耗能建筑，提高汽车燃油使用效率。

（二）减煤、去油，发展天然气、非化石能源，推进能源生产革命

能源生产革命的推进要从以下两个方面着手：一方面，要继续发展非化石能源，并且维持其在能源供应中的高比重；另一方面，要在能源供应中注重绿色发展与低成本开发，减少煤炭的开采量，提高煤炭综合利用效率，降低石油开采成本，鼓励天然气开发，提高能源开采过程中的绿色生产水平。同时，加强基础设施建设，把握供需两侧，增强电网的可靠性和灵活性，实现网格式发展。

（三）核心技术推广、示范、攻关，推进能源技术革命

推进能源技术革命应遵循"推广—示范—攻关"的方式，由国家能源局等政府主管部门拟定清洁、安全、高校的能源技术目录进行推广，在具有条件的地区先行示范，产生良好效应后，再对核心技术进行攻关、研究，最后再向全国各个地区进行普及，以点至面、由浅入深地开展能源技术革命。同时，技术革命的开展要以创新活动为支撑，对我国尚缺乏的关键材料和设备要持开放态度，进行引进、转化和吸收。

（四）深化电力、油气体制改革，推进能源体制革命

深化电力、油气体制改革是推进能源革命的关键，其核心与目标在于，还原能源资源的商品属性，既要行使政府的宏观管理职能，又要发挥市场在资源配置方面的决定性作用，构建能源行业的现代化市场体系，运用现代化治理方式，保障生产和消费革命的完成。

（五）以"一带一路"为重点，推进能源国际合作

我国矿产资源对南海通道、太平洋航线和陆上通道的依存度分别为68.1%、19.2%和12.6%，保证通道安全尤为重要。"一带一路"覆盖了亚、欧、非主要产油区，中哈原油管道、中国——中亚天然气管道是"丝绸之路经济带"的生命线。加强与中东地区的油气勘探开发领域的合作，对于基础设施建设相对落后地区，要重点扶持投资建设，设计一种有关各方均可接受的项目资产所有权结构及利益分析模式，并按照油气过境与通行方式、合作伙伴的层次划分及选择，采取相应的项目筹融资渠道，降低投资风险。

七、推进资源全面节约和循环利用

推进资源全面节约和循环利用是我国生态文明建设的重要内容，是解决资源环境问题、倒逼经济发展方式转变、推动经济高质量发展的重要措施。改革开放以来，我国资源节约和循环利用工作取得了巨大成就，但仍然存在一些问题。一是能耗、物耗水平较高，资源利用方式仍然粗放。我国单位能耗不仅远高于美国、日本等发达国家，也高于印度、巴西等发展中国家，能耗强度仍需进一步降低；水资源利用效率不高，每万元工业增加值用水量45.6立方米，是世界先进水平的2至3倍，农田灌溉水有效利用系数只有0.542，远低于0.7至0.8的世界先进水平，每万美元GDP用水量约为500立方米，远高于300立方米的发达国家水平；土地资源节约

集约利用程度不高。二是废弃资源利用效率不高。我国废弃资源主要品种回收率不超过 50%，与发达国家相比还有较大差距。三是生产系统与生活系统脱钩。生产系统与生活系统循环利用率低，系统内部余热、余能资源大量闲置，缺乏科学、合理的资源调控机制。四是市场机制仍不完善。排污权、碳排放权、用能权、用水权制度不完善，资源保护管理不到位、资源产权纠纷频发，资源滥用、资源闲置的局面没有从根本上扭转；资源有偿使用制度不完善，资源要素和环境外部成本没有得到体现，资源价格对资源节约和循环利用的引导性不够。

为推进资源全面节约和循环利用，需要做好以下几方面的工作：

（一）进一步加强能耗、物耗管理

强化能耗、物耗总量和强度约束性指标管理。一是建立健全省、市、县三级能耗、物耗目标责任分解机制，明确"双控"管理目标责任，科学编制能耗、物耗预算管理方案。二是以政府为主导，加强工业、建筑、交通运输等重点领域节能、降耗。加快工业企业能源管理现代化、高效化，推进建筑业低能耗、零能耗建筑建设试点，编制绿色生产考核体系、绿色建筑建设标准，提升工业生产效率和能耗效率；实施建筑节能先进标准领跑行动加快建设交通运输综合体系，合理有效配置不同交通运输方式，大力推广新能源汽车、节能环保汽车、清洁能源动力运输设备。三是开展国家节水行动。科学编制节水型社会指标考评体系，以水定产，合理规划空间布局、确定经济规模，逐步形成现代化节水型社会。加快农业领域节水增效，推进农业灌溉体系现代化、配套化，结合地域气候、水资源条件，优化农作物种植结构，鼓励种植低耗水和耐旱作物。积极开展公共领域节水，优化公共机构供水网络、绿化灌溉系统，完善配套节水型器具。

大力发展循环经济。一方面要大力发展资源循环利用产业规模。推进大宗工业固废、冶炼和化工废渣、共伴生矿和尾矿的综合利用，加大战略性稀贵金属资源回收力度。因地制宜建设资源循环利用基地，加快城市建筑垃圾、餐厨废弃物、废旧纺织品等废弃物集中回收和规范化处理，推进城市废弃物回收体系的有效融合，构建不同废弃物处置项目间的产业链条，实现分类利用、协同处置，提高多种废弃物的循环利用水平。另一方面要实现生产系统和生活系统的循环链接。大力发展资源循环利用新业态，加快构建资源循环利用"互联网+"体系，利用移动互联网、云计算、大数据、物联网等信息通信技术与资源循环利用产业深度融合，加速我国资源循环传统模式的转型升级，促进生产系统和生活系统的循环链接。推广智能回收终端机回收模式，采用线上信息流资金流、线下物流的方式，提高废旧手机、废旧饮料瓶等废旧商品的回收率。积极推动资源循环利用第三方服务体系建设，构建再生资源报价和供求信息网络服务专业平台，发展以产业共生体系为核心的循环经济信息公共服务平台，为工厂和企业提供废弃物循环利用的整体解决方案。

（二）完善资源全面节约与循环利用的市场机制

一是建立、健全资源产权交易市场，促进市场公开、公平、公正。加快资源分类科学化、合理化，对资源资产进行统一确权登记，构建山水林田湖草沙生命共同体确权体系。完善资源监管与信息反馈机制，以市场配置为导向打好资源管理与监督"组合拳"。健全排污权、碳排放权、用能权、用水权初始分配与交易制度，创新有偿使用机制和产权交易市场，建立吸引社会资本投入生态环境保护的市场化机制，建立资源节约和环境保护的长效机制。二是加快资源使用价格体系改革，使价格能充分反映市场供需关系、资源稀缺性和生态环境外部性。水资源价格改革要因地制宜，分地区、类型、用途制定水资源费征收标准，体现水资源有偿使用，促进水资源优化配置。城市水、电价格改革要合理反映供水、供电成本，居民水、电价要合理设置分级价格机制，有效发挥阶梯水价、电价的调节作用，培养市民节约用水、用电意识。要完善工业用水、用电的超定额累进加价机制，利用价格杠杆促进企业、事业单位节约用水、用电。土地资源价格改革要完善居民用地与工业用地比价机制，促进工业用地节约集约利用。

（三）加强资源全面节约与循环利用技术支撑

一是加快节能减排关键技术研发，加快清洁高效利用新型技术装备研发和产业化；推进节能技术系统集成应用，推动智能电网、分布式能源协同发展，统筹协调区域低能耗需求与高耗能企业的余热、余能资源，实现生产系统和生活系统的循环链接。二是大力提升循环利用技术装备水平。开展循环发展重大共性或瓶颈式技术装备研发，推进资源利用效率的基础理论和评价体系研究，加快水资源循环利用和海水淡化技术装备研发，推进大宗固废减量与循环利用技术、城市矿产高值利用关键技术、生物质高效利用等技术的研究，深化固废循环利用管理与决策共性技术创新。实施新型废弃物高值清洁利用工程，推动电动汽车动力蓄电池、碳纤维材料和节能灯、太阳能光伏板、废液晶等新型废弃物的回收利用，推广稀贵金属高效富集与清洁回收利用等技术与装备，全面促进新型废弃物规范有序回收利用。

八、倡导绿色生活

习近平总书记在多次中央会议中发言强调，"推动形成绿色发展和生活方式是贯彻新发展理念的必然要求"①。我国生态文明建设正处于快速发

---

① 新华社：《推动形成绿色发展方式和生活方式　为人民群众创造良好生产生活环境》，2017 年 5 月 27 日，见 https://www.xuexi.cn/bafaf63e9dd2f52b7a3fc45b1c4eb510/e43e220633a65f9b6d8b53712cba9caa.html。

展的新时代，绿色生活方式已经成为生态文明建设的重要组成部分，必须全面推进绿色生活方式在全社会的全面铺开。新时期，新发展理念必须坚持节约资源、保护环境，将资源环境作为发展的前提约束，坚持节约优先、保护优先、自然恢复为主的发展方针，建立形成资源节约型、环境友好型产业空间布局和生产生活方式，实现经济社会与生态环境的协同发展。落实好最普惠的人民福祉。党的十九大报告关于绿色发展的内容倡导简约适度、绿色低碳的生活方式，反对奢侈浪费和不合理的消费行为。同步推广绿色办公、绿色生活、绿色教育行动。经过多年的环境治理，我国生态环境质量已取得了一定的成果，环境质量整体好转，国家经济绿色转型已进入关键期，但生态文明建设工作急需每一位公民的参与，贯彻到日常生活的方方面面。如何推进绿色生活理念在政企、公众的社会全参与，营造绿色生活文化氛围已成为民生升级的重要组成部分。

（一）强化绿色生活理念

思想理念是行为方式的重要指导，全面推广绿色生活方式必须从理念上转变全社会的行为模式，绿色理念引导的社会大众是绿色发展的主要实现路径。首先是要转变思想观念。现有发展方式没有全面深远考虑，造成了严重的资源环境问题。转变现有的发展方式，推进绿色化发展，将是发展观的一次深刻变革。必须坚持和贯彻新发展理念，正确处理经济发展与环境保护的关系，"像保护眼睛一样保护生态环境，像对待生命一样对待生态环境，坚决摒弃损害甚至破坏生态环境的发展模式，坚决摒弃以牺牲生态环境换取一时一地经济增长的做法，让良好生态环境成为人民生活的增长点、成为经济社会持续健康发展的支撑点"[①]。通过全面推进绿色发

---

① 新华社：《推动形成绿色发展方式和生活方式　为人民群众创造良好生产生活环境》，2017 年 5 月 27 日，见 https://www.xuexi.cn/bafaf63e9dd2f52b7a3fc45b1c4eb510/e43e220633a65f9b6d8b53712cba9caa.html。

展理念的贯彻实施，深入贯彻习近平生态文明思想，阐释并深化社会主义生态文明理念，从消费观、生活观、价值观上进行绿色化改造，引领绿色消费、绿色生活风潮，形成以绿色生活、绿色消费为荣，以铺张浪费、破坏生态为耻的生活理念和风尚。其次是加强培育生态文化。生态文明的核心体现便是生态文化，生态文明建设的重要工作支撑是形成生态文化。生态文化体系必须以生态价值观念为准则，通过挖掘和结合我国优秀传统文化中与自然、绿色相统一的哲学思想，影响和指导我国绿色生产生活，鼓励文化产品纳入更多绿色文化理念，加强生态文化的传承秩序。要使绿色生活理念在公众中内化于心、外化于行，并最终转化为推动绿色发展的强大力量，必须强化生态文化教育的作用，拓展生态文化体验推广活动。三是普及绿色生活知识。建立绿色生活服务和信息交流平台，加强绿色生活知识教育的同时，传播绿色生活理论和实践方法，提高全民绿色生活素养。

（二）引导推广绿色消费

推动绿色发展真正发挥规模效应，必须发动群众共同参与，推动绿色消费是绿色生活方式的核心内容，也是全民参与绿色生活的主要途径。我国已经成为世界第二大经济体，人民生活水平得到巨大的提升，随着消费能力的提高，我国国内消费市场规模不断提升，绿色消费行为的推广将对我国绿色发展提供最主要的助力。当前我国社会消费整体情况仍然存在较多问题，主要体现在过度消费，奢侈攀比的消费心态仍然普遍存在，造成了巨大的资源浪费和环境压力。我国生态文明建设必须引导这种不健康的消费理念转向绿色消费，必须从消费理念、生活理念上进行遏制，倡导绿色消费。倡导全社会的绿色消费，是新时期促进国家及人民生活品质不断提升的有效措施，绿色消费为我国资源节约利用和永续利用提供了有力保障。引导全民绿色消费，需要鼓励每一个社会成员从日常生活的方方面面着手，从衣食住行开始，从力所能及的细节着手，规范消费行为，使绿色消费成为社会普遍价值和日常习惯，形成良好的绿色风尚。

推动绿色消费必须从供给侧进行改革，具体来说就是从产品的设计、生产、销售、回收全生命周期中进行绿色化改造。目前我国的绿色产品供给侧仍未形成规模，与绿色消费需求之间存在相当大的缺口，主要表现在：绿色产品尚未成为消费者选择商品时的必要考虑条件，绿色产业结构不完整，绿色产品营销体系不完善。我国绿色消费需求与绿色产品供给存在较大的供需不平衡，国家正在大力发展绿色产业，促进产业结构升级，此外也应加大力度促进绿色产品需求的增长，引导绿色产品需求倒逼绿色产业发展，同时绿色产业的发展也应鼓励社会绿色消费的增长，实现相互促进的动态均衡。要实现良性循环，必须从绿色产品供应和需求两方面协同发力，促进绿色产业创新发展，为市场生产更多绿色新产品，不断提高绿色产品在传统市场的竞争力，构建完成完整的绿色产业体系，实现产品全过程绿色化。同时依靠绿色理念的不断深入，引导消费者不断转向绿色消费，抛弃过度消费和低级消费，促进消费升级。

（三）完善绿色生活制度

制度保障是所有工作的核心保障，在全社会推进绿色生活方式需要绿色生活的制度建设。可以从以下几个方面入手：一是建立完善绿色生活激励和约束制度，例如自然资源的有偿使用制度、生态产品价值核算标准、生态补偿制度等等，通过标准、法律与政策的相互配合，细化绿色生活的落实。二是建立完善绿色消费标准体系。以科学全面、权威统一的高标准，通过行政认证、强制标识的形式，引导公众信任、承认和偏好绿色产品和绿色生活。三是建立健全绿色生产生活的政策法律体系。建立以绿色发展为核心理念的法律体系，尽快建立绿色生产消费的权利义务清单，通过法律的形式进行固化，明确绿色生活、绿色消费的法律地位，明确生产者、消费者、管理者的法定义务和权力。通过科学技术手段增强信息披露机制的权威性和制度性，强化督查力度，提升违法成本。

九、积极稳妥推进碳达峰碳中和

2022 年 10 月，党的二十大报告指出，要"积极稳妥推进碳达峰碳中和"，"实现碳达峰碳中和是一场广泛而深刻的经济社会系统性变革"。[①] 战略性矿产资源作为能源转型的重要物质基础，是低碳新能源产业发展的关键支撑。以化石能源向可再生能源发展转型为代表的新一代绿色低碳资源技术革命，例如电池、机器人技术、人工智能系统等，对战略性矿产资源锂、钴、稀土等具有很强的依赖性，未来战略性矿产资源供应保障攸关我国两个低碳目标的实现。

把握新机遇、适应新要求，协同推进中国二氧化碳排放达峰及碳中和目标实现与战略性矿产资源保障，是新时代赋予我们的新使命，也是兑现大国责任担当的战略选择。

（一）完善绿色低碳发展的顶层设计与制度安排

加强绿色低碳高质量发展的顶层设计与制度安排，是推动中国经济社会全面绿色低碳转型的重要保障。2021 年，国务院印发《关于加快建立健全绿色低碳循环发展经济体系》的指导意见，提出到 2025 年，初步形成绿色低碳循环发展的生产体系、流通体系、消费体系。一是完善现有生态环境保护法律体系，面向绿色转型与"双碳"目标，制定更具针对性的绿色低碳经济法案。二是强调以绿色低碳环保产业为重点，加快农业绿色低碳发展、推进工业绿色低碳升级、提高服务业绿色低碳发展水平、构建绿色低碳供应链，带动一二三产业绿色低碳升级。三是采用现代信息技术

---

① 习近平：《高举中国特色社会主义伟大旗帜　为全面建设社会主义现代化国家而团结奋斗》，《人民日报》2022 年 10 月 26 日。

和管理方式改造传统流通模式，规划建设绿色低碳仓储、统筹绿色低碳配送，降低"空载率"。四是加大政府绿色低碳采购力度，逐步将绿色低碳采购制度扩展至国有企业及全社会。与此同时，还需要在发展经济与能源安全、生态安全之间寻求平衡，进一步拓展绿色高质量发展成果。

（二）推动经济社会发展向绿色低碳转型

以碳达峰与碳中和目标实现为导向，协同保障战略性矿产资源供给，主动参与全球矿产与环境治理体系变革，推动经济社会发展向绿色低碳转型。一方面，要将碳达峰及碳中和目标的实现作为维护战略性矿产安全与能源产业高质量发展的出发点和落脚点，全方位打通国内战略性矿产勘查、开采、冶炼、加工、利用、回收与储备等各个环节，提升战略性矿产供应保障的自主性，通过战略性矿产的开发利用，引领经济结构、产业结构与能源结构转型。充分发挥大国市场的创新激励作用，进一步加大重大基础创新自主研发力度，不断挖掘战略性矿产资源在两个低碳目标实现中的应用价值与应用范围，伸展产业链价值链，实现资源的深度综合利用，增强供应链韧性。另一方面，充分利用国际国内两个市场、两种资源，主动参与全球矿产与环境治理体系变革，全面提升战略性矿产资源全球配置力。筑牢我国与"一带一路"沿线国家在矿产资源开发合作、矿产贸易、矿产品深加工及分工等方面业已形成的紧密互利合作关系，促进绿色低碳"一带一路"建设和全球绿色低碳供应链产业链。尤其是确保战略性矿产供应链产业链的稳定与发展，不断强化我国在"共轭环流"中的枢纽地位，主动嵌入全球价值链环流，并在全球价值链上实现中高端攀升，积极推动全球能源转型与绿色发展。

（三）以产业政策引入与创新、全产业链管理为手段

从未来的发展趋势看，战略性矿产资源保障必须突破以数量或规模、

成本为目标的市场供给范围，全球能源转型驱动战略性矿产资源保障渗透到产业经济和大国博弈的地缘政治领域，不确定性因素增加，生态环境约束也已成为战略性矿产资源保障投射空间。国家间资源市场竞争的本质也转向了产业政策竞争，完善的产业政策的宏观目标就是保证产业链稳定安全和竞争优势，让市场得到国家力量的有效支持。产业政策不仅反映了政府与市场的关系，更重要的是决定了科技创新方向，决定了其如何转化为市场应用、如何形成"技术研发—市场应用"的循环，进而决定经济发展的效率以及对国际贸易和世界经济的影响，从而形成隐形的"博弈力量"。

坚持总体国家安全观，坚持独立自主与扩大开放有机结合，不断健全开放安全保障体系，着力增强风险防控能力和开放监管能力，为发展开放型经济构筑安全防线。建立涵盖战略性矿产勘查、开采、冶炼、加工、利用、回收、储备和市场的全产业链技术体系、产业体系和政策支撑体系，细化覆盖权益维护、勘查开采、技术研发、利用保护、国际贸易、海外供应等全过程应对策略，重构国家资源安全保障政策体系与创新体系，需要优化资源生产环节、创新资源贸易与合作机制、引导资源消费取向、构建储备机制。

（四）布局能源转型与战略性矿产资源供应链产业链

以绿色金融为视角，布局能源转型与战略性矿产资源供应链产业链，为实现两个低碳目标和战略性矿产资源保障协同发展的深度关联提供金融支撑。长期以来，国际能源与矿产品市场以美元为结算货币，美元指数与资源价格紧密相关，维护战略性矿产供应链产业链稳定的成本非常高。通过绿色金融与政策工具创新，改善可再生能源市场地位，提高生产者消费者对低碳原材料及产品的偏好，系统降低能源转型成本，推动战略性矿产产业链向能源转型领域进一步凝聚和延伸。

重塑战略性矿产资源价值链，创造能源转型和战略性矿产资源保障两者协同发力的成本效益机会与有利于绿色溢价的条件，将政府采购作为一种潜在的政策工具，在采用传统成本和服务质量标准的同时加入碳排放标准，可从整个价值链（包括其供应商和全生命周期视角）减少直至完全消除碳排放。推进形成包括政策目标、重点领域、体制机制等在内的能源资源金融发展综合框架，重点提升包括战略性矿产资源在内的矿业集资与低碳化发展能力以及投资市场对矿业与能源转型的整体关注度。要提高战略性矿产资源产业链的国际化及竞争力，推动碳排放权、矿业权交易等资本市场体系建设，形成与绿色低碳能源转型相协调的政策激励措施，并通过政策合规和监管执法促进政策落地。

第五章　着力解决环境突出问题

党的十九大报告指出："着力解决突出环境问题，坚持全民共治、源头防治，持续实施大气污染防治行动，打赢蓝天保卫战。加快水污染防治，实施流域环境和近岸海域综合治理。强化土壤污染管控和修复，加强农业面源污染防治，开展农村人居环境整治行动。加强固体废弃物和垃圾处置。提高污染排放标准，强化排污者责任，健全环保信用评价、信息强制性披露、严惩重罚等制度。构建政府为主导、企业为主体、社会组织和公众共同参与的环境治理体系。积极参与全球环境治理，落实减排承诺。"[1]党的二十大报告中，将生态环境保护列入实现中国式现代化的重要部分，提出"中国式现代化是人与自然和谐共生的现代化"，要"像保护眼睛一样保护自然和生态环境，坚定不移走生产发展、生活富裕、生态良好的文明发展道路，实现中华民族永续发展"。[2]

党的十九大和二十大报告都紧盯环境保护重点领域、关键问题和薄弱环节，提出加强大气、水、土壤等污染治理的重点任务和举措，为深

---

① 习近平：《决胜全面建成小康社会　夺取新时代中国特色社会主义伟大胜利》，《人民日报》2017年10月28日。

② 习近平：《高举中国特色社会主义伟大旗帜　为全面建设社会主义现代化国家而团结奋斗》，《人民日报》2022年10月26日。

化生态文明体制改革，建设美丽中国指明了前行方向，提供了行动指南。

第一节　着力解决环境突出问题的理论渊源

着力解决环境突出问题的目的是实现人与自然的和谐相处、和谐共生。着力解决环境突出问题具有丰富的思想和理论内涵。首先，中国传统文化为着力解决环境突出问题提供了宝贵的思想源泉。儒家的"天人合一"思想本质是大自然与人类要形成一致、一体、协调的完整系统，人与自然之间"你中有我、我中有你"。[①] 在"天人合一"的基础上，荀子提出"天行有常，不为尧存，不为桀亡"[②]，表达出人与自然和谐协调的观点；孟子提出"仁民爱物"[③]，注重弘扬"仁爱"精神和重视生态保护。道家生态伦理思想的"道生万物、遵道贵德"，庄子的"无以人灭天，无以故灭命，无以得殉名。谨守而勿失，是谓反其真"，注重人与自然、社会三者之间的和谐相处。[④]

其次，着力解决环境突出问题继承了马克思主义生态思想。马克思主义辩证思想认为"人靠自然界生活"。[⑤] 马克思指出："在历史的形成和发展过程中，实现了自然、人、社会统一；三者的统一是人与自然之间，人与人之间相互影响和相互联系的状态，具有历史必然性，因此实现了自然历史与人类历史的统一。"[⑥] 恩格斯认为："人是在自己所处的环境中并且和这个环境一起发展起来的。"[⑦] 人与自然、人与社会的统一通过实践来实现，两者之间形成一个动态共同发展的闭环关系。因此，马克思

---

① 武晓立：《我国传统文化中的生态智慧》，《人民论坛》2018 年第 25 期。
② 《荀子》，中华书局 2016 年版，第 176 页。
③ 《孟子》，中华书局 2017 年版，第 196 页。
④ 陈金清：《生态文明理论与实践研究》，人民出版社 2016 年版，第 109 页。
⑤ 马克思：《1844 年经济学哲学手稿》，人民出版社 2000 年版，第 124 页。
⑥ 《马克思恩格斯选集》第 1 卷，人民出版社 2012 年版，第 172 页。
⑦ 《马克思恩格斯全集》第 26 卷，人民出版社 2014 年版，第 38—39 页。

认为共产主义社会内置人与自然良性发展的辩证理念。着力解决环境突出问题正是实现人与自然、人与社会的和谐统一，促进人与自然可持续发展的重要实践。

最后，着力解决环境突出问题是对中国传统文化、马克思主义思想的继承和发展。党的十八大以来，党中央高度重视生态环境突出问题。2018 年 5 月，习近平总书记在全国生态环境保护大会上指出："生态文明建设正处于压力叠加、负重前行的关键期，已进入提供更多优质生态产品以满足人民日益增长的优美生态环境需要的攻坚期，也到了有条件有能力解决生态环境突出问题的窗口期。"[①]2020 年扎实推进长三角一体化发展座谈会上，习近平总书记强调："要把保护修复长江生态环境摆在突出位置，狠抓生态环境突出问题整改，推进城镇污水垃圾处理，加强化工污染、农业面源污染、船舶污染和尾矿库治理。"[②]着力解决环境突出问题是以习近平同志为核心的党中央坚持以人民为中心的发展思想、贯彻新发展理念、牢牢把握我国发展的阶段性特征、牢牢把握人民对美好生活的向往而作出的重大决策部署，具有重大现实意义和深远历史意义。

第二节　打好污染防治攻坚战

生态兴则文明兴，生态衰则文明衰。党的十八大以来，以习近平同志为核心的党中央将建设生态文明纳入统筹推进"五位一体"总体布局、协调推进"四个全面"战略布局的重要内容，开展了一系列根本性、开创性及长远性的工作。习近平总书记在党的十九大报告中提出"坚决打好污染

---

① 中国政府网：《习近平出席全国生态环境保护大会并发表重要讲话》，2018 年 5 月 19 日，见 http://www.gov.cn/xinwen/2018–05/19/content_5292116.htm。

② 新华网：《习近平主持召开扎实推进长三角一体化发展座谈会并发表重要讲话》，2020 年 8 月 22 日，见 http://www.xinhuanet.com/politics/leaders/2020–08/22/c_1126399990.htm。

防治攻坚战"。新时代，我国生态文明建设已经步入新阶段，生态环境保护面临历史性、转折性、全局性的变化，美丽中国建设逐步提速，环境保护、环境治理力度日益加大，绿水青山就是金山银山等重大发展理念深入人心。基于对国情、现状的把握，习近平总书记对我国生态环境现状作出了精准判断："我国生态文明建设正处于压力叠加、负重前行的关键期，已进入提供更多优质生态产品以满足人民日益增长的优美生态环境需要的攻坚期，也到了有条件有能力解决生态环境突出问题的窗口期"[①]。持续推进生态文明建设，打好污染防治攻坚战是当前阶段的重点任务。污染防治攻坚战时间紧、任务重、难度大，是一场大仗、硬仗、苦仗。各部门必须以习近平同志的生态文明理念为基准，坚决担负起建设生态文明的政治任务，听从党的领导，打赢这场攻坚战。

一、我国水土气噪声污染现状

（一）水污染现状

我国气候干旱，缺水严重，虽然淡水资源总量较多，但人均仅占世界平均水平的四分之一。此外，实际可开发利用的淡水资源较少，且水资源分布呈现出巨大的地理差异：南方多北方少，东部多西部少。在这样一个不容乐观的水资源分布背景下，我国水资源保护和水环境修复显得尤为重要。根据国家生态环境部地表水质量检测显示：2022 年，长江、黄河、珠江、松花江、淮河、海河、辽河七大流域及西北诸河、西南诸河和浙闽片河流水质优良（I—III 类）断面比例为 90.2%，同比上升 3.2 个百分点；劣 V 类断面比例为 0.4%，同比下降 0.5 个百分点。主要污染指标为化学需氧量、高锰酸盐指数和总磷。其中，浙闽片河流、长江流域、西南诸河、西北诸河和珠江流域水质为优；黄河、淮河和辽河流域水质良好；海河和松

---

① 习近平：《推动我国生态文明建设迈上新台阶》，《求是》2019 年第 3 期。

花江流域为轻度污染（见图5-1）。^① 地表水质量检测结果表明，我国各流域水质改善情况较为明显，但仍有部分流域存在污染问题。其中，海河流域和松花江流域水质处于轻度污染状态，西南诸河、珠江流域、黄河流域和松花江流域存在劣V类水质，部分流域水质量还存在较大的提升空间。

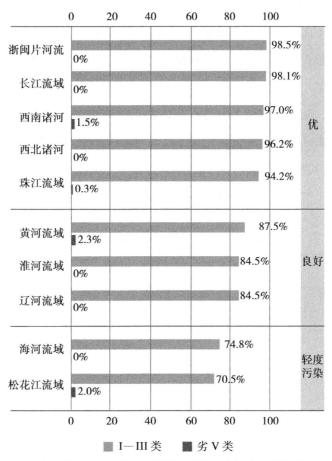

图5-1　2022年七大流域和西南、西北诸河及浙闽片河流水质类别比例

资料来源：《生态环境部发布2022年第四季度（10—12月）和1—12月全国地表水环境质量状况》。

———————

　①　生态环境部：《生态环境部发布2022年第四季和1—12月全国地表水环境质量状况》，2023年1月29日，见 https://www.mee.gov.cn/ywdt/xwfb/202301/t20230129_1014067.shtml。

从我国重点湖（库）水质状况及营养状态来看，2022 年我国 210 个重点湖（库）中，水质优良（I—III 类）湖库个数占比 73.8%，同比上升 0.9 个百分点；劣 V 类水质湖库个数占比 4.8%，同比下降 0.4 个百分点。主要污染指标为总磷、化学需氧量和高锰酸盐指数。204 个监测营养状态的湖（库）中，中度富营养的 12 个，占 5.9%；轻度富营养的 49 个，占 24.0%；其余湖（库）为中营养或贫营养状态。[1] 根据我国重点湖（库）水质状况及营养状态调查结果来看，我国湖（库）水污染情况较为严重。主要表现为部分湖（库）水质为劣 V 类，且水质改善情况不明显；湖（库）营养状态较差，湖（库）营养状态在轻度富营养以上的占比为 29.9%，主要污染源为总磷和化学需氧量（见表 5-1）。改善湖（库）水质和营养状态是当前水环境治理的重要任务之一，尤其是对重点湖（库）要进行源头治理，杜绝"化工围城""化工围湖"等现象出现。

表 5-1　2022 年 6 个湖（库）水质及营养状态

湖（库）	营养状态指数		水质类别		主要污染指标（超标倍数）
	2022 年	上年同期	2022 年	上年同期	
太湖	54.9	55.1	IV	IV	总磷（0.3）
巢湖	57.7	60.2	IV	IV	总磷（0.6）
滇池	59.9	61.7	IV	IV	化学需氧量（0.5）、总磷（0.2）
洱海	38.8	42.7	II	II	—
丹江口水库	32.4	33.6	II	II	—
白洋淀	47	49.7	III	III	—

资料来源：《生态环境部发布 2022 年第四季度（10—12 月）和 1—12 月全国地表水环境质量状况》。

---

[1]　生态环境部：《生态环境部发布 2022 年第四季度和 1—12 月全国地表水环境质量状况》，2023 年 1 月 29 日，见 https://www.mee.gov.cn/ywdt/xwfb/202301/t20230129_1014067.shtml。

从我国地级及以上城市地表水断面水环境质量考核结果来看，城市地表水环境质量改善仍有较大的空间。水环境质量变化情况排名后 30 位的城市中，有 22 座城市的地表水环境质量发生了不同程度的恶化；恶化程度最高的白城市，地表水环境质量变化程度为 23.71%（见表 5-2）。整体而言，我国地级及以上城市地表水环境质量正在逐步改善，但存在部分城市地表水环境质量恶化的情况。因此，要继续巩固和改善城市地表水环境质量，及早预防和治理城市地表水环境质量恶化现象。

表 5-2　2022 年 1—12 月国家地表水考核断面水环境质量变化情况排名后 30 位城市

排名	城市	变化程度（%）
倒数第 1 位	白城市	23.71
倒数第 2 位	石河子市	12.72
倒数第 3 位	巴彦淖尔市	9.23
倒数第 4 位	鄂州市	4.66
倒数第 5 位	五家渠市	4.30
倒数第 6 位	大连市	4.05
倒数第 7 位	益阳市	3.93
倒数第 8 位	周口市	3.60
倒数第 9 位	白银市	3.45
倒数第 10 位	葫芦岛市	2.83
倒数第 11 位	威海市	2.83
倒数第 12 位	喀什地区	2.40
倒数第 13 位	六安市	2.35
倒数第 14 位	滁州市	1.68
倒数第 15 位	深圳市	1.46
倒数第 16 位	黄冈市	1.15
倒数第 17 位	泸州市	0.87
倒数第 18 位	濮阳市	0.72
倒数第 19 位	宝鸡市	0.51

排名	城市	变化程度（%）
倒数第 20 位	昆明市	0.28
倒数第 21 位	咸宁市	0.26
倒数第 22 位	武汉市	0.25
倒数第 23 位	曲靖市	−0.10
倒数第 24 位	鄂尔多斯市	−0.20
倒数第 25 位	重庆市	−0.34
倒数第 26 位	潍坊市	−0.45
倒数第 27 位	通辽市	−0.53
倒数第 28 位	衡水市	−0.61
倒数第 29 位	岳阳市	−0.71
倒数第 30 位	铁岭市	−0.74

资料来源：《生态环境部发布 2022 年第四季度（10—12 月）和 1—12 月全国地表水环境质量状况》。

（二）土壤污染现状

土壤是保障我国粮食安全的重要物质资源，土壤质量、土壤环境风险对我国粮食供给安全具有重要影响。2021 年，我国土壤环境风险基本得到管控，土壤污染加重趋势得到初步遏制。[①] 从耕地质量来看，2016 年全国耕地平均质量等级为 5.09 等，其中，一等至三等、四等至六等和七等至十等的耕地面积分别占耕地总面积的 27.4%、45.0% 和 27.6%[②]；2021 年全国耕地质量平均等级为 4.76 等，其中，一等至三等、四等至六等和七等至十等的耕地面积分别占耕地总面积的 31.24%、46.81% 和 21.95%[③]。总体而言，

[①] 生态环境部：《2021 年中国生态环境状况公报》，2022 年 5 月 26 日，见 https://www.mee. gov.cn/hjzl/sthjzk/zghjzkgb/202205/P020220608338202870777.pdf。

[②] 生态环境部：《2017 年中国生态环境状况公报》，2018 年 5 月 22 日，见 https://www.mee. gov.cn/hjzl/sthjzk/zghjzkgb/201805/P020180531534645032372.pdf。

[③] 生态环境部：《2021 年中国生态环境状况公报》，2022 年 5 月 26 日，见 https://www.emee. gov.cn/hjzl/sthjzk/zghjzkgb/202205/P020220608338202870777.pdf。

我国耕地资源中高等地（一等至三等）占比明显提高，低等地（七等至十等）占比明显减少，耕地质量趋于改善。但平均而言，我国耕地质量平均等级有所下降，仍需对重点区域加强耕地保护、治理耕地污染源。

从我国水土流失情况来看，2016 年我国水土流失总面积 294.9 万平方千米，占普查范围总面积的 31.1%[1]；2021 年我国水土流失面积 269.27 万平方千米，按侵蚀强度为轻度、中度、强烈、极强烈和剧烈的侵蚀面积分别占我国水土流失总面积的 63.3%、17.2%、7.6%、5.7% 和 6.2%[2]。由此可见，我国水土流失治理效果显著，仅 2016 至 2021 年水土流失面减少 25.63 万平方千米。与此同时，我们也要清醒地认识到，我国水土流失治理工作已经进入攻坚克难阶段，水土流失侵蚀程度处于强烈及以上的面积占水土流失总面积的 19.5%，水土流失治理工作任重而道远。

从我国土地荒漠化和沙漠化情况来看，第五次全国荒漠化和沙化监测结果显示，截至 2014 年我国荒漠化土地面积 261.16 万平方千米，沙化土地面积 172.12 万平方千米[3]；第六次全国荒漠化和沙化调查，截至 2019 年我国荒漠化土地面积 257.37 万平方千米，沙化土地面积 168.78 万平方千米[4]。总体来看，2014 年至 2019 年我国荒漠化土地面积、沙化土地面积分别净减少 37880 平方千米、33352 平方千米，荒漠化和沙化土地面积呈现"双缩减"趋势。但我国荒漠化土地面积和沙化土地面积分别占国土面积的 26.81% 和 17.58%，且部分土地由于过度利用或水资

[1]　生态环境部：《2017 年中国生态环境状况公报》，2018 年 5 月 22 日，见 https://www.mee.gov.cn/hjzl/sthjzk/zghjzkgb/201805/P020180531534645032372.pdf。

[2]　生态环境部：《2021 年中国生态环境状况公报》，2022 年 5 月 26 日，见 https://www.mee.gov.cn/hjzl/sthjzk/zghjzkgb/202205/P020220608338202870777.pdf。

[3]　生态环境部：《2017 年中国生态环境状况公报》，2018 年 5 月 22 日，见 https://www.mee.gov.cn/hjzl/sthjzk/zghjzkgb/201805/P020180531534645032372.pdf。

[4]　寇江泽、李晓晴：《荒漠化和沙化土地面积持续减少》，《人民日报》2023 年 1 月 4 日。

源匮乏等原因造成临界于沙化与非沙化土地之间，仍需加大土地荒漠化和沙化防治力度。

此外我国农用地、重点行业企业用地土壤污染状况不明导致我国土壤污染状况不容乐观，因此，在加大详查力度的同时，还应加强固体废弃物和垃圾处置，实行垃圾分类政策，提高危险废弃物的处置水平，夯实化学品风险防控基础以防止造成二次污染和由土壤污染引发的地下水污染。对农用地土壤环境分类管理、建设用地准入管理进一步核控，大力开展土壤污染防治与修复以保障农产品质量和人居环境安全。

（三）大气污染现状

根据生态环境部 2022 年全国环境空气质量显示，我国 339 个地级及以上城市平均空气质量优良天数比例为 86.5%，同比下降 1.0 个百分点。[①]整体来看，2022 年我国空气质量较好，但城市平均空气质量优良天数比例呈现下降的趋势。从影响空气质量的六大指标来看，2022 年我国 339 个地级及以上城市 $PM_{2.5}$ 平均浓度为 29 微克 / 立方米，同比下降 3.3%；PM_{10} 平均浓度为 51 微克 / 立方米，同比下降 5.6%；臭氧平均浓度为 145 微克 / 立方米，同比上升 5.8%；二氧化硫平均浓度为 9 微克 / 立方米，同比持平；二氧化氮平均浓度为 21 微克 / 立方米，同比下降 8.7%；一氧化碳平均浓度为 1.1 毫克 / 立方米，同比持平（见图 5—2）。[②]六项指标中，臭氧平均浓度呈上升趋势，二氧化硫平均浓度、一氧化碳平均浓度同比持平，亟须控制和降低影响臭氧浓度的氮氧化物和挥发性有机物的排放量。

[①] 生态环境部：《生态环境部通报 2022 年 12 月和 1—12 月全国环境空气质量状况》，2023 年 1 月 28 日，见 https://www.mee.gov.cn/ywdt/xwfb/202301/t20230128_1014006.shtml。

[②] 生态环境部：《生态环境部通报 2022 年 12 月和 1—12 月全国环境空气质量状况》，2023 年 1 月 28 日，见 https://www.mee.gov.cn/ywdt/xwfb/202301/t20230128_1014006.shtml。

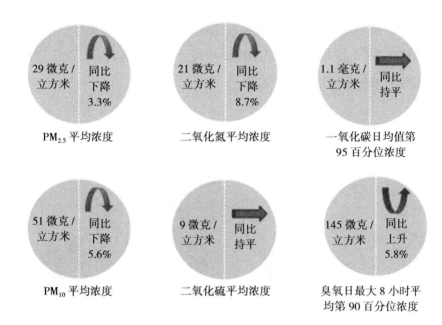

图 5-2　2022 年全国 339 个地级及以上城市六项指标浓度及同比变化

资料来源:《生态环境部通报 2022 年 12 月和 1—12 月全国环境空气质量状况》。

　　从我国重点区域来看,2022 年京津冀及周边地区"2+26"城市平均优良天数比例为 66.7%,同比下降 0.5 个百分点;$PM_{2.5}$ 平均浓度为 44 微克 / 立方米,同比上升 2.3%;臭氧平均浓度为 179 微克 / 立方米,同比上升 4.7%。长三角地区 41 个城市平均优良天数比例为 83.0%,同比下降 3.7 个百分点;$PM_{2.5}$ 平均浓度为 31 微克 / 立方米,同比持平;臭氧平均浓度为 162 微克 / 立方米,同比上升 7.3%。汾渭平原 11 个城市平均优良天数比例为 65.2%,同比下降 5.0 个百分点;$PM_{2.5}$ 平均浓度为 46 微克 / 立方米,同比上升 9.5%;臭氧平均浓度为 167 微克 / 立方米,同比上升 1.2%(见图 5—3)。[①] 我国重点区域中,京津冀及周边地区、长三角地区和汾渭平原地区空气质量优良天数比例均低于全国平均水平,并且以上三个地区空气质量优良天数比

---

　　① 　生态环境部:《生态环境部通报 2022 年 12 月和 1—12 月全国环境空气质量状况》,2023 年 1 月 28 日,见 https://www.mee.gov.cn/ywdt/xwfb/202301/t20230128_1014006.shtml。

例均出现下降的趋势。此外，京津冀及周边地区、长三角地区和汾渭平原地区的 $PM_{2.5}$ 平均浓度和臭氧平均浓度均高于全国平均水平，并且 $PM_{2.5}$ 平均浓度和臭氧平均浓度呈上升趋势。

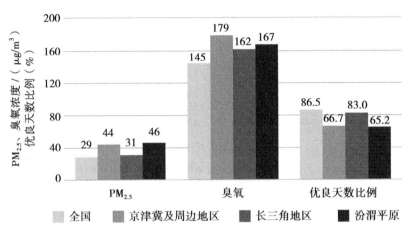

图 5-3　2022 年全国及重点区域空气质量比较
资料来源：《生态环境部通报 2022 年 12 月和 1—12 月全国环境空气质量状况》。

　　总体而言，党的十八大以来，我国大气污染治理工作力度和措施强度前所未有，城市大气环境质量总体向好。但京津冀及周边地区、长三角地区、汾渭平原地区等重点区域空气质量出现恶化，部分污染物会在不同时段、地区恶化，对人民群众生产生活造成较大负面影响。现阶段，我国应持续实施大气污染防治行动，推动供给侧结构性改革，严格执行环境保护标准，推进重点行业污染源治理，加快不达标产能关停退出。深化重点区域大气污染联防联控，有效应对污染天气，持续深入打好蓝天保卫战。

　　（四）噪声污染现状

　　改革开放以来，随着我国经济社会的繁荣发展，噪声也逐渐成为一种严重的环境污染源。噪声不但会对听力造成损伤，还能诱发多种致癌致命的疾病，严重影响人民群众的幸福感、安全感。据不完全统计，2021 年我国噪声投诉举报量持续居高，全国地级及以上城市"12345"市民服务热线以及相关部门合计受理的噪声投诉举报约401万件，其中社会生活噪声投诉举报占57.9%，建筑施工噪声占33.4%，工业噪声占4.5%，交通运输噪声占4.2%。[①]为此，中共中央、国务院印发《中共中央 国务院关于深入打好污染防治攻坚战的意见》，提出"实施噪声污染防治行动，加快解决群众关心的突出噪声问题"。第十三届全国人民代表大会常务委员会通过《中华人民共和国噪声污染防治法》，进一步健全了噪声污染防治法律法规。

　　根据生态环境部的噪声污染调查结果来看，2021年全国地级及以上城市声环境功能区昼间达标率为95.4%，夜间为82.9%[②]，夜间噪声污染达标率远低于昼间达标率。从不同声环境功能区来看，2021年1类至4a类声环境功能区昼间达标率在89.9%至98.5%之间，夜间在66.3%至93.1%之间。[③]其中，4a类功能区（道路交通干线两侧区域）夜间噪声达标率最低，约66%；1类功能区（居住文教区）夜间噪声达标率倒数第二，约78%；2类功能区（商业金融、集市贸易区）夜间噪声达标率约89%；3类功能区（工业、仓储物流区）昼间、夜间达标率在各类功能区中最高（见图5-4）。由此可见，夜间是我国噪声污染最为严重的时段，而道路交通干线两侧区域和居住文教区是夜间噪声污染最为严重的地区。因此，国家有关部门和地方人民政府要按照源头预防、传输管控、受体保护的噪声污染防治思路，持续推进噪声监测，加强噪声污染防治宣传和信息公开，采取多种防治举措，持续推动声环境质量改善。

---

　　① 生态环境部：《2022年中国噪声浸染防治报告》，2022年11月16日，见 https://www.mee.gov.cn/hjzl/sthjzk/hjyzwr/202211/t20221116_1005052.shtml。

　　② 生态环境部：《2022年中国噪声浸染防治报告》，2022年11月16日，见 https://www.mee.gov.cn/hjzl/sthjzk/hjyzwr/202211/t20221116_1005052.shtml。

　　③ 生态环境部：《2022年中国噪声浸染防治报告》，2022年11月16日，见 https://www.mee.gov.cn/hjzl/sthjzk/hjyzwr/202211/t20221116_1005052.shtml。

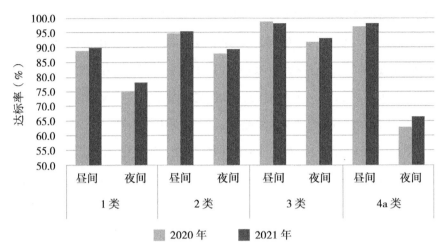

图 5-4 全国声环境功能区达标率年度比较

资料来源：《2022 年中国噪声污染防治报告》。

二、治理过程中所面临的挑战

随着我国工业化、城镇化的快速发展，生态环境问题日益凸显，着力解决环境突出问题，推动环境治理已成为实现可持续发展、建设美丽中国的重要任务之一。但旧有的地方保护主义、体制机制的缺位、环保观念的缺失等是我国环境治理漫漫长途中的拦路虎，环境治理本身仅针对治理对象所提出的解决措施并不困难，但其治理过程中的结构、体制、机制等本质问题使得治理过程面临重重困难。

（一）政府行政边界意识明显，圈层分割现象普遍

环境污染的外部性决定了环境治理的特殊性，不能仅凭借单个行政区域的治理来总结我国环境突出问题。因此，在环境治理过程中，实行共治共享的协同治理模式显得尤为重要。我国环境治理存在的最明显的一个问题就是"属地意识"过于强烈，"碎片化"政府导致"治理失灵"困境凸显，"公地悲剧"频繁上演。我国环境治理中圈层分割现象普遍，主要体现在

区域间的行政圈层分割，行政区内的圈层分割及城市政府内的部门分割。圈层效应的产生主要来自各地政府间的利益冲突，各地政府对城市发展定位有所不同，导致政府间的利益出发点不一样，存在难以协调的困境；政府在治理当地环境突出问题时具有"搭便车"的心理，不惜以牺牲环境为代价片面追求地方经济增长，在理念层面缺乏整体、合作意识；此外，圈层效应的深层机理源于环境治理主体间横纵互动较少，合作动机缺乏，从而无法构建有效的区域协调机制。

（二）缺乏落地的长效治理机制，环境治理后劲不足

现阶段我国环境治理突出表现为"任务驱动型"应急式治理，环境治理效果集中体现在重大活动举办期间，这种"集中力量办大事"能够在短时间内有效解决问题并取得相当大的成效，但是其负面作用也相当显著。高额的治理成本、短暂的治理时效和环境污染问题反弹。我国环境治理经常陷入"治标不治本"的困境中，究其根本，是由于我国缺少对于常态型环境问题的根本认识，未能建立起一套覆盖事前、事中和事后的完整的、长效的治理机制，从而无法为我国突出环境问题指明道路方向，划定治理边界，明确治理目标，综合考评治理成效，奖惩治理主体等。政府监管体制机制尚未健全，缺少合理科学的权力监督机制导致政府权力执行落实有所欠缺，执法上"各自为政"给垂直整合部门的监管带来一定阻力；政府内部考核绩效不明确，行政决策中只考虑经济效益和彰显政绩，忽视经济发展的"绿色性"，导致环境决策短视；环境保护主体奖惩机制未落地，各主体在参与环境治理时缺乏动力，导致环境治理后劲不足。

（三）经济支持力度不足，地区政策存在偏斜

环境治理离不开资金支持，由于我国在发展初期的不合理开发结构使

得环境问题累积，至今已成为"历史欠账"问题，因此在环保治理上我国需要投入更多以平衡当时不计后果的开发而造成的负面影响。众所周知，党的十八大以来我国环境治理采取"重拳出击"并取得了突出成效，这一切与环保投入密不可分。近年来，我国用于环境治理的投资总额呈现出震荡上升的趋势，但个别年份出现"开倒车"的现象，个别地方政府存在环境保护基础设施欠账。此外，在环保投入上存在治理对象分配不均，治理政策存在地区倾斜；国家花重金治理大气污染，对于其他污染治理的投入较少，废气治理配套政策较为完善，对于废水、固废等环境问题投入较少，但随着新《环境保护法》的实行，我国环境治理体系在进一步完善；在地区治理上，由于其特殊的地理位置和战略地位，国家政策较倾斜于"京津冀""长三角""珠三角"等地区。

（四）缺乏信息共享机制，"信息孤岛"阻碍环境治理

在生态环境问题治理中，"碎片化管理"模式弊端日益凸显，横向政府因利益冲突，观念出入等采取"信息封锁""信息孤立"等措施，导致区域内其他利害方无法及时准确获取有效信息，从而缺乏对治理现状和策略选择做出正确判断的科学依据，导致环境治理效果滞后严重，环境问题产生的负面效应波及范围较广。各自为政的"属地治理"模式导致我国环境信息无法实现共通共享，同时，各区域对于环境问题监测的渠道、标准、方法不一，数据库功能存在差异，使得数据共享存在一定困难，对区域环境治理造成了一定的阻滞。因此，推动生态环境治理体系变革，亟待消除政府间的信息孤立，从而开创共治共享的和谐治理局面。

三、环境治理实施路径

环境破坏非一日之寒，其治理亦非一日之功，如何破解"吉登斯悖

论"①，如何透过环境现状，直击环境污染的严重性，从而采取重拳出击，需要上至国家法律，下至公民个体的全员努力，同时，也需要审时度势，结合当前大环境、大趋势构建具有地方特色，符合当地环境规律的治理体系以解决环境问题。

（一）完善政府间利益协调机制，推进区域协同治理

国家"十三五"规划明确指出，"探索建立跨区域环保机构，推行全流域、跨区域联防联控和城乡协同治理模式"。通过设立区域统一监管机构，构建多中心治理主体之间的部门协调机制和利益协调机制以解决在解决区域环境问题上，由单纯行政区划限定的污染边界划分不清，污染治理"搭便车"等现象。突破思维定式，从思想观念层面实现区域"协同治理"，建立覆盖全区域，全对象的环境治理协同模式，构建权威等级为依据的纵向协同模式和行政区划间的横向协同模式，并且共同探索构建横纵结合的网络协同模式，以此解决区域环境突出问题。

（二）建立全过程污染防控体系，完善政府考评机制

成立专门独立于地方政府的监察机构，严格管控各治理主体履行其治理职责，对环境治理实行事前、事中及事后全过程监督，通过发挥多主体监管作用，相互监督，使得环境治理中的异化问题无处遁形，实现有效治理。此外，配套建立相应的监管机制，为监管机构落地提供有力保障；建立"绿色 GDP"考评体系，对体现生态文明建设的指标进行量化，如：资源消耗、环境损害及生态效益等，从资源节约、环境友好和经济社会发展三方面定量分析地区经济增长质量和效益，坚决摒弃"污染的""黑色的""带血的"GDP。

---

① ［英］吉登斯：《气候变化的政治》，社会科学文献出版社 2009 年版。

（三）细化环境治理利益协调补偿机制，建立统一的政策法规

坚持"谁受益、谁补偿；谁污染、谁付费"的原则，建立区域环境补偿制度，在综合各方收益情况下细化补偿标准，明确补偿主体，实现公平、公正和公开，减少因环境治理过程中产生的主体利益分配不均而产生的冲突问题。通过建立生态环境收益制度来内化环境的外部性收益，减少"搭便车"行为的发生，通过建立生态环境损坏赔偿制度将外部性成本合理内化，避免"公地悲剧"的发生。此外，通过建立全域统一的政策法规将权力关进制度的笼子里，避免监管权力的滥用和不作为。一方面通过"运动式""行政式"监管实现环境问题治理；另一方面要立足长远，探索和建立长效机制保障环境问题治理的顺利进行。习近平总书记在全国生态环境保护大会上着重指出："用最严格制度最严密法治保护生态环境，加快制度创新，强化制度执行，让制度成为刚性的约束和不可触碰的高压线"。[①]

（四）构建大数据驱动的环境治理参与机制，实现高效环境治理

目前，大数据时代为治理生态环境问题提供了高效的技术支撑和物质平台，围绕大数据背景对突出环境问题进行相应的预警响应、应急管理和善后处理具有时效性和高效性。因此，在环境治理中，应充分利用互联网、大数据以及人工智能等现代信息技术实现区域间资源的全面共享，搭建横跨行政区划、政府、部门、各主体的信息沟通机制，克服"碎片化管理"而造成的环境治理效率低下，利益冲突、数据鸿沟与参与能力不足等问题。借用大数据技术平台推动"节能减排"技术的研发与扩散，助推"互联网+"在各资源、能源领域的研发与结合，构建大数据驱动的环境治理参与机制，以此高效解决环境治理问题。

---

① 习近平：《用最严格制度最严密法治保护生态环境》，《光明日报》2018年9月18日。

第三节　完善排污许可制度建设

中国对排污许可制度的探索历史最早可以追溯到 20 世纪 80 年代。在 1988 年年初，国家环境保护局就发布并执行了《水污染物排放许可证管理暂行办法》，同时下发了排污许可证试点工作的相关通知。1989 年，国家环境保护局又下发了《排放大气污染物许可制度试点工作方案》，并前后两批组织 23 个环境保护重点城市及部分省辖市环保局开展排污许可证试点工作。党的十八届三中全会中将"完善污染物排放许可制度"写入了《中共中央关于全面深化改革若干重大问题的决定》，随后的党的十八届五中全会中又提出了"改革环境治理基础制度，建立覆盖所有固定污染源的企业排放许可制"。2015 年 9 月，中共中央、国务院发布的《生态文明体制改革总体方案》明确提出："完善污染物排放许可制。尽快在全国范围建立统一公平、覆盖所有固定污染源的企业排放许可制，依法核发排污许可证，排污者必须持证排污，禁止无证排污或不按许可证规定排污。"接着在 2017 年 10 月 18 日党的十九大报告中再次强调，"强化排污者责任，健全环保信用评价、信息强制性披露、严惩重罚等制度。构建政府为主导、企业为主体、社会组织和公众共同参与的环境治理体系"[①]。实施排污许可制是全面贯彻落实党的十九大精神、强化排污者责任、构建多元共治的环境治理体系的重要举措，是提高环境管理率、改善环境质量的重要制度保障。

一、我国排污许可制度现状

从 20 世纪 80 年代末开始，我国各地陆续开展了排污许可制度试点工作。目前为止，28 个省（自治区、直辖市）出台了排污许可管理的相关法规和文件，共有 24 万家排污单位拿到了排污许可证。虽然排污许可制度

---

① 习近平：《决胜全面建成小康社会　夺取新时代中国特色社会主义伟大胜利》，《人民日报》2017 年 10 月 28 日。

在多年的实施过程中积累了比较丰富的实践和管理经验，但与此同时排污许可制度仍存在较多问题，有待完善。首先，排污许可制度的核心地位并不突出，现存的环境管理制度存在交叉重复现象，导致管理混乱；其次，排污许可证的相关部门依证监管的力度不足，对违规单位的处罚太轻，未能达到有效的震慑效果；最后，排污单位污染治理责任不够明确，主体责任落实不到位，各排污单位履行环保责任的主动性与积极性不足等。自第十三个五年计划开始，我国在法律层面和政策层面，都在全力推动排污许可制度的改革。

2017年修订的《水污染防治法》、2014年修订的《环境保护法》、2015年修订的《大气污染防治法》等均进一步明确提出实行排污许可管理制度，并较原有的法律法规有了更为具体的规定和更为严厉的处罚。此外，党的十八大和党的十八届三中、四中、五中全会都提出了要完善排污许可制度。其中，《控制污染物排放许可制实施方案》（国办发〔2016〕81号）也明确了排污许可制度的实施的具体时间与实施路线；《排污许可证管理暂行规定》对排污许可证的申请、审核、发放、管理等程序进行了进一步规范；2018年1月，原环境保护部印发的《排污许可管理办法（试行）》对排污许可管理的内容进行了进一步的细化和强化，并有效提高了排序许可管理的可操作性；《固定污染源排污许可分类管理名录（2017年版）》明确了需要取得排污许可证的企事业单位和其他生产经营者及不同行业的管理要求，进一步完善了我国固定污染源环境管理的法规体系。同时，钢铁、水泥等行业排污许可证申请与核发技术规范和排污单位自行监测技术指南以及其他配套技术规范也随之发布，排污许可技术体系框架基本建立。

2017年1月1日，全国排污许可证管理信息平台正式上线运行。排污许可证的申领、核发、监管执法等工作流程全部纳入了全国排污许可证管理信息平台，该平台实现了全国固定污染源排污许可证在同一平台的申请、核发、监管与公开，整合共享了各级各类固定污染源环境管理信息，使得有关部门对固定污染源的管理更加系统化、精细化、科学化。此外，还有部分地区通过对污染源统一编码、对排放口统一编号和标识，并生成排污口二维码，建立了完整的污染源（排放口）信息系统。该系统整合了环境监管、监察与监测数据，为现场监测和执法的工作人员提供精确定位、信息实时共享，使其精准判断分析污染源（排污口）的环境状况，同时全国排污许可证管理信息平台的建立还能督促企业进行污染信息公开，使公众能更加快速便捷地获取企业的排放信息，以此来强化社会监督和提升公众环境参与意识。

环境影响评价制度是各企事业单位进行项目建设的环境准入门槛，同时也是企事业单位申请排污许可证的前提和重要依据。排污许可制是企事业单位在生产运营期内排污的法律依据，排污许可制度可以有效确保污染防治设施和措施落实落地。在环境影响评价管理中，管理内容要不断完善，环境影响评价要更加科学，污染物排放要求要更加严格；在排污许可管理中，排污许可证要严格按照环境影响报告书（表）以及审批文件的要求核发，要做好"环境影响评价制度"与"污染物排放许可制度"两项制度的衔接，共同推进环境质量改善。

二、我国排污许可制度实施中存在的问题

在许多发达国家，排污许可制度是一项自主性的法律制度，具有严格的法律效力。而我国的排污许可制度仅仅是一项政策，其约束力远远不够，主要表现在其法律地位不高，对企事业单位的约束力不够；排污许可制度的技术体系不完整，发布技术规范不到五成；管理内容不全面，排污许可证的管理范围仅包含废气、废水、固废和噪声，仍未涵盖地下水和土壤的环境污染，管理内容十分有限；证后监管不牢靠，环境保护主管部门的人员缺乏使得对辖区内所有排污单位实行全面覆盖的执法检查难以实现，经常出现重审批轻监管的现象；公众参与不广泛，信息公开渠道有限阻碍了

信息平台的建设，公众对于排污许可制度的认识缺乏清晰认识，对排污单位应当履行的环保责任和义务缺乏了解，导致公众参与不积极，公众的监督权和知情权受到限制。

三、健全排污许可制度的解决途径

基于目前排污许可制度面临问题，借鉴美国、德国等发达国家的排污许可制度的设计和实施经验，我国提出对未来排污许可制度改革的基本原则与实施路线，如图 5-5 所示，并且提出相应的健全排污许可制度的解决途径。

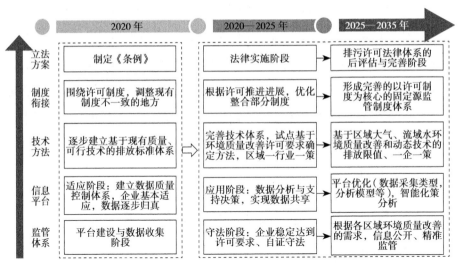

图 5-5　我国未来排污许可证改革实施路线图

资料来源：张静、蒋洪强、程曦、周佳：《"后小康"时期我国排污许可制改革实施路线图研究》，《中国环境管理》2018 年第 4 期。

（一）加快实施立法工作

加强排污许可证管理的法律地位，除了政策推动外，还需通过完善的立法来提高排污许可证在排污许可制度中的核心地位，保证有关部门的监管可以有法可依。生态环境部起草的《排污许可管理条例》已完成初稿，并于 2018 年 11 月，发布了公开征求意见的通知。《排污许可管理条例》的发布可以填补排放许可方面行政法规的空白。除此之外，还要积极开展《排污许可法》的立法研究，进一步完善立法，建立起完善的排污许可制度法律法规体系，保障排污许可制度的有效实施。

（二）加快制定标准体系结合

依照国家排污许可制度的顶层设计，对技术体系文件中比较重要的技术文件进行优先编制，并根据行业划分，提前重点行业的技术体系文件的编制进度。可对部分发布技术规范的行业允许提前启动排污许可证的申报与核发工作，避免扎堆申报、集中审核的问题，提高地方环境保护主管部门许可证申报和核发工作的效率，为排污许可制度的全面实施打下基础。

（三）逐步完善许可内容

在排污许可证的管理内容上逐步与发达国家接轨。巩固现有"三废"与噪声等管理内容的同时，结合我国目前的环境管理现状，逐步将土壤和地下水等环境要素加入排污许可证的管理内容。全国排污许可证管理信息平台为排污许可证管理提供了一个良好的平台，可借此平台对其进行拓展和延伸，考虑将环境影响评价、排污总量控制、环境统计、环境保护税等的其他环境管理内容，对其进行进一步的拓展和延伸，将排污许可证管理信息平台打造成为一个全面的环境管理信息平台，实现"一证式"管理，减少重复工作的同时也可以有效避免"多头管理"带来的数据不统一问题。

（四）加强执法监督力度

合理利用现有的执法力量，结合企业信用记录，加强对重点区域和重点排污单位的监督检查，严格按照《排污许可管理办法（试行）》对违反规定的相关企事业单位进行处罚。认真总结在排污许可证实施过程中遇到的问题，定期组织交流，切实解决排污单位在遵循排污许可制度中遇到的实际问题，保证企事业单位正常开展生产经营活动。此外，政府可通过公开招标的方式，委托有能力的第三方机构，对排污单位开展日常巡查。巡查过程中发现的问题直接转到环境监察部门，提高执法力量的工作效率，促进企事业单位守法合规地进行生产经营活动。

（五）提高公众参与力度

加强排污许可制度的宣传工作，保证现有的信息公开不仅限于走程序，而是走进公众视野，让更多的公众了解排污许可制度的内容和作用，提供公众的参与力度。信息公开平台设置公众意见反馈区，邀请公众参与探讨有关排污许可制度和实际执行过程中的问题。并借助电视、广播和网络等媒体向公众宣传排污许可制度的实行，不仅可以提高公众的环保意识，也可以让公众参与进来督促企业更好地完成排污许可实施工作，增强企业的环保意识。

第四节　建立健全环境治理体系

近年来，随着我国工业化、城市化的快速发展，由此引发的一系列环境问题在全国范围蔓延，并且受到人们的广泛关注。严重的生态环境问题成为阻碍矛盾解决的最显著短板，应集中力量解决突出环境问题，让良好生态环境成为提升人民群众获得感的增长点，成为经济社会持续发展的支撑点和展现我国良好形象的发力点。习近平总书记在党的十九大报告指出："构建以政府为主导、企业为主体、社会组织和公众共同参与的环境治理体系。"① 这是针对我国目前的环境状况和今后一段时间环境管理工作所作

---

① 习近平：《决胜全面建成小康社会　夺取新时代中国特色社会主义伟大胜利——在中国共产党第十九次全国代表大会上的报告》，《党建》2017 年第 11 期。

的重要部署。党的十八大以来，我国环境治理力度显著增强，环保治污工作取得突出成效，重大生态保护和修复工程逐步落实，环境治理和生态保护市场体系加快构建，我国环境状况有了较大改善。但受传统发展模式的影响，我国的环境污染问题仍很突出。构建起以政府为主导、企业为主体、社会组织和公众共同参与的环境治理体系是解决环境污染问题的重要战略。

一、我国环境治理体系特征

20世纪60年代以后，在经历各社会主体的长期对立与合作后，西方发达国家建立起了较为完整的环境保护法制体系，形成了政府、企业和社会团体共同参与环境保护的治理体系。历史发展和实践表明，各主体互动下的环境治理体系是符合发展潮流，切合时代背景的治理模式。目前，随着专业化、公益化社会组织的出现，各种市场主体和社会组织成为环境保护的重要支柱。20世纪70年代以来，我国环境治理逐步形成了以行政手段为主导、统一监管和分级分部门监管相结合的管理体制，治理能力显著提升。然而，当今环境问题的复杂性和人们生态需求的提升使得传统的治理模式不能适应当代发展，治理成本增加，治理难度提高；环境资源产权不明晰、价格形成机制不完善，市场机制无法有效配置环境资源；群众参与权和监督权难以保障，参与环境治理的无序性；政府、市场和社会的权责边界模糊，使得治理能力大大削弱等一系列弊端导致我国环境治理障碍重重，多元环境治理体系的建立刻不容缓。

二、我国环境治理体系建设过程中的成效和问题

党的十八大以来，我国环境治理力度显著增强，环境状况得到极大改善。主要表现在以下几个方面：一是环保治污工作明显加强，大气、水、土壤污染防治计划行动取得重大进展。2017年，总磷、化学需氧量、氨氮浓度同比分别下降6.6%、3.2%、16.3%，全国地表水国控断面 I—III 类水

体比例 67.9%，劣 V 类水体比例 8.3%；在监测的 338 个城市中，空气质量达标的城市占 29.3%，细粒颗粒物（$PM_{2.5}$）年均浓度为 43 微克 / 立方米，同比下降 6.5%，京津冀和长三角 $PM_{2.5}$ 浓度同比分别下降 9.9% 和 4.3%，珠三角区域 $PM_{2.5}$ 浓度连续三年达标；近岸海域海水水质监测点中，2017 年达到国家一二类海水水质标准的监测点占 67.8%。二是全面节约资源有效推进，能源资源消耗强度大幅下降。2017 年单位 GDP 能耗、水耗同比下降 3.7% 和 7.2%。三是重大生态保护和修复工程进展顺利，森林覆盖率稳步增加，草原综合植被盖度达到 55.3%。尽管我国环境治理取得显著成效，但由于长期快速发展导致的资源环境约束问题日益突出，历史旧账仍是当前环境主要问题，生态环境保护仍然任重而道远。[①]当前环境保护的严峻现状和民众的巨大需求，决定了建立健全环境治理体系的必要性。

目前，"画地为牢""以邻为壑"的治理思路频繁出现在一些地方政府治理本地环境的问题中，企业与公众在参与生态环境治理过程中存在主动性较低、有效性不足和科学性有待提升等问题。与此同时，"三期叠加"的论断是习近平总书记在根据生态文明建设和生态环境保护的客观规律及当前形势基础上作出的重大判断，对政府明确工作目标和方向具有重要意义，也为政府工作的开展提供了基本遵循。"窗口期"的判断表明，如果我国不抓住机会，采取一系列严厉的政策措施以解决突出生态环境问题，将会在日后付出更大更沉重的代价。

三、建立健全环境治理体系的实施路径

（一）创新环境治理组织结构

环境治理的动态性、长期性和系统性决定需要完善纵向权责体系，根

[①] 生态环境部：《国务院关于 2017 年度环境状况和环境保护目标完成情况的报告》，2018 年 12 月 17 日，见 https://www.mee.gov.cn/ywgz/zcghtjdd/sthjghjh/201812/t20181217_748248.shtml。

据环境因子的外部性程度划分上下级环境管理权限和职责；完善横向协调机制，按照"责任共担、信息共享、协商统筹、联防联控"的工作原则，合理解决区域环境问题，逐步建立长效合作机制；形成多中心治理模式，建立"环境监测、污染控制、行政处罚"为一体的环境监管机制，充分发挥市场作用，推进第三方治理；建立横纵结合的环境治理网状结构，形成多种资源共享、彼此互惠合作的机制，各组成部分按系统的结构方式相互作用、相互制约、相互补充、力求达到整体效果最优化。

（二）落实环境治理主体责任

环境问题的"公共性"及"外部性"决定了单一的力量是无法取得环保攻坚战的胜利，因此，需要构建政府为主导、企业为主体、社会组织和公众共同参与的环境治理体系，汇聚各种力量，形成最大合力。处于核心地位的政府，应充当社会利益博弈的"平衡器"，综合运用各种政策手段推动环境治理，进一步加强制度创新，推进环境管理法律体系完善，整合相关环境治理职能部门，形成职能配置科学、组织机构合理、运行高效顺畅的生态环境治理体制，避免社会各阶层因利益冲突而损害环境治理协作。同时，要尊重和保障公众环境的知情权、参与权、表达权和监督权，通过各方力量的监督来推动环境治理；企业作为特殊治理主体，需要严格依据各项法律政策和社会准则来规范自身生产经营的整个过程，坚持经济利润、社会责任和环境保护的统一，自觉地减少环境污染、破坏和违法行为。与此同时，企业应自觉实现环境信息披露的"透明化"，主动接受政府、社会和民众的批评与监督，进一步完善企业内部的环境治理；社会组织作为政府、企业、公众之间的"黏合剂"，应充分发挥其专业性，弥补公众参与专业性不足的弊端，搭建一个良好的信息沟通平台，调节不同主体的利益关系，缓解冲突和解决矛盾；公众作为参与环境治理的中坚力量，一方面应努力提高自身环保意识，积极向绿色低碳、文明健康的生活方式转变，另一方面应充分发挥其对政府和企业环境治理的监督作用，积极参与环境治理。

（三）完善环境治理制度体系

作为环境治理体系建设的基本要素之一，环境治理制度及机制建设与完善为建立健全环境治理体系保驾护航。完善污染物排放许可制度，企业作为环境治理的主体，要合理配置企业治理污染的责任，将企业治污从被动转变为主动，责任从部分转变为全面，污染源从重点转向全部，合理配置企业治理污染的责任，将企业治污从被动转变为主动，责任从部分转变为全面，污染源从重点转向全部，提高环境管理水平，促进企业持续健康发展；建立污染防治区域联动机制，环境的公共性和外部性的特征决定了污染防治工作的开展离不开区域间合作。"环境治理是一项系统工程，必须作为重大民生实事紧紧抓在手上"[①]，区域污染防治工作的开展要多策并举，多地联动，全社会共同行动，打破传统的各自为政的属地化、条块化管理体制，改变传统的属地治理模式，解决污染防治工作上政出多门、多头治污、九龙治水的现象；建立农村环境治理体制机制，城市与农村生态环境是相互补充、互为依存的唇齿关系。但由于其经济发展、科学技术水平、环保观念等较为落后，农村是环境保护工作中的短板，也是污染排放的重要来源，因此，"补短板"在环境治理中显得尤为重要。加强农村环保设施建设，加大扶持力度，培育治污主体等，采取一系列具体措施强化农村污染治理；健全环境信息公开制度，由于公众没有及时了解和掌握当前环境保护状况，政府监管措施不到位，企业履行环保责任不到位，使得当前环境形势依然严峻，治理任务十分艰巨。减少由于信息的不对称引起的对于环境保护工作的无效监管，通过制度创新提高环境保护的公众参

---

① 《习近平在北京考察工作时的讲话》，《人民日报》2014年2月27日。

与度，健全环境信息公开制度，需要提高环保信息公开化水平，通过制度创新提高环境保护的公众参与度，提高环保执法监管水平和各治理主体行为透明度，调动公众参与环境保护的积极性，为有效化解"邻避效应"，实施有效的治理监管提供制度保障。让每个人都成为保护环境的参与者、建设者和监督者；严格实行生态环境损害赔偿制度，明确生态环境的重要地位，强化生产者保护环境的法律责任，大幅度提高违法成本，通过法律的完善和执行，让环境违法行为受到应有的处罚，实现企业环境行为的外部性内部化，促进建立公平规范的市场竞争秩序；完善环境保护管理制度，保护环境就是保护生产力，改善环境就是发展生产力。环境治理不能仅仅停留在行政治理层面，在解决有法不依、执法不严、违法不究等问题上，需要整合各方力量进行监管，提高环境保护法律制度的有效性，构建与社会主义市场经济和现代政府治理相适应的环境保护新体制。

（四）充分考虑政府、企业、社会组织和公众各主体的责任和义务，实现合理的责任配置

政府作为政策的制定者与实施者，在环境治理上必须发挥主导作用，综合运用各种政策手段推动环境治理，进一步加强制度创新，推进法律体系的"绿色化"和职能部门的"整合化"，形成职能配置科学、组织机构合理、运行高效顺畅的生态环境治理体制。同时，要尊重和保障公众环境的知情权、参与权、表达权和监督权，通过各方力量的监督来推动环境治理。企业作为特殊治理主体，需要严格依据各项法律政策和社会准则来规范自身生产经营的整个过程，坚持经济利润、社会责任和环境保护的统一，自觉地减少环境污染、破坏和违法行为。与此同时，企业应自觉实现环境信息披露的"透明化"，虚心接受政府、社会和民众的批评与监督，进一步完善企业内部的环境治理。社会组织作为政府、企业、公众之间的

黏合剂，应充分发挥其社会组织的专业性，弥补公众参与专业性不足的弊端，搭建一个良好的信息沟通平台，调节不同主体的利益关系，缓解冲突和解决矛盾。公众作为参与环境治理的中坚力量，一方面应努力提高自身环保意识，积极向绿色低碳、文明健康的生活方式转变；另一方面应充分发挥其对政府和企业环境治理的监督作用，积极参与环境治理。环境问题的"公共性"及"外部性"决定了单一的力量是无法取得环保攻坚战的胜利，在环境治理问题上，政府、企业、社会组织和公众之间应形成一个"交叉式""立体型"的关系架构，各司其职，相互监督，共同努力以取得环保攻坚战的最终胜利。

第五节　积极参与全球环境治理

环境问题一直是国际社会关注的重要议题之一，随着全球环境的不断恶化，建设绿色家园称为人类的共同梦想，全球环境治理成为主要解决途径之一。随着中国越来越进入世界舞台的中心，国际社会希望我国能够在解决人类生存与发展的问题上发挥更大作用。面对国际气候治理的新形势，我国应提升在全球气候治理问题上的话语权，推动和引导建立公平合理、合作共赢的全球气候治理体系，增强国际影响力，提高国际话语权，在国际社会中做好表率作用，让良好生态环境成为展现我国良好形象的出发点。另外，新的国际经济形势下充斥着合作与竞争，全球环境治理也不断出现新的矛盾与困境，因此，我国更应该加强全球环境治理以积极应对全球环境问题带来的挑战。

一、全球环境问题的现状及特征

纵观人类的历史，环境问题一直与人类起源和演变以及整个文明发展过程息息相关，但是随着世界人口的不断增加，人类生产和生活方式的改变，出现的现代环境问题在产生过程、表现形式、复杂程度和对人类生存环境的危害程度等各方面都大别于以往。同时，现代环境问题突破了行政区域和国家疆界，出现跨界影响，成为一个复合性和长远性的环境问题。

（一）全球主要环境问题

随着全球环境的恶化，许多环境问题正迅速转变为全球性的环境危机，进而导致生态危机和人类生存危机。目前，全球气候变暖、臭氧层的耗损与破坏、酸雨蔓延、生物多样性减少、森林锐减、土地荒漠化、大气污染、水污染、海洋污染和危险性废物越境转移是人类主要面临的十大全球环境问题。

全球气候变暖：人类活动释放的二氧化碳（CO_2）等温室气体引起的大气成分变化，大气质量下降，气温升高的过程。气候变暖将导致极地冰川融化，海平面升高等风险。此外，全球变暖通过影响降雨和大气环流，造成气候异常，易造成旱涝灾害。

臭氧层的耗损与破坏：臭氧层位于大气平流层，距离地面10—50千米。臭氧层的保护作用使得紫外线不会透过大气层进入地面，有效隔绝90%的紫外线可以保护地面生物。但是，臭氧层的耗损与破坏会导致人类皮肤癌和白内障的发病率提高，海洋和陆地生态系统被破坏，植物的正常生长受到影响。

酸雨蔓延：酸雨是指降水中pH值小于5.6的雨、雪或其他形式的降水。酸雨的腐蚀性对人类环境产生更替影响：影响农作物的生长，导致林木枯萎，湖泊酸化，鱼类死亡；导致土壤酸化，破坏土壤结构，危害植物生长；此外，腐蚀建筑材料，酸雨集中地区的一些古迹损坏程度远远大于时间更替所带来的氧化。

生物多样性减少：随着时间的更替，生物物种面临着进化与消亡，但由于人口的急剧增加和人类对资源的不合理开发，加之环境污染等原因，地球上的各种生物及其生态系统受到了极大的冲击，生物多样性也受到严重破坏。统计数据显示，目前每年有 4000—6000 种生物消失，平均每天有 140 种生物灭绝。生物多样性减少最后威胁到的还是人类自身的生存。

森林锐减：由于人类乱砍滥伐，和由自然、人为原因引起的森林火灾，世界森林面积在不断减少。近 50 年，森林面积已减少了 30% 左右，而且其锐减的势头只增不减。森林锐减破坏了森林涵养水源的功能，造成了森林生态系统的不平衡，导致物种减少和水土流失等。

土地荒漠化：全球陆地面积占比 60%，其中沙漠和沙漠化面积占 29%。土地荒漠化日益严重，底格里斯河、幼发拉底河流域作为人类文明的摇篮已然变成荒漠，我国荒漠化尤为严重。土地荒漠化会导致土壤结构改变，土壤质量下降，生产力锐减。

大气污染：常见的大气污染是由煤燃烧过程中产生的粉尘引起的，悬浮颗粒容易引起呼吸道疾病；此外，工业废气和汽车尾气中夹带的化学物质与太阳光作用，形成一种刺激性的烟雾（光化学烟雾），导致一系列身体疾病：眼病、头痛、呼吸困难等。大气污染最显著的危害在于对人类身体健康造成的威胁。

水污染：人口扩张和工业发展过程中产生的污水废水超过天然水体的承载力范围，水体开始变黑发臭，细菌滋生，导致鱼类死亡，藻类疯长，此外，水中的有毒物质被人体吸收导致各类疾病复发，甚至置人死地，同时，工农业生产随着水质污染而深受其害。水污染加剧了水资源短缺，构成了威胁人类生存的水危机。

海洋污染：人类活动对近海区造成的污染导致海水中氮和磷含量骤增；水体富营养化使得藻类滋生；近海区或将出现赤潮等；此外，对渔业也造成了一定冲击。

危险性废物越境转移：危险性废物是指除放射性废物以外，具有化学活性或毒性、爆炸性、腐蚀性和其他对人类生存环境存在有害特性的废物。危险性废物容易造成或导致人类死亡，或引起严重的难以治愈疾病或致残的废物，其跨境转移易形成跨境污染以危害地区发展。

（二）全球环境问题新特征

工业化进程通常伴随着相关环境问题，由于工业发展阶段的不同，经济发展水平有所差异，因而旧的环境问题通常会衍生出新的环境问题。在总结全球工业化进程的不同阶段及主要环境问题中发现：前工业化阶段，大气污染主要以煤烟型污染、酸雨为主，水污染以工业污染、有机氯化物污染为主；工业化实现阶段，大气环境问题、水环境问题开始凸显且种类增加；后工业化阶段，环境问题主要表现在人体健康危害、全球气候变暖等方面（见表5-3）。

表5-3　全球工业化进程的不同阶段及主要环境问题

基本指标		前工业化	工业化实现阶段			后工业化
			初期	中期	后期	
人均GDP/美元		< 1000	1000—4000	4000—8000	8000—13000	> 13000
第一产业就业人数比例（%）		< 60	45—50	35—45	10—30	< 10
城市化率（%）		< 30	30—50	50—60	60—75	> 75
环境问题	大气	煤烟型污染	煤烟型污染、酸雨问题	NOx和VOCs引发的光化学烟雾污染、颗粒物污染		臭氧、酸沉降、长距离跨界空气污染
	水	工业污染为主，重金属污染、有机氯化物污染、放射性污染		水体富营养化、地下水污染等		水环境质量整体提高、偶发水污染
	其他	重金属污染	土地荒漠化性锐减等	森林减少、生物多样		全球气候变暖、危险废物跨境转移、生态系统受损等

因此，全球新环境问题具有明显的滞后性，即新环境问题发展变化的时间尺度和人类生活的时间尺度存在着匹配不均衡的特点；复杂性，即新环境问题波及范围扩大，受人类社会和经济活动的复合系统影响显现出不确定性与复杂性；全球性，即环境问题产生的危害由点扩展至面，全球性日益凸显，在全球性这一特征的指导下，"单方法论"的解决措施不再具有借鉴性，当下应致力于形成自上而下的多层次全方位的全球环境治理体系。

二、全球环境治理体系内容及发展趋势

（一）全球环境治理体系内容

全球环境治理体系包括治理结构、治理目标以及为实现目标所采取的行动、合作模式、运行机制等内容。近年来，随着针对环境问题目的而设立的国际组织、国际政府间组织和环境非政府组织在全球环境治理的国际层面上的影响力逐渐加深，全球环境治理体系中的行为主体开始呈现多元化趋势。其中，全球环境治理机制框架主要包括治理过程中设定的组织结构、规范、原则和程序等。具体体现在以推动环境治理的制度化为基础制定指导原则和法律规范。环境问题的全球性决定了解决全球环境问题需要统一合力，必须遵守统一的指导原则和法律规范；通过环境立法、政策调控、资金援助、技术转让等方式以加快环境治理进程；通过各种多边机制开展国际社会合作实现全球环境治理。

（二）全球环境治理体系发展趋势

目前，全球环境治理体系将朝着新阶段、新模式和新地位发展。在当前时代背景下，实现可持续发展目标，推动社会经济发展走向新阶段是未来全球环境治理的重中之重。突出环境治理网格化，将水、大气、生态保

护这些环境目标与人类食物、能源等经济社会目标紧密关联，作为界定发展成效指标之一；将各类环境问题进行深度融合，寻求其复合性背后的深层机理；大力保护、积极恢复复杂生态系统，实现生态系统的可持续利用，遏制生物多样性减少的现象。

目前，国际上有关环境治理的新模式主要包括多中心治理模式，即打破政府为主导的单中心模式，通过多方协作积极参与环境治理；互动式治理模式，即公民与社会群体广泛参与环境治理，做到相互监督、相互促进；源头治理模式，从末端治理向源头治理转变，对重点治理对象采取更为严厉的措施，实现污染根除；环境可持续治理模式，即在资源环境承载力的基础上，充分衔接和融合环境治理目标与经济社会目标，从而实现生态、经济、社会三者共赢的可持续发展。这些新模式都为全球环境治理提供了切实可行的指导意见。

此外，随着全球环境治理规则制定话语权的"东移"，全球环境规则的制定从以西方国家为主导转向多边合力，新兴国家、发展中国家开始走进国际舞台参与规则制定，一道与西方国家共同参与其中。近年来，随着我国在生态文明建设中取得的突出成效受到国际社会的广泛认同，我国在全球环境治理规则制定上处于新地位，并且将团结广大发展中国家致力于解决全球环境问题。

三、中国参与全球环境治理的建议

（一）健全我国环境管理治理体系

目前，我国管理部门条块分割、各自为战、缺乏协调等环境管理弊端日益显现，为破除现行环境保护管理体制弊端，加大资源整合力度，推动结构化、高效化、互动化的生态环境治理体系的形成，应完善环境保护法律制度建设以此规范各主体的行为，使得一切生产和消费活动皆有法可依，有理可循；加强人才队伍建设，使我国参与全球环境治理的人员数量和素质、技术支撑等方面与当前需求匹配，避免不均衡现象的出现；加大专项研究中的科技投入，制定符合国情的合理的科学策略指导全球环境治理；鼓励公众积极参与全球治理，发挥我国环境非政府组织在全球环境治理中的积极作用和话语权，确保普通民众的知情权和监督权。

（二）坚持与发展中国家互利共赢

广大发展中国家作为我国走和平发展道路的同行者，与其合作是今后发展的主要趋势，但是由于地区差异、气候差异和国情差异，在应对全球气候问题上不可避免地存在一些分歧。为此，我国应当充分尊重各国在应对国际气候变化上所制定的符合当地实际情况的政策，并与之加强联系、沟通，通过合作分享成功的治理经验，团结一致应对全球环境问题。此外，在面对全球气候变化问题上，各国应贯彻落实互利共赢的合作理念，取长补短，求同存异，共谋发展，以期寻求最适合本国国情的发展策略。

（三）加大我国在全球治理中所取成效的宣传

中国一直坚持新发展理念和"五位一体"的发展布局，在此基础上中国实现了经济、社会、环境的可持续发展，开创了经济社会发展的双赢局面。中国近年来在生态文明方面取得的突出成效有力地打击了"环境污染大国""世界气候威胁者""国际气候谈判的主要障碍"等关于中国在国际社会上的不良论断。因此，加大我国在全球治理中所获成效的宣传，与全球分享成功的治理经验，树立"积极参与者、贡献者、引领者"，积极承担我国在全球环境治理中的义务与责任，向世界讲好中国故事。

（四）把握"一带一路"契机为推动全球绿色发展提供联系

"一带一路"建设促进了我国与沿线国家的投资、贸易、金融、科技和能源等合作，推广了清洁的生产、生活方式。但随着建设项目的增加，环境保护成为"一带一路"沿线国家的重中之重。为此，要鼓励企业对外发展投资的同时，制定严格的环保政策以规范其行为。此外，加大环保评估力度，形成更为可观的环评认识，使政策意见更具针对性。应抓牢"一带一路"这个契机，使之成为推动全球绿色发展的脐带，将中国与世界相连，共谋全球新发展，共创生态新局面。

第六章　加大生态系统保护体制改革

　　党的十八大以来，以习近平同志为核心的党中央高度重视生态系统保护和修复。党的十九大报告中明确提出，要"加大生态系统保护力度"，并明确了从"提升生态系统质量和稳定性""完成生态保护红线、永久基本农田、城镇开发边界三条控制线划定工作""开展国土绿化行动""完善天然林保护制度""建立市场化、多元化生态补偿机制"六个方面开展生态系统保护和修复工作。[①]党的二十大报告在原有的生态系统保护和修复工作上提出了新目标，要"提升生态系统多样性、稳定性、持续性"，"建立生态产品价值实现机制"，"加强生物安全管理"。[②]

　　生态系统是人类赖以生存的物质空间，无止境地向自然索取甚至破坏自然必然会遭到大自然的报复。加大生态系统保护体制改革就是要像保护眼睛一样保护自然和生态环境，使人与自然和谐共处、和谐发展，实现中华民族永续发展。

---

　　① 习近平：《决胜全面建成小康社会　夺取新时代中国特色社会主义伟大胜利》，《人民日报》2017 年 10 月 28 日。
　　② 习近平：《高举中国特色社会主义伟大旗帜　为全面建设社会主义现代化国家而团结奋斗》，《人民日报》2022 年 10 月 26 日。

第一节　加大生态系统保护体制改革的理论渊源

自然界是一个相互连接、相互依存的整体。加大生态系统保护就是要从自然界的整体性、系统性出发，统筹山水林田湖草沙一体化保护和修复，提升生态系统质量和稳定性。加大生态系统保护体制改革是对前人的优秀文化思想进行深刻总结和升华。

首先，中国传统文化蕴含生态系统保护制度的启蒙思想。中国自古强调的"天人合一"思想。管子曾说："山林虽广，草木虽美，禁发必有时；国虽充盈，金玉虽多，宫室必有度。江海虽广，池泽虽博，鱼鳖岁多，罔罟必有正。""为人君而不能谨守其山林、菹泽、草莱，不可以立为天下王。"[1] 管子认为对自然资源的开发利用要适度、适时，当权者要保护自然资源、调控自然资源的使用。孔子认为："节用而爱人，使民以时。"[2] 孔子主张节约资源、热爱自然。荀子认为："君者，善群也。群道当则万物皆得其宜，六畜皆得其长，群生皆得其命。"[3] 荀子主张用制度保护生物资源以实现"万物各得其和以生，各得其养以成"[4]。

其次，加大生态系统保护体制改革继承马克思主义思想。马克思主义认为自然界是一个普遍联系的有机体，任何事物都不是孤立存在。马克思指出："一个存在物如果在自身之外没有自己的自然界，就不是自然存在物，就不能参加自然界的生活。"[5] 马克思认为人类本身是自然界的一部分，人与自然是相互联系、相互依存的整体。人类社会的发展和进步必须通过生产劳动同自然进行物质的、能量的交换，人类要自觉地遵守自然规律、社会规律，正确认识和处理人与自然的关系，才能推动自然界与人类社会

---

① 姚晓娟、汪银峰：《管子注释》，中州古籍出版社 2010 年版，第 339 页。
② 钱伟：《先秦思想家生态伦理及可持续发展思想述评》，《中国西部科技》2011 年第 2 期。
③ 安小兰：《荀子译注》，中华书局 2007 年版，第 91—92 页。
④ 安小兰：《荀子译注》，中华书局 2007 年版，第 109—111 页。
⑤ 《马克思恩格斯文集》第 1 卷，人民出版社 2009 年版，第 210 页。

的协同发展。恩格斯曾说："我们一天天地学会更正确地理解自然规律，学会认识我们对自然界习常过程的干预所造成的较近或较远的后果……人们就越是不仅再次地感觉到，而且也认识到自身和自然界的一体性，那种关于精神和物质、人类和自然、灵魂和肉体之间的对立的荒谬的、反自然的观点，也就越不可能成立了。"① 随着人类生产力和科学技术的发展，人类认识、理解自然的能力不断增强。同时，技术进步所带来的社会发展也引发环境问题。正如马克思提出："周围的感性世界绝不是某种开天辟地以来就直接存在的、始终如一的东西，而是工业和社会状况的产物，是历史的产物，是世世代代活动的结果。"② 因此，人与自然是辩证统一的整体，人类与自然和谐发展需要系统、科学、发展的社会制度保障。

最后，加快生态系统保护体制改革是对中国优秀传统文化的继承和发展，是马克思主义中国化的具体实践。党的十八大以来，"生态文明制度建设""生态文明体制改革""生态文明制度体系"等概念成为中国共产党推进中国特色社会主义生态文明建设的重要概述，表明我国生态文明制度建设进入全新的历史阶段。2017 年，习近平总书记在党的十九大报告中明确提出，要"加大生态系统保护力度"。③2019 年，习近平总书记在河南考察调研时强调："统筹推进山水林田湖草系统治理，把沿黄生态保护好，提升自然生态系统质量和稳定性。"④ 2022 年，习近平总书记在党的二十大报告中指出："加快实施重要生态系统保护和修复重大工程"。⑤ 加大生态系统保护是以习近平同志为核心的党中央总结人类发展的历史经验，为实

---

① 《马克思恩格斯选集》第 3 卷，人民出版社 2012 年版，第 998—999 页。
② 《马克思恩格斯文集》第 1 卷，人民出版社 2009 年版，第 528 页。
③ 习近平：《决胜全面建成小康社会　夺取新时代中国特色社会主义伟大胜利》，《人民日报》2017 年 10 月 28 日。
④ 习近平：《坚定信心埋头苦干奋勇争先　谱写新时代中原更加出彩的绚丽篇章》，《人民日报》2019 年 9 月 19 日。
⑤ 习近平：《高举中国特色社会主义伟大旗帜　为全面建成社会主义现代化国家而团结奋斗》，《人民日报》2022 年 10 月 26 日。

现中华民族永续发展、中国式现代化而作出的伟大创新，为加快生态文明体制改革、建设美丽中国指明了方向。

第二节　提升生态系统多样性、稳定性、持续性

生态系统是承载一切现在社会文化的物质基础，加大生态系统保护力度是遵循社会发展基本规律的政策举措。首先，它是建立在对于包括我国在内的世界各国建设发展过程中生态系统变化情况的规律总结的基础上形成的科学结论。大量科学研究表明，现代社会建设中的城市化与工业化进程是人类活动改变生态系统最快的进程，在物质文化建设取得空前进展的同时，生态环境面临前所未有的压力。当前我国生态系统面临的突出问题，包括生态环境脆弱、生态系统质量降低、土地退化问题严重、生态系统人工化进程加剧、原生生态系统快速减少、流域生态系统破坏严重、生态隐患风险不断加大。与此同时，全国范围内的产业发展与城镇化推进仍处于发展阶段，各地的生态系统纷纷出现"将富却衰"甚至"未富先衰"的情况。对于这一过程经验的总结，形成了生态系统的理论基础。

其次，它是建立在生态文明理念发展的新成果上的重要理论。生态文明理念是我国在物质文明、精神文明、政治文明之后提出的又一发展理念，早在2007年便已形成一定的理念框架。随着政策界与研究界多年来的不断努力研究与阐释，已经逐渐形成了理论扎实、内涵丰富的全面的理论体系。生态文明作为区别于传统文明特别是工业文明的新形态，其与传统文明形态最大区别在于将人与自然和谐共生的宗旨摆到了传统的人与人、人与社会关系同样的高度，其突出表现为不论在生产方式还是消费方式上，都强调可持续性的概念。随着生态文明理念的不断发展与细化，生态系统作为自然物质的巨型复杂组合，对其的保护涉及巨量资源的调动、巨量信息的发布、巨量政策的协同。要实践这一发展理念，传统保护机制

已经完全无法适应于新的、更为迫切的保护需求。

一、提升生态系统多样性、稳定性、持续性的重要意义

在生态系统的研究当中，可以将生态系统依据其所受人类活动影响，将其划分为原生生态系统与次生生态系统。不论何种类型，其都与人类社会密切相关，因此其受人类活动影响巨大。从我国生态系统目前面临的突出问题来看，绝大多数问题均来自人类活动的影响。

从土地退化问题方面来看，我国三大土地退化问题均源于影响广泛的人类各类活动。2000 年以来，全国范围内对水土流失进行了大量的管控工作；土地沙化长期以来是困扰我国农牧交界带的问题，也是对生态系统整体威胁巨大的土地退化问题，且在部分地区还出现了沙化情况恶化的现象；三大土地问题中，控制较好的是石漠化，而在这种控制中，西南喀斯特地区的社会经济发展也为此付出了巨大代价，许多喀斯特地区至今仍是我国最贫困地区。但从土地退化问题的治理就可以看出，传统的保护措施往往建立在放缓甚至牺牲社会经济发展的基础上，而其治理成效也往往不及人民对生态系统改善的续期。

从生态系统人工化的情况来看，伴随着原生生态系统的面积萎缩和功能衰减，当前的自然生态系统的承载力遭到持续地削弱。21 世纪以来，经过人类活动深刻改造的生态系统面积不断增长，其中尤以人工林、人工湿地和新形成的城镇生态系统最为显著。从人工生态系统的发展情况来看，全国范围内，人工林面积已占到森林生态系统面积的三分之一；全国水库数量已达到 8.79 万个，水库水面面积 5.28 万平方千米，总库容 7162 亿立方米，占到全国陆地水体面积的 26.1% 和全国总径流量的 23%，自然河段比例不断下降。[①] 尽管在传统的统计方式和评价指标中，生态系统表现出

---

① 欧阳志云：《我国生态系统面临的问题及变化趋势》，《中国科学报》2017 年 7 月 24 日。

正面的发展趋势,但其实际承载力的变化可能远没有表现出的乐观;同样的情况也广泛出现在东北地区、华北地区甚至部分东部地区的生态系统。也就是说,生态系统的人工化在削弱生态系统的承载力的同时,还会造成"生态系统改善"的假象,对生态系统保护形成了另一方面的威胁。

从以上两方面的现实情况出发,显而易见的,人类活动对于生态系统产生的影响是巨大的,长远的,甚至隐蔽的。因此,相较于传统的保护手段,加大生态系统保护力度无疑是生态建设需求的重要措施。正如习近平总书记在 2018 年 4 月在湖北宜昌考察时指出的,"要把生态系统保护放在首位,不能进行破坏性开发"①。因此,保护生态系统是建设可持续发展路径的重要举措。

传统观点认为,生态系统对于人口数量的制约是最为显著的。随着人们认知的不断深入,生态系统对于人类社会发展的制约也进一步得到明确。2018 年 5 月,习近平总书记在出席全国生态环境保护大会时的讲话指出:"坚持人与自然和谐共生,坚持节约优先、保护优先、自然恢复为主的方针,像保护眼睛一样保护生态环境,像对待生命一样对待生态环境,让自然生态美景永驻人间,还自然以宁静、和谐、美丽"②。生态环境不仅仅制约着人口,更制约了人类社会发展的方方面面。

从小尺度空间上看,生态系统对于社会发展有着直接的影响。随着城市的发展和城镇的扩张,大多数城市的建成区面积形成了爆发式的增长态势,重点城市的主城区建成面积普遍扩大 2—4 倍,越来越多的围绕城市地区的原生生态系统被改造为次生生态系统,城市的核心区的次生生态系统进一步被改造,系统结构异常简化,而其生态承载力进一步下降,甚至

---

① 新华网:《习近平:"共抓大保护、不搞大开发"不是不要大的发展,而是要立下生态优先的规矩,倒逼产业转型升级,实现高质量发展》,2018 年 4 月 25 日,见 http://www.xinhuanet. com/politics/2018-04/25/c_1122736681.htm?isappinstalled=0。

② 中国政府网:《习近平出席全国生态环境保护大会并发表重要讲话》,2018 年 5 月 19 日,见 http://www.gov.cn/xinwen/2018-05/19/content_5292116.htm。

出现中心城区的生态系统基本功能遭到破坏。2017 年，全国许多的城市市区出现内涝，部分城市的内涝情况直接破坏了城市的基本功能。城市内部绿地生态结构简单，物种种类极度单一，而为了维护这种经过高度改造的生态系统的稳定，社会又要投入大量资源进行调整，以人工措施构建新的生态系统。

从大尺度空间上看，生态系统对于社会发展也有着更为深远的影响。随着城市的不断扩张，大城市存在的"热岛效应"不断增强。早在 2003 年，宋艳玲等人的研究就指出，随着北京市城市的扩张，北京市区与郊区的温差不断扩大，"热岛效应"不断增强。[①] 这一现象也普遍出现在城市发展较快的地区，而与之相伴的就是城市在"热岛效应"的影响下所要付出的一系列社会经济代价。除了热岛效应外，生态系统的脆弱化与生态质量的降低也同样威胁着社会发展。我国生态环境高敏感度区域面积达到 390 万平方千米，而生态环境脆弱区面积甚至超过陆地国土面积的 60%；此外优质林草地分别占林草地生态系统面积的 5.8% 和 5.4%，[②] 生态环境承载力远不如传统预测得高，难以承载目前不断增长的人民需求。

2014 年 3 月，习近平总书记在参加全国两会贵州代表团审议时就指出："保护生态环境就是保护生产力，绿水青山和金山银山绝不是对立的"[③]。这不仅是一个比喻，更是从多年实践中总结出的重要经验。面对这一严峻的局面，提出加大生态系统保护力度的举措，是适应生态环境与人类社会和谐发展的核心手段。

人类作为生态系统中的一员，不可能超然于生态系统而实现自身的发

---

① 宋艳玲、董文杰、张尚印等：《北京市城，郊气候要素对比研究》，《干旱气象》2003 年第 3 期。

② 欧阳志云：《我国生态系统面临的问题及变化趋势》，《中国科学报》2017 年 7 月 24 日。

③ 中央广播电视总台：《习近平贵州考察：干成一番新事业，干出一片新天地》，2021 年 2 月 6 日，见 https://www.xuexi.cn/lgpage/detail/index.html?id=9369329052722938428&item_id=9369329052722938428。

展。有人类构成的人类社会，也同样处于这样一个复杂巨系统中。生态系统既是人类物质文明的依托，也是人类精神文明的客观载体。在占到人类文明历史绝大多数时间的农业文明中，成功延续的文明均认识到，生态系统的潜能就是人类社会发展的潜能。习近平总书记指出："生态文明建设是关系中华民族永续发展的根本大计。中华民族向来尊重自然、热爱自然，绵延 5000 多年的中华文明孕育着丰富的生态文化。生态兴则文明兴，生态衰则文明衰"。[①]无数历史经验表明，对于生态系统潜能的破坏就是自绝文明发展的根基。

当前，我国面临着许多生态系统潜能被透支的威胁。在 1979 年第二次全国土壤普查时，东北黑土区平均黑土厚度为 43.7 厘米，正是在这一基础上，东北成为我国重要的商品粮基地，形成了东北独特的社会经济结构与文化特色；而在 2005 年，北师大团队的研究显示，黑土区平均黑土厚度已降至 40 厘米以下，边缘区甚至出现黑土厚度小于 23 厘米的现象，而到了 2014 年，东北黑土区黑土有机质含量被发现大幅下降，在不使用化肥的情况下，土地粮食产量平均下降 40%，最严重的地区减产甚至超过 60%。这一现象表明，当地生态系统潜能的透支已经到了非常严重的程度。若不对这一趋势进行扭转，在可预见的未来，东北黑土区的生态系统将无法承载人类社会发展的需求。

除了由于生态系统潜能透支造成的产量下降这样直观的表现外，生态系统潜能还在另一方面削弱人类社会的发展潜力。从 20 世纪 60 年代开始，水利设施建设进入一个加速发展阶段，为一系列的社会建设提供了有利的环境。但随之而来的就是河流径流量的不断减少，进而形成下游地区地下水位下降、海水倒灌，土壤盐碱化加剧，地下水质劣化，河流动力减弱，流域整体物质流动受阻。这一现象导致了下游地区生态环境的整体恶化，

---

① 中国政府网：《习近平出席全国生态环境保护大会并发表重要讲话》，2018 年 5 月 19 日，见 http://www.gov.cn/xinwen/2018–05/19/content_5292116.htm。

进而威胁到下游地区的社会发展。

二、生态系统保护体制存在的问题

我国的生态系统种类繁多，结构复杂，是一个同时具有多样性、系统性、独特性的复杂巨系统。同时，由于我国特殊的空间结构，也造成了我国不同地区在生态系统属性上存在巨大的差别。我国生态系统类型复杂，涵盖了从森林、农耕地、草地到荒漠的绝大多数生态系统，覆盖了我国八成的陆地领土面积。但是由于气候条件与地理因素的影响，我国生态环境仍然表现出恢复能力差、所受影响较大、对人类活动敏感等特征。此外，由于我国悠久的发展历史，长期以来巨量的人类活动和社会经济发展需求造成了一种习惯性的高强度资源开发的状态，这些历史事实造成了各类原生生态系统受到巨大影响，也使得当前我国社会经济可持续发展面临巨大的生态系统方面的问题。

党的十八大以来，中央政府高度重视生态环境保护工作的计划与落实进展。在中央政策与规划的带动下，印发颁布了主体功能区划，明确生态政策的具体要求与空间格局；深入推进天然林保护和退耕退牧还林还草的工作，同时推进实施三江源生态恢复、京津风沙源治理和岩溶地区石漠化综合治理工程等工作，着重从已经发生的生态系统破坏情况入手，逐步恢复生态系统功能；推进重点生态功能区生态转移支付，构建市场化的生态产品交易体系。随着我国生态系统治理情况的逐步好转，我国生态系统方面所要面对的困境发生了本质性的变化：问题产生的原因由传统的农业污染向工业污染和城市污染转移，问题的主要表现形式从传统的量上的衰退转向了质的不足。

三、提升生态系统多样性、稳定性、持续性的核心要点

生态系统多样性、稳定性、持续性是对于生态系统所能承载压力、其

自身拥有的恢复能力以及其能为社会经济发展提供资源能力的形象表述。其具体表现为生态系统依托自身功能维持现状的能力和应对人类活动干扰减小系统波动的能力。一个具有较高质量的生态系统应在基本生物学要素中具有完整的循环链和较强的抗冲击的能力，在面临相应的生态风险冲击时，能够有效缓解生态系统的波动幅度，将冲击带来的影响降至最低水平。长期以来，由于生态系统的质量没有得到有效的重视，我国生态系统的质量出现持续下滑，这一现象严重影响到生态系统的稳定性。长期以来的经验告诉人们，稳定的生态系统是经济社会可持续发展的物质基础，如果不能保障生态系统的基本稳定，一切社会发展的成果都处在极度不安全的状态下。

要提升生态系统多样性、稳定性、持续性，就要从生态系统承载压力的存量和增量两个层面着手。存量方面，由于长期以来的以资源环境投入替代资本投入的发展模式，我国生态环境已经积累大量生态环境压力，不论在水环境、土壤环境还是大气环境中，都已积累大量污染物。要解决存量问题，恢复生态系统稳定性，就要强化生态治理工程，对已有的大气污染进行全面整治，降低大气环境中已经存在的污染物浓度；对各主要水系的干支流进行全面筛查，对河流污染物浓度进行治理；对滨浅海水域进行调查，解决长期以来滨浅海水质较差的问题；在进行土地调查的同时，对土壤污染情况进行普查，对存在重金属污染、有毒有害物质污染的土壤进行去毒化处理。而在增量层面上，则应着力于如何减少新增污染物排放，通过强化政府与民间两方面的监督，形成对污染物排放的实时监控；同时建立全国性的排污监控网络，做到对污染物增量情况全面掌握；建立健全排污权利与责任制度，对排污权交易与污染责任确认与处置进行制度化设计。

四、提升生态系统多样性、稳定性、持续性的实践途径

综上所述，提升生态系统质量和稳定性的实践途径包括加大生态环境

保护力度、强化生态治理过程。要实现这两方面的工作，必须综合考虑制度安排和经济发展等方面的内容。一方面，确保生态系统保护目标的顺利实现，确保可持续发展的实现；另一方面，使得改革措施符合经济发展的一般规律，避免在发展转型的过程中给经济发展造成太大的影响。

（一）建立生态环境监督保护制度

加大生态系统保护力度，基础在于建立生态环境监督保护制度。众所周知，监督统计是了解问题状况、分析问题成因、研究问题解决方案的重要基础。我国的生态环境监督工作仍以传统监督模式为主，长期有效监管的地区也仅在主要城市范围内。同时，我国生态环境的监督工作目前仍为碎片化状态，各方面信息无法连通。这些现象使得致力于生态环境保护的单位都难以对问题进行全面、即时的了解，给生态环境保护工作造成许多阻碍。为解决这些问题，建立生态环境监督保护制度是加大生态系统保护力度的核心。

一方面，要建立现代化的生态环境监测系统，综合利用遥感技术、地理信息技术和高速信息网络，提高环境监测的准确度，提升环境信息传递的速度，为环境监测体系打通信息通道，使有关机构得以对相关问题进行及时反馈处理。信息的通畅是治理现代化的重要基础，打通信息通道则可以为生态环境治理的各方面工作提供信息支持，提高治理资源的配置效率，有效协调各方面的工作。

另一方面，要构筑明晰的环境治理制度，对于生态环境问题要有对应的处理标准和应对措施。环境问题种类繁杂，涉及各领域各部门的合作协同。因此，构筑明晰的环境治理制度对于协调各方面工作具有重要意义，也是国家治理体系现代化的应有之义。此外，还应构建具体问题的负责制度，切实改变以往工作中"九龙治水"的状况。

（二）促进技术市场发展，协助产业生态化发展

加大生态系统保护力度，核心在于促进技术市场发展，协助产业生态化发展。要加大生态系统保护力度，必须充分发挥市场的引导作用，用市场机制辅助经济转型，形成社会共同参与治理的态势，使得产业实现生态化发展。其中，技术市场是重中之重，它包含对于环境治理技术的市场化权益的保护和对环境治理技术的推广两个方面。

一方面，要完善技术转移市场化机制，保障技术专利权属人合法利益，鼓励技术人员不断创新，提升环境治理的技术水平。加大生态环境保护力度，离不开环境治理技术的不断更新。生态环境问题是现代化带来的问题，要解决这一问题，同样需要通过现代化的手段实现。环境治理技术的出现依赖于技术人员的不断创新，而市场化权益的明确能够有效保护专业技术人员的合法权益，激发专业技术人员的创新动力。

另一方面，要建立技术的应用推广体系，对应用环保技术的生产者充分地奖励。企业是当前生态环境压力形成的主要部分，只有从企业这一源头实现生态化生产，才能实现生态环境的总体治理目标。企业对环保技术的应用是实现加大生态环境保护力度的核心举措，要落实这一举措，就应予以企业足够的奖励措施，通过税费减免、给予企业开办优惠条件等措施鼓励企业应用环保技术，从源头上控制生态系统破坏因素。

（三）统筹区域间可持续发展任务分配

加大生态系统保护力度，重点在于统筹区域间可持续发展任务分配。统筹区域发展战略是我国区域发展长期以来的基本策略，其能够有效协调各方面的资源配置，使得区域实现共同发展。生态环境问题相对于其他发展问题，具有更为明显的区域相关性。要实现加大生态系统保护力度，应将重点放在统筹区域间可持续发展任务分配上。

一方面，要在区域间排污权分配上进行统筹协调。明确排污权是落实

加大生态系统保护力度举措的重要依据，排污权分配是生态治理的重要手段，同时也是对区域发展权利的分配。在区域间排污权分配上进行统筹协调，能够为生态治理提供法律依据，明确各地减排目标。

另一方面，要在区域间生态补偿问题上进行统筹协调。目前，区域间发展不平衡的问题仍然存在，发展滞后地区必将引来一轮新的发展，若仍放任这些地区按传统发展模式推进自身的发展进程，必然造成各地生态环境压力的增加，进而影响到已经开展环境治理工作的地区。要落实加大生态系统保护力度的举措，就应对发展落后地区予以一定的生态补偿，促进落后地区加快进入高质量发展阶段。

第三节　科学划定"三条控制线"，优化"三生"空间

党的十八大以来，生态保护红线、永久基本农田、城镇开发边界三条控制线（以下简称"三条控制线"）的划定受到了高度重视，党中央作出了一系列重大决策安排。"三条控制线"的划定是为了处理好我国生活、生产和生态的空间格局关系，是美丽中国建设的前提条件。

国土是生态文明建设的空间载体。改革开放以来，比较匮乏的资源支撑了我国快速增长的国土开发需求，我国国土开发面临着新的形势和挑战。近年来，我国城镇化进程快速推进，限制某些城市周边耕地数量的"红线"已经变成了可以任意改变的"红丝带"，占用耕地进行建设的现象经常发生；城市周围的湿地和耕地减少了，城市生态带遭到了破坏，环境质量难以改善，城市热岛效应凸显，雾霾天数增加。因此，我国政府必须要坚持底线思维，保持自然背景，科学划定"三条控制线"，从而优化生产、生活、生态"三生"空间。划定并坚持"三条控制线"是符合生态文明建设客观规律的举措，体现了党加强生态保护的坚定决心。

近年来，"三条控制线"划定工作取得明显进展，但受到体制机制等

诸多因素影响，仍存在统筹协调不够、空间交叉重叠等问题。如何维护国家生态安全、经济安全、粮食安全和资源安全，划定"三条控制线"，严格管理并落实中央的要求，是当前自然资源管理领域的重要课题。

一、"三条控制线"的重要意义

"三条控制线"主要着眼于处理好生活、生产和生态的空间格局关系，是美丽中国建设最基本的制度前提。空间使用管制的基础就是"三条控制线"。把划定三条线作为突破口，推进空间规划试点，加强空间用途管制，不断提高空间治理水平。

"三条控制线"划定能够更有效地实现空间规划。主体功能区规划、土地利用规划、城乡规划、环境保护规划等都具有各自的特色，从各自产业角度都提出了相应的城市空间布局要求。然而，由于各种因素的影响，"多规"在实际操作中出现了很多问题，例如规划的功能不够明确、规划的内容相互矛盾、规划的资源遭到了浪费等，"多规"的效果受到了影响。划定生态红线、城市开发边界、永久基本农田红线，可以更好地展现城市生产、生态、农业空间格局，为多部门划定需要共同遵守的蓝图。一方面保证各个规划之间的界限；另一方面可以增强"多规"的合力，实现空间布局的全面优化。

"三条控制线"也是共同促进和相互制约的。生态红线可以确保城市生态安全格局的底线和屏障；城市开发边界是允许城市建设用地扩张的最大界限，这样可以帮助实现城市的紧凑发展，严格限制城市没有秩序的扩张；划定基本农田控制线是为了能够最大限度地保护耕地，确保粮食安全，严格的约束条件支持了城市空间形态优化。"三条控制线"互为促进及制约，生态红线与城市周边永久基本农田控制线充分地融合，构成城市开发边界线，支撑城市开发边界地划定落地。因此需要统筹划定，形成"三条控制线"联合的力量，共同维护城市的空间格局。

二、划定"三条控制线"的基本原则

"多规合一"与系统思考。在空间规划中，作为统一实施空间用途管制和生态保护修复的重要基础，"三条控制线"划定是核心要素。统筹划定"三条控制线"一定要根据空间规划建设以及"多规合一"的具体要求进行。横向上，海陆空间整体规划要实施主体功能区战略以及系统的制度，要统一平台、管理、底数、标准的要求，"三条控制线"在落实时要保证不交叉不冲突；纵向上，不同层级国土空间规划编制实施因匹配不同尺度国土空间管理事权，逐级落实"三条控制线"。

绿色发展与底线思维。"三条控制线"是空间开发与空间保护的底线，划定时一定要保证底线。坚持人与自然和谐共生，以主体功能区为导向，顺应自然、保护自然、尊重自然，根据具体区域的资源环境承载力以及当地的空间开发适宜性，统筹安排生态保护、农业生产和城镇建设等不同类型国土空间布局，重点保障生态安全、粮食安全、资源安全，划定生态保护红线、永久基本农田；坚持节约集约，严格控制开发的力度，科学划定城市边界。同时要注意确定资源环境的承载力，摸清开发和利用的上限，促进资源的节约，空间格局、产业结构、生产与生活方式会变得更为环保，空间开发利用质量和效益也会得到更多的提升。

尊重规律与历史思维。生态系统、农业生产、城镇发展各有自身规律，要尊重顺应自然和经济社会发展规律，形成"三条控制线"各具形态、错落有致、相互衔接的空间格局。要夯实科学评价基础，综合考虑国土空间适宜性基础条件、开发利用现状和未来发展导向，兼顾原住民生产生活和历史矿权，协调"三条控制线"具体落位。"三条控制线"划定管理，不应重启炉灶、推倒重来，经验和教训要充分汲取，各类已有的自然资源和生态环境调查评价的成果要充分利用，在已经有的"三条控制线"的划定成果、技术指南、管控要求的基础上，利用新的发展理念和技术方法解决国土空间规划和治理中的实际问题。

　　良政善治与辩证的思维。国家治理的理想状态及时善治，实现公共利益最大化，好的政策要体现大多数人的意志、具有可操作性、能解决实际问题。"三条控制线"既是技术线，也是政策线。因此，"三条控制线"划定与管理必须紧密衔接、协调一致，要在遵照国家统一要求的前提下，结合地方自然资源禀赋和经济社会发展实际，因地制宜地开展。由于不同的控制线分别服务生态、农业和城镇发展等不同目标，"三条控制线"的管理，要体现不同的功能定位和需求，通过建立健全分类管控、监测督察、绩效考核、协同共治的长效机制，确保"三条控制线"能落地、保得住、控得实。

表 6-1　"三条控制线"体系

三线		主要红线	其他线系	空间	备注
生态保护红线	基本生态功能保障线	1. 主要生态功能区红线 （1）自然保护区生态红线 （2）世界、国家文化自然遗产生态红线 （3）风景名胜区生态红线 （4）森林公园和地质公园生态保护红线 （5）重点文物保护单位 （6）重要水源地保护区 （7）湿地和湿地公园 （8）水产种质资源保护区 （9）林地保护红线 （10）主干河流及其自然岸线 （11）城市大型绿地和公园 （12）其他	1. 对重要生态功能区划定黄线，作为生态缓冲区 2. 将生态系统服务重要性和生态敏感性为中度的地区划为黄线区作为生态发展区	生态空间为主，部分具有第三产业旅游、休闲游憩功能	生态红线是区域的概念
		2. 生态敏感区、脆弱区红线 （1）水土流失敏感区红线 （2）土地沙化敏感区红线 （3）石漠化敏感区红线			阈值概念空间概念的水环境红线区已纳入生态功能保障线中

三线	主要红线		其他线系	空间	备注
生态保护红线	环境质量安全底线	1. 水质红线			阈值概念
		2. 大气质量红线			耕地被列入耕地红线中，林地、草地等被纳入生态功能基线中
		3. 建设用地环境红线			阈值概念
	自然资源利用上限	1. 水资源开发利用红线 2. 用水效率控制红线 3. 水功能区限制纳污 4. 能源消费总量 5. 其他资源开发利用红线	设置自然资源利用黄色警戒线		空间概念的耕地保护线

三、"三条控制线"划定的现状及问题

2014年以来，国家深化空间规划，同时也开展了"三条控制线"划定试点，取得了阶段性成果。

（一）"三条控制线"的现状

1.京津冀长江经济带生态保护红线稳步推进

自2012年环保部启动生态保护红线划定试点以来，生态保护红线技术规范和管理体系不断完善。2017年，中央办公厅与国务院联合发布《关于划定和严格保护生态保护红线的若干意见》（以下简称《若干意见》），明确了生态保护红线的技术路线、总体目标和管理体制。根据《若干意见》的要求，2017年底前，京津冀、长江经济带沿线各省（市）将划定生态保护红线，加强生态保护。2017年5月，原环境保护部办公室与国家发改委办公室联合发布了《关于生态保护红线的指导意见》。2017年年底，京津冀、长江经济带、宁夏等地完成了生态保护红线建设。生态保护红线面积在各省约占 30%。目前，部分地区如湖北、吉林、广西、江西、贵州已经相继出台了《生态保护红线管理办法》。

2. 永久基本农田控制线勘定工作已经完成

自 2016 年 8 月国土资源部、农业部联合发布《关于全面划定永久基本农田实行特殊保护的通知》，国土资源部发出《永久基本农田数据质量检查细则》《永久基本农田数据库标准》《永久基本农田数据库成果汇交要求》等文件，技术规范文件的编制工作全面展开。截至 2017 年 6 月底，永久性基本农田建设完成。将 2887 个县级行政区域划分为特定地块，明确保护职责，完成标记、信息表格，并将上述图像入库。按照保证土地的最大数量，应该保障数量和质量并重，15.5 亿亩土地保护已经划定，超过 15.46 亿亩土地的任务和目标受到保护设置的轮廓为国家土地利用总体规划（2006—2020）调整计划。为了促进从"不"的转变，"不敢"和"不愿""活动"，"真诚"和"标准化"计划，并获得"优秀、坚实、足够的计划"，各级政府已签署责任声明，接受社会监督。

（二）"三条控制线"划定与管理面临的问题

"三条控制线"划定和空间规划试点项目启动后，多个部门和地方政府积极参与。在某些领域取得成果的同时也遇到了问题，如"三条控制线"理解偏差，以及技术和政策的滞后影响。

1. 生态红线的内涵与管理政策不统一

自 2012 年启动生态保护红线试点以来，对于生态保护线的名称众多，如生态红线、基本生态控制线、生态控制区等。2017 年，中共中央办公厅、国务院办公厅印发《关于划定并严守生态保护红线的若干意见》，生态保护红线得到社会的广泛认同。《红线生态保护绘制指南》对红线生态保护定义为保证和维护国家生态安全的底线和生命线，要求生态红线划定的保护应当优先于协调发展区域。由于全国和省级不同的禁止开发区有着不同的管理系统，管理体制中的冲突难以解决。同时，经国务院批准，红线才能变化，但《自然保护区管理条例》和《风景名胜区管理条例》等法规只需一级政府和部门的批准就能改变，管理制度不统一。

2. 管理"永久性基本农田控制线"比准确划界更困难

永久性基本农田控制线的划界工作有不同程度的不准确性，如划远不划近、划差不划优、划零不划全。在一些地方，园林、荒地、滩涂、林地甚至被划为基本农田，有些"基本农田"甚至出现在海里。还会出现有些永久基本农田指数与坐标之间不存在对应关系，数据表与地图坐标关系不密切，数据质量低等问题。随着退耕还林、退耕还湿地工作的展开，部分地区实际耕地远远少于永久性基本农田指标。与此同时，在实践中完全分离农业空间和生态空间很困难，永久性基本农田控制线与生态保护红线划定交叉的问题经常出现，它们难以合并和管理。由于上述原因，要实现永久性基本农田的"可管理性""建设良好"和"保护良好"比"适当划定"要困难得多。

3. 城市发展边界名称、技术规格不规范

"合理确定城市发展边界"的概念在"十二五"规划纲要中被第一次提出，2013年中央城镇化工作会议和《国家新型城镇化规划》中出现了城市边界和城市发展边界的概念。2014年，住房和城乡建设部、原国土资源部选择了14个城市发展边界划定的试点城市，两个部门对城市发展边界划定存在分歧：住建部门认为城市发展边界是城市行政管辖范围内城市发展与非城市空间发展界限；国土部门认为，城镇开发边界是城市在城镇化完成或者城市资源环境承载力最大化时的空间边界。城市发展边界作为控

制对象主要界定了中心城市及其组团的边界；城市发展边界作为覆盖范围可以分为整个城市、中心地区、中心连同重点地区。城市发展边界作为时间范围分为永久和非永久，如贵阳与武汉的城市边界时间是 2020 年，上海的城市边界时间则为永久性。从边界内容看，有的只划一条集中的建设区域线，有的划两条城市发展边界和建设用地规模边界，有的划三条建设用地增长边界、建设用地规模控制边界和工业区控制线。

四、加快推进"三条控制线"划定的建议

按照党的十九大提出"三条控制线"划定工作要求，加强分类指导，改善政策和技术标准，加强空间划分和使用控制，从源头上保护生态环境，维护生态安全。

（一）完善"三条控制线"的划定工作

1. 充分利用已有工作成果，统一底数、实事求是划定

"三条控制线"的科学划定离不开空间利用客观现实。"三条控制线"的划定，应该参考依据全国地理普查，及其他调查及规划成果。数据之间有矛盾时，应当根据近几年资源的真实利用情况进行统一评价。部分"三调"试点工作已经取得成效，有条件的地区可以将自然资源部认定的"三调"成果作为工作基地和基准图。

2. 以资源环境承载能力和国土空间适宜性为依据科学划定

协调"三条控制线"划定矛盾，需要有一个统一的尺度来衡量，即资源环境承载能力和空间适宜性。资源环境承载能力评估目的是发现空间开发利用的风险，明确生态环境底线和资源利用上限，综合考虑土地、水资源、矿产、海洋、自然生态、环境质量、地质环境等自然资源和生态环境

要素，应用短板理论分析评价资源环境本底条件，确定资源环境承载状态和潜力；国土空间适宜性评价，需要分别确定适宜进行生态保护、农业生产和城乡建设的国土空间规模、结构、适宜程度和空间分布，作为统筹划定落实"三条控制线"的科学依据。

3.实施主体功能区战略，应分轻重缓急有序推进

根据生态保护的重要性和脆弱性划定红线。永久性基本农田红线应根据耕地的粮食生产能力划定，优先发展集中连片、优质、生态环境良好的耕地；为解决乡村振兴、现代农业发展的用地需求，应建立基本农田储备区，允许在保障数量不减少、质量不降低、对生态功能有所改善前提下的基本农田进行局部的微调。城镇开发边界按照上级国土空间规划确定的主体功能导向、城镇发展定位、用地规模指标等要求，不占或少占耕地及生态用地，形成城镇集中建设、防止城市无序蔓延，同时可预留少量比例的留白区，应对发展的不确定性。

4.依托国土空间规划体系，自上而下逐级划定

中央要求建立统一、联动、分级的空间规划体系，以空间治理和空间结构优化为主要内容，"三条控制线"作为国土空间规划的核心内容，结合不同层级国土空间规划任务和不同层级政府管理事权，自上而下逐级划定。国家级国土空间规划，要明确"三条控制线"的全国和分省划定目标，协调省际划定方案，明确需要保障的国家级重大基础设施廊道；省级国土空间规划，要确定"三条控制线"总体格局、重点区域，提出下一级规划划定任务，指导做好区域衔接，明确需要保障的国家和省级重大基础设施布局；市县级国土空间规划，要协调确定"三条控制线"空间布局和大致边界，制定实施管控细则，明确需要保障的基础设施规模布局；乡镇级国土空间规划按照乡村振兴战略要求，确定并细化"三条控制线"和各类空间实体边界，上图入库，确保不交叉冲突。

5.区分不同类型情况，协调冲突统筹划定

"三条控制线"落地存在矛盾时，要按照空间功能属性，注重生态保护红线、永久基本农田的完整性、连续性、稳定性，确保生态保护红线和永久基本农田保护面积不减少。针对生态保护红线与永久基本农田划定的矛盾，应分为核心及非核心区两种情况而采取不同措施。国家级自然保护区核心区内的永久基本农田应逐步有序退出，并在省域内按照数量不减少、质量不降低的原则同步补划；核心区原有镇村、工矿可逐步引导退出。处于核心区外的，调整生态保护红线，允许根据国家退耕还林规划要求优先退出。国家自然保护区以外的法定采矿权、国家矿产资源规划确定的国家规划矿区、中等以上战略矿产储量的矿区原则上不划入生态保护红线。由于城市规划用地规模的扩大，城市发展边界与永久性基本农田划定之间的冲突应以多中心网络群集约布局原则为基础，尽量避免永久性基本农田。真的很难避免永久基本农田的，应当按照数量有增加、质量有提高、生态功能有改善，布局更集中连片的要求，对永久基本农田布局进行优化。

（二）健全生态保护红线管理制度

1.应统一使用"生态保护红线"

"生态保护红线"的名称及内涵都应该得到统一，相关法规如《环境保护法》等的内容也应当适当修订。各省、自治区、直辖市人民政府应具体确定红线范围，衔接重点生态功能区、农产品主产区及禁止开发区。生态保护红线和永久基本农田保护红线交叉的范围的土地性质应该准确定义，永久基本农田与禁止开发区交叉部分被定义为生态空间，永久基本农

田与限制开发区域内交叉部分被定义为永久基本农田。应将生态保护红线、禁止开发区边界调整的权限统一上收到中央。

2.合理划分中央与地方事权，实行分级管理

"三条控制线"是为了保障国家粮食安全、生态安全以及经济安全而实施的国家空间战略。在划定过程中必须要强调"自上而下"和"逐级实现"。省级政府应做好"三条控制线"管理及实施办法的制定工作；作为负责划定和受理审批等具体事项处理的主体，市县级政府应在省级政府明确的管理要求下许可具体的开发利用活动；乡镇级政府负责具体的操作性工作，是市级政府的调度机构。

3.纳入国土空间规划体系，实施统一管理

"三条控制线"管理及成果应该向具有审批权限的上级政府申报审批，之后报自然资源部备案，最后纳入相应层级的国土空间规划中。除了因国家公园、国家级自然保护区等边界调整外，被批准后的"三条控制线"调整修复都要通过各级完善程序实现。"三条控制线"监管工作也应该纳入国土空间规划实施管理和监测督察。"三条控制线"的划定、审批、修改、管理，都应当通过国土空间规划依法进行。

4.加强土地和空间利用管理，严格控制

"红线"区域内禁止开放，严格禁止不符合生态功能定位的开发活动；党中央、国务院确定的经审核不能避免占用的项目需要报国务院批准。生态保护红线划定后不能减少。除了民生项目等列入国土空间规划的基础设施项目之外，永久性基本农田不得用于其他非农业建设项目；不能回避的重大建设项目占用永久基本农田时需报国务院批准；基本农田储备区经省级政府验收后，需要报自然资源部备案。各类城镇集中建设活动及非农产

业园区的选址、自然岸线的开发建设等活动都应该严格控制在城市开发边界内。

5.加强监督考核，推进责任管理

建立健全国土空间监测网络和国土空间基础信息平台，动态监测"三条控制线"，了解"三条控制线"具体的动态变化及审批管理情况。日常开展"三条控制线"的检查工作，对违反管理要求的开发和利用活动要及时处理。生态红线执法专项行动也应积极开展，对于破坏生态环境违法行为应及时查处。落实好"三条控制线"的控制管理，并作为地方干部考核、问责审计和离任审计的重要考核标准。

6.加强利益调节，推进协同治理

建立国土空间保护补偿机制，建立健全粮食主产区和重点生态功能区转移支付政策，使转移支付政策逐步覆盖生态保护红线区及永久基本农田。对于永久性基本农田、生态保护红线的保护及监督工作，各级政府应该加大财政投入，并设立专项的保护补偿资金。在政府引导、市场运作和社会参与的基础上，应当建立多元化投融资机制，鼓励社会力量参与保护和监管永久基本农田及生态保护红线工作。

（三）修订基本农田划定技术标准与保护条例

修订基本农田划定技术规程时，应当将永久基本农田的质量和举证要求纳入技术法规，同时把标准修订为强制性标准。大数据和地理信息系统的技术应当被充分利用，加强数据、图表和信息平台的协同管理，促进目标、指标、坐标的联动管理。修订《基本农田保护条例》，应当定期报告永久性基本农田评估和质量改进制度。研究制定永久性基本农田保护补偿制度时可以借鉴森林草原补偿制度，加大对永久基本农田保护转移支付，构建及完善永久基本农田保护激励机制。

（四）加快制定城市发展边界技术规范

确定城市发展的内涵和外延界限，确定规划中允许建设的区域、有条件建设的区域、限制施工区域、禁止建设地区、合适的建设区域以及限制施工区域和禁止施工区域的关系，以作为城市发展的一个重要参考标准。落实2013年习近平总书记提出的"要根据城市情况有区别地划定开发边界，特大城市、超大城市要划定永久性开发边界"①，对不同级别的城市制定不同的开放边界技术规范。省级政府在总结试点经验上，考虑到不同的管控对象，具体覆盖范围以及时间限制和城市发展边界的内容来出台相应的城市发展边界划定指南，要具体整合修订《城乡规划法》《城市规划编制办法》《土地管理法》《土地利用总体规划管理办法》等相关法律法规，以确保技术和法律法规同时引起对方的共鸣。

第四节　建立市场化、多元化的生态保护补偿机制

一、建立市场化、多元化生态保护补偿机制的重要意义

党的十九大报告指出"健全耕地草原森林河流湖泊休养生息制度，建立市场化、多元化生态补偿机制"。②党的二十大报告进一步指出，要"建立生态产品价值实现机制，完善生态保护补偿制度"。③纵观我国生态补偿的发展历程，它是一个从无偿走向有偿、无序到有序、从经济效益和资源

---

① 自然资源部：《关于推进城市开发边界划定工作的建议复文摘要》，2016年7月14日。
② 习近平：《决胜全面建成小康社会　夺取新时代中国特色社会主义伟大胜利》，《人民日报》2017年10月28日。
③ 习近平：《高举中国特色社会主义伟大旗帜　为全面建设社会主义现代化国家而团结奋斗》，《人民日报》2022年10月26日。

效益到经济效益、资源效益和环境效益、从补偿到保护和补偿、从政府主导到现在的政府主导与市场并重的过渡过程。实践得出，生态保护补偿的实施是调动各方积极性，保护生态环境的重要手段，是生态文明体系的重要组成部分。自党的十六届五中全会首次提出建立生态补偿机制以来，中国的生态补偿机制经历了十多年的发展，取得了丰富成果。生态补偿的范围逐渐从最初的森林和草原扩展到各种主要生态系统，包括海洋、湿地、沙漠和耕地等。自 2008 年以来，实施了重点生态功能区财政转移支付等区域生态补偿政策。据中国生态补偿政策研究中心的不完全统计，2018 年全国生态补偿资金投入约 1800 亿元，其中国家重点生态功能区财政转移支付资金达到 721 亿元。国家颁布的 2015 年《生态文明体制改革总体方案》明确提出生态文明建设八项制度，生态补偿制度作为其中之一对我国生态保护和改善起到了重要的保障作用。

党的十八大以来，我国生态补偿制度的发展仍不平衡。政府主导和政府资助的生态补偿政策和项目发展迅速，并取得了良好的成效；而以社会补偿、福利补偿为主导的方式则并不完整。据中国生态补偿政策研究中心统计，2016 年中央财政投入的生态补偿资金占全部生态补偿资金 87.7%，地方财政资金占比为 12%，其他资金来源占比不到 1%。在经济发展新常态和政府财政收入增长放缓的大背景下，过于滞后的生态补偿机制将影响生态文明建设的深入推进。

随着我国生态文明建设步伐的加快，生态保护补偿机制的作用越来越突出。《中共中央国务院关于加快推进生态文明建设的意见》以及《生态文明体制改革总体方案》等重要文件明确提出，完善生态保护补偿机制是促进我国生态文明建设的重要保障措施。2016 年 5 月国务院办公厅发布的《关于完善生态保护补偿机制的意见》指出，生态保护补偿机制对促进环境保护者与破坏者之间的积极互动和动员全社会起着重要作用。该文件的颁布为中国进一步完善生态保护补偿机制，加快生态文明建设提供了明确的指导。2016 年 12 月，财政部与生态环境部、国家发展和改革委员会、水利部，就加快建立上下游流域水平生态补偿机制发布了指导意见。2017 年 9 月，财政部制定了 2017 年中央政府向主要地方生态功能区转移支付的措施。2019 年 1 月，国家发展和改革委员会、财政部、水利部等部门联合发布了建立市场化、多元化生态保护补偿机制的行动计划。目前，已基本形成国务院关于健全生态补偿机制的意见纲要，中央政府对地方重点生态功能区转移支付方式，并加快建立流域生态补偿上下游和横向机制，以横向和纵向组合系统为目的，同时制定建立市场化、多元化的生态补偿机制的行动计划，为我国建立市场化、多元化生态补偿机制提供政策框架和实践创新。

因此，建立市场化、多元化的生态保护补偿机制，是加强生态保护，改革生态环境监管体系，实现人与自然和谐现代化的重要举措。形成生态保护补偿顶层设计的总体框架，对促进转型升级，绿色发展，加快生态文明建设具有重要意义。建立市场化的生态补偿制度是维护生态系统安全的需要。要树立生态补偿理念，利用市场运行机制，以生态环境保护和生态环境污染恢复治理为第一需求导向，竞争机制和资源配置作为手段，完善奖励和惩罚机制，促进自然资源的集约、节约利用技术以及排污治理恢复技术的创新。要创新生态补偿理论，建立污染排放权分配制度，完善生态投融资机制，保障生态系统的承载力安全，促进生物多样性、生态服务产品、人类居住生活水平、生态文明建设水平的提高。建立市场化的生态补偿制度有助于理解人与自然间的客观规律。建立市场化的生态补偿制度，推动可量化的生态系统服务，将生态系统服务商品化并进行市场交易，更完整地体现生态系统的总经济价值，使生态补偿过程中的各个决策者对生态补偿的信息具有更客观的认识，找出生态服务与人类社会之间的关系，减少不必要的交易成本，激励生态产品的供给，提高生态补偿的效率，丰富生态补偿的内涵，促进生态系统的可持续发展。

建立多元化的生态补偿制度是新时代中国特色社会主义财政政策的需要。新时代条件下，生态恢复治理地位显著提升，行之有效的财政政策是生态补偿制度中的重中之重。探索多元化的生态补偿路径，包括政策倾斜、小额贷款扶持、技术转移、异地开发等，才能有效促进生态—经济—社会的平衡。建立多元化的生态补偿制度是社会稳定、和谐发展的前提。生态保护治理不仅是国家长治久安的发展目标，也是社会进步、生态文明建设的内在要求，同时也是人民安居乐业的重要条件。构建政府、利益相关者、环境提供者、补偿受益者的良性互动，形成多元主体相互激励、协同共治、责任明确的综合治理方式，完善生态补偿机制，从而大大提高生态现代化治理能力。

二、建立市场化、多元化生态保护补偿机制的内涵

生态保护补偿即生态系统服务付费机制，是经济学与生态环境科学的结合。关于生态保护补偿的具体内涵，现有研究的传统观点是将其作为一种利益驱动机制、激励机制和协调机制，将生态保护补偿作为排污收费制度的发展，强调损害赔偿，以环境污染外部性内部化作为理论依据。

但从最新的研究趋势和国家生态保护补偿制度发展脉络来看，基于市场交易的生态系统服务价值研究，并不具备很强的可行性，纯粹的生态资源市场机制很难建立。政府机构或是社区的参与，在生态保护补偿机制实施中的作用可能更加显著。生态保护补偿的目的更应该集中于：通过在社会成员间进行公平的资源分配，使个人、企业的环境资源利用决策与社会利益达成一致。

与生态系统付费的理念有所差别，生态保护补偿涵盖的范围更广，注重政府在生态保护补偿机制运行中的主导作用，强调生态保护的公共物品属性。更加重要的是，生态保护补偿强调更加广泛的公平性，不以"外部性内部化"的理论，将生态保护责任强加于个体，而是通过财政转移支付

的形式，保证环境保护的责任分配公平。在生态保护补偿实施中，突破了传统经济范式下，僵硬的利益交换关系，更加注重多目标的实现，尤其注重社会发展均衡目标。因此，生态保护补偿的内涵包括以下两点：

（一）市场化、多元化的生态保护补偿是自然资源资产管理制度的重要演进

自然资源资产管理总的目标是明确自然资源资产产权，实现国家对自然资源资产的控制，减少开发利用过程中的负面影响，实现市场化配置，提高资源利用效率，保障公平竞争和实现利益的合理分配。根据保罗·A.萨缪尔森（Paul A. Samuelson）的公共物品理论，自然资源的所有权属于国家。环境污染与生态破坏均属于外部经济行为，国家与企业必须对这种环境外部性给予相应支付或补偿。我国在 21 世纪初期的生态补偿正是依照相关理论制定标准进行补偿，由企业出资，政府进行征收、补贴以及转移支付用于改善生态环境并取得了良好的效果。推行市场化、多元化的生态保护补偿，依法明确自然资源资产管理主体，规定各类资源资产的具体权属与机构，是完善自然资源有偿使用、促进自然资源资产有效管理的延伸。

（二）市场化、多元化的生态保护补偿是体现生态产品价值的制度保障

在居民的绿色消费意识、环保意识和生态产品使用意识薄弱的现实中，很难依靠大规模的自愿交易来形成生态产品的自由市场。根据发达国家经验表明，建立以法律、资金和技术为基本要素的系统体系是实现生态产品价值的基本条件。这就要求必须引入竞争机制来推动生态产品价值市场化、多元化、规范化，从而促进生态保护补偿的规范量化，并通过补偿的形式促进生态产品交易。既要厘清国家和集体之间、上级政府和下级政

府之间、政府和企业之间、企业和个人之间等权力边界，还需明晰政府与企业和个人之间的交易规则；不断创新重点生态功能区转移支付、生态区补助、补偿基金等补偿方式，通过生态股票、生态银行、生态债券、生态保险、生态信托、生态资产化等多种手段丰富资金来源方式；以生态产品的商品价值作为基线，综合当地经济发展水平、市场供求状况、购买力水平等确定生态产品交易价格。

三、国家和地方生态保护补偿实践进展及存在问题

从 2000 年开始实施"退耕还林"工程，生态保护补偿的思想逐步深入重大生态工程建设、生态环境建设立法、地方环境保护行动中。从"十一五"规划以来，生态保护补偿制度逐步规范化。从 2007 年开始国家生态保护补偿试点工作，到 2016 年国务院发布有关生态保护补偿的建设意见。十年的生态保护补偿探索与尝试，促使生态保护补偿制度逐渐成熟。

（一）国家生态保护补偿政策进展

作为环境保护的重要理论创新，生态保护补偿的理念很早就在国家生态环境政策中有所体现。早在 2005 年，我国就在"十一五"规划中，提出构建生态保护补偿机制的设想，国务院每年将生态保护补偿列为年度工作计划。2007 年，原国家环保总局在地方政府探索生态保护补偿机制的基础上，在自然保护区、生态功能区、矿产、流域四个领域开展国家生态保护补偿试点工作。2010 年，国务院将研究制定生态保护补偿条例列入立法计划。2011 年，国家"十二五"规划正式提出建立国家生态保护补偿专项资金，实施生态保护补偿条例。2013 年党的十八届三中全会上，中央首次提出"要健全自然资源资产产权制度和用途管制制度"[①]，并实行资源有偿

[①]　新华社：《中国共产党第十八届中央委员会第三次全体会议公报》，2013 年 11 月 12 日，见 http://www.xinhuanet.com//politics/2013-11/12/c_118113455.htm。

使用制度和生态保护补偿制度。2015 年中央扶贫工作会议针对国内生态脆弱区的经济与生态现状，提出了"生态扶贫"战略，加大贫困地区生态保护修复力度，增加重点生态功能区转移支付，扩大政策实施范围，将地区生态环境修复与居民收入提高有机结合。2016 年，国务院发布了《关于建立健全生态保护补偿机制的意见》，将生态保护补偿从试点建设转变为国家生态建设战略，并将生态保护补偿从传统领域向海洋、耕地、荒漠、湿地等生态系统进行拓展。

在重大生态环境工程建设方面，自 2000 年以来，我国先后启动实施了退耕还林、退牧还草、天然林保护、京津风沙源治理、西南溶岩地区石漠化治理、青海三江源自然保护区、甘肃甘南黄河重要水源补给区等具有生态保护补偿性质的重大生态建设工程，同时在重要水源地、大江大河流域等开展了水环境污染治理的工作。这些重大生态工程，一方面遏制了国内生态环境退化的趋势，另一方面为生态保护补偿机制提供了丰富的实践经验。

2011 年以来，中央在总结"退耕还林"工程、天然林保护工程等生态建设成就基础上，2011 年和 2014 年分别启动了"天保二期工程"和"新一轮退耕还林"工作，根据前期工程开展情况，在补偿标准、植被比例、监督维护机制等方面作出了相应的调整。近年来，随着国家经济实力的增强，一批关系国家生态安全的工程相继开展。其中包括青海三江源生态保护和建设二期工程，不仅将治理范围大幅拓展，更是完善了生态监测预警预报体系；甘肃省国家生态安全屏障综合试验区，在主体功能区、集中连片特困地区等多重背景下，构筑西北的生态安全屏障；京津风沙源治理工程二期，在巩固我国北方防沙带，遏制沙尘危害的基础上，支持地方大力发展沙产业和林下经济；全国五大湖区湖泊水环境治理，对东北、蒙新高原、青藏、云贵和东部湖区进行污染防治、流域生态修复。

基于生态保护补偿政策 10 年的探索发展和 15 年的生态工程建设发展

的脉络分析，中国生态保护补偿政策虽然在不断发展，但从发展思路上仍然没有摆脱传统的生态治理路径。对生态环境的治理仍过于依赖政府的组织、管理、监督，有限的经济激励举措局限于政府间，农户个体的生态治理积极性没有得到重视，即生态环境治理在很大程度上仍是一种被动治理模式。生态保护补偿的"利益激励"思想没有在生态保护实践中得到完全体现。

（二）地方政府生态保护补偿进展

中国生态保护补偿机制的建立，是建立在大量地方试点工作的基础之上。2000 年以来，中国地方政府借助于"退耕还林""天然林保护"等国家生态工程，积极探索生态保护补偿机制在生态建设中的角色。截至 2016 年，中国地方政府的生态保护补偿实践，已经涵盖森林、水流、草原、湿地、荒漠、海洋等主要生态功能区和自然保护区。部分地方通过生态保护补偿机制，在生态建设领域取得了较好的成果，如浙江、江苏、江西等。

浙江省是中国生态保护补偿建设的先行者，2005 年浙江就制定了省级层面的生态保护补偿办法，并建立了完备的生态环保财政转移支付机制。在实践中，浙江省将地方试点与政府统一规划相结合，鼓励各地对源头水生态保护补偿、异地开发、排污权交易等进行尝试，并积极推广地方经验。在补偿资金筹集、途径与方式多元化等方面，浙江省也作出了积极的探索。尤其是新安江跨流域生态保护补偿试点的建立，为生态保护补偿模式在全国的推广提供了借鉴。

作为长江中下游重要的水源地及粤港东江流域水源涵养地，江西省在全国率先实现了全境流域生态补偿机制，补偿机制覆盖了鄱阳湖、东江源、湘江及长江干流全部的县（市、区）。并在生态保护补偿资金筹集与配置、补偿模式途径多元化、监督与监测等领域，取得了一些创新性成果。通过整合地区重大发展规划，促进多渠道筹资。在流域评估中，纳入森林、水环境、水资源因素，结合地区主体责任与经济条件，合理配置资金。在环境税费改革的基础上，建立以对口协作、产业转移、人才培训、共建园区等为代表的多元化补偿途径。

地方政府根据地区生态环境状况和经济发展水平，因地制宜的实施地区生态保护补偿实践试点。从 2007 年原环保总局开展生态保护补偿试点工作以来，全国的重大水源地、流域、湿地等都已经建立或规划建立生态保护补偿机制，在耕地、海洋、荒漠等新领域，一批地方政府试点也有序开展，如中山、上海等地旨在恢复耕地肥力的农田生态保护补偿；威海、连云港、深圳的海洋生态保护补偿建设；祁连山、秦岭—六盘山、武陵山、黔东南等地开展的生态保护补偿示范区建设；甘肃省祁连山和敦煌地区的荒漠生态保护补偿实验等。

随着国家生态建设的要求，地方政府积极开展了生态保护补偿创新政策协同机制建设。在贵州、吉林、山东、重庆、湖南、浙江、云南七省市，开展生态环境损害赔偿改革试点。在新疆、西藏、甘肃等地区开展沙化封禁试点。在东北地区和西南地区开展耕地轮作休耕制度试点。全国性的碳排放市场在 2017 年已经启动，排污权交易和水权交易在湖北、天津、深圳等地区也建立了相应的试点，生态产品市场交易机制在国内发展已初具框架。

此外，生态保护补偿与精准扶贫，也是生态保护补偿发展的重要方向。地方政府结合国家重大生态工程，在生存条件差、经济落后地区，结合生态系统修复治理工作，探索生态脱贫的新路径。在贵州、云南、四川、重庆等地区，一些生态扶贫试点取得了良好效果。

（三）我国生态保护补偿存在的问题

首先，生态保护补偿资金来源单一，市场化生态保护补偿机制的发展还处于起步阶段。目前，中国的生态保护补偿基金仍然由中央政府对各级地方政府的财政投入主导，公众参与程度不足。尽管多年来各级地方政府探索出的水权交易，排污权交易，碳汇贸易，生态资金市场生态补偿模式等模式在试点范围内取得了较好的成效，并随后在全国范围内进行了稳定的推广，但在我国的市场运行机制下，生态保护补偿机制仍存在一系列问题。其一，收费标准不明确。生态保护补偿的费用直接影响生态保护补偿的实施，标准的不确定性和不稳定性直接使得生态保护补偿资金不足，导致生态保护补偿的工作难以开展。同时，市场激励措施匮乏，直接导致价格不合理。在实践中，生态保护补偿所需要的资金庞大，并且项目的周期长，在短期内很难使开发者获得与之投入相当的收益，所以开发者不会主动去保护环境完成生态保护补偿。其二，缺少对于生态保护补偿过程的有效监督。生态保护补偿的过程不仅需要大量的人力、物力、财力，还需要在过程当中充分配置资源，各部门的工作冲突会使在生态补偿过程中的资源浪费，但是管理者没有有效的监督措施去监督各部门的工作，导致生态保护补偿的工作产生滞后性。

其次，我国生态保护补偿实践的发展程度在不同领域明显不平衡。就生态类型而言，流域生态保护补偿和草地生态保护补偿的实践已经相对成熟，但是矿产资源开发生态保护补偿、荒漠生态保护补偿的实践进展相对滞后；就地区而言，东部地区的生态保护补偿实践明显领先于中西部地区。海洋、沙漠、矿产资源和其他生态系统为人类提供了大量的生态系统服务，中国中西部地区有许多重要的生态功能区。因此，建立和完善有效的市场化、多元化生态保护补偿机制已成为我国生态环境保护的迫切需要。

最后，生态保护补偿的立法过程落后于实践过程。从目前全国生态保护补偿的实践来看，部分地区生态保护补偿法的出台已经超前于国家立法进程。涉及的法律法规，虽然对生态补偿的概念有明确地提出，但是主要还是停留在"三废"和污染的治理，属于事后工作，没有在事前说明生态环境补偿和环保任务并存，所有的法律法规只是对于定义的界定，对于内涵的理解和可操作的细则并不够完全。因此，对于生态保护补偿的立法制度的改善，最主要还是完善现有法律法规的细则，包括在生态补偿过程中的分工和责任人的明确等，例如对"新账""旧账"的区分，"旧账"责任人的确立等，并辅以市场化手段，通过国家制定相关税收、财政补贴、信贷等方面的优惠政策，按照"谁复垦、谁受益、谁使用"的原则，进行保护补偿的产业化发展，加强各地生态保护补偿措施的指导规范，有利于中国生态保护补偿机制的健康发展。

四、市场化、多元化生态保护补偿机制的实现路径

（一）核定自然资源资产量化方式

自然资源资产产权制度不仅是我国国情下生态文明体制改革的核心内容之一，也是完善市场化、多元化生态保护补偿机制建设的有效手段之一。2016 年 12 月多部委联合出台《自然资源统一确权登记办法》后，从我国的自然资源资产管理来看，统一立法、综合管理势在必行；从我国生态保护补偿来看，明确恢复主体，达到管理规范、责权统一、使用便利的目的则必须形成统一的补偿标准。目前，虽然我国自然资源资产产权由国务院代表国家进行管理，但全民自然资源资产产权任务早已如期进行。然而在实际工作安排过程中并未确立具体部门，直接导致部分自然资源资产产权不明晰，不仅给生态保护补偿的主客体界定平添难度，还制约其他自然资源的开发和生态产品的最优配置，阻碍了自然资源有偿使用制度的演进和产权收益分配制度的开展。因此，自然资源资产产权制度应当以加强生态系统周边环境保护和实现生态产品价值体系为重点全面推进。以生态系统服务价值为导向将自然资源分类管理，分别推进水、森林、草地、荒地、滩涂、矿产资源等的产权制度改革，按照界限、区位、面积、用途等，明确产权归属，并将其记录在册。加快确立产权主体占有自然资源资

产的职责，不断细化自然资源产权职能，加强自然资源资产产权监管力度，推行自然资源资产产权分置运行机制。

（二）构建多层次的市场化生态保护补偿体系

企业提供生态产品会因边际成本收益不平衡导致市场机制失灵。环保的水源、土壤、森林等资源，在满足一定条件后，边际成本为正。同时，根据大量实践经验，逐步完善环境影响评价体系、自然资源资产产权制度、环境法律法规，需要规范生态产品市场机制，构建多层次的生态保护补偿市场体系。为市场化、多元化生态保护补偿机制提供了基础。

具体来说，要加快完善和细化污染排放权的交易条例，将经济效益、生态效益、社会效益相对较为显著的项目优先纳入市场中，并依照成熟的指标体系控制重点企业的能耗程度，继续扩大产业进行环保治理的覆盖范围，逐步将先前实行污染排放交易试点的管理办法向各地推广。建立健全省际生态功能区的排污权交易制度和污染排名制度，探索抵押、租赁等"事前"融资方式。加快建立排污企业对排污地的合理补偿机制，明晰产权的权属人、资源用量等，鼓励引导开展水权交易，寻找合适指标评价不同地区排放程度和保护程度，探索合同模式、回购模式等有效交易形式。确立政府在生态保护补偿中的角色定位，更好地发挥引导、调控和监管作用。一方面，要将区域经济高质量发展和低成本绿色发展结合，有效利用公平竞争机制，以环境治理水平为优先，确定绿色需求标准与最优绿色供给。另一方面，开展横纵向生态保护补偿，鼓励生态功能区、流域上下游地区、东中西部地区根据自身实际情况等，选择协商互助、对口补偿等方式，促进整体绿色发展。

（三）促进健康产业高质量发展

随着城市化和工业化的发展，以过度耗费资源和破坏环境为代价的经济增长方式和现阶段的发展方向不兼容，我国的生态安全、环境安全和人居安全受到威胁。习近平总书记在全国生态环境保护大会明确提出，"加快建立健全以产业生态化和生态产业化为主体的生态经济体系"[①]。促进健康产业高质量发展是加快构建生态经济体系的重要内容。要改善生态保护补偿财政转移支付结构，向重要生态功能区、生态富集区倾斜。根据当地实际情况，分类实施政策，将经济补偿，福利补偿和产业政策支持等方面相结合，促进生态保护补偿的协同发展。统一绿色产品的评价标准，支持绿色产品行业标准体系的建立和辅助系统的完善，从环保程度、循环利用水平、可再生性等方面进行产品认证等，逐步形成生态产品向绿色产品过渡的认证系统，利用互联网大数据制定科学的定量评价机制，建立和完善绿色产品指标，引导环境保护者获得价值补偿。创新生态保护补偿模式，促进绿色发展与脱贫攻坚有机结合，将商业开发和农业、文化、生态并重，如生态旅游、森林家园、景观游憩等。

（四）拓展生态保护补偿融资机制

一是设计纵向财政转移支付制度。目前最直接和最有效的生态保护补偿方式仍是财政转移支付。建议归纳生态环境的影响因子，并将其纳入财政转移支付的评价指标中，增加对生态脆弱和生态保护区域的支持。实施重点生态功能区的国家采购，建立重点生态建设区经济发展的长效投资机制。

二是设计横向财政转移支付制度。横向转移支付主要实施在断点式区域中，如流域上中下游地区之间。其补偿制度主要从三个方面概括：根据自然资源资产产权由省际政府制定并进行考核分配，实行动态调整补偿机制；明晰利益相关者之间的权责内容；建立环境监察监督机制，通过省际

[①] 中国政府网：《习近平出席全国生态环境保护大会并发表重要讲话》，2018年5月19日，见 http://www.gov.cn/xinwen/2018-05/19/content_5292116.htm。

相关环境监测系统获取数据和研究相关生态系统服务流量的方法。

三是特许经营生态补偿政策设计。鼓励支持政府和社会资本合作模式，创新保险业、金融业、非金融业和公益组织的协同发展。在特定条件下，鼓励在生态功能区内建立专门的生态银行，如土地银行和森林银行，增加环境污染保险和森林保护保险等绿色保种类型。区域政府在鼓励生态环境保护的基础上，保障相关人员和企业合法权益，强化配套措施，将生态产业管理提上日程，合理运营项目建设等，参与重大生态系统保护和修复治理工程。

第七章　改革生态环境监管体制

　　党的十九大报告对生态文明体制改革，建设美丽中国作出了总体设计和制度安排，明确要求"改革生态环境监管体制"，"完善生态环境管理制度"，"设立国有自然资源资产管理和自然生态监管机构"，"统一行使自然资源资产管理、国土空间用途管制与生态保护修复、城乡各类污染物防治等职责"。① 党的十九届三中全会进一步对新时期党和国家机构改革进行了系统部署，提出要"改革自然资源和生态环境管理体制"②，实行最严格的生态环境保护制度。新组建的生态环境部、自然资源部及其管理的国家林业和草原局是细化落实生态环境监管体制改革各项任务的重要体现。党的二十大报告中，生态环境监管的重要性进一步凸显，报告指出要"深入推进中央生态环境保护督察"。③

　　面对新时期日益严峻和复杂的生态环境问题，在当前和未来的一段时间里，我国政府必须进一步加快推进生态环境监管体制改革的步伐，建立

---

　　① 习近平：《决胜全面建成小康社会　夺取新时代中国特色社会主义伟大胜利》，《人民日报》2017年10月28日。

　　② 中共中央：《中共中央印发〈深化党和国家机构改革方案〉》，《人民日报》2018年3月22日。

　　③ 习近平：《高举中国特色社会主义伟大旗帜　为全面建设社会主义现代化国家而团结奋斗》，《人民日报》2022年10月26日。

有利于自然资源永续利用、有利于生态环境保护和修复、有利于污染物预防和综合治理的生态环境监管长效机制，充分发挥体制的活力和效率，为解决生态环境领域深层次的矛盾和问题提供体制保障。

第一节　生态环境监管体制改革的理论渊源

生态环境监管体制改革是生态文明体制改革的重要组成部分，有助于解决我国生态环境的根本性、全局性问题。生态环境监管体制改革作为一场革命性的变革和举措，蕴含着丰富的文化和理论思想。首先，生态环境监管体制改革是对中国优秀历史文化的经验总结。中国古代商朝就设有官职"虞"和相应的机构保护生态环境，《周礼》中更是详细记载了周朝管理山林川泽的官员建制、名称、编制以及生态环境监管职责等。隋朝和唐朝时期，管理和保护自然资源、生态环境的制度逐渐完善，唐朝明确规定了虞部郎中、虞部员外郎的职责为"掌京城街巷种植、山泽苑囿，草木薪炭供顿，因猎之事，凡采捕渔猎、必以其时"。[①] 此外，中国古代也制定了许多关于保护生态环境的法律。例如，秦朝制定的《田律》对山林保护、农田水利、作物管理等都有具体的规定；唐朝制定的《唐律》明确对倒排污水行为的执行处罚，禁止毁坏街道、道路及路边树木；宋朝颁布的《二月至九月禁捕诏》禁止捕杀犀牛、青蛙等国家保护动物；明朝将植树列为百姓的一项法定义务，并对环境污染行为进行相应处罚。[②] 中国历史文化的环境法制思想为生态环境监管体制改革提供了有益启发，正如习近平总书记指出："只有实行最严格的制度、最严密的法治，才能为生态文明建

---

① 李宏：《新时代中国特色社会主义生态文明制度建设研究》，博士学位论文，华南理工大学马克思主义学院，2021 年，第 42 页。

② 李宏：《新时代中国特色社会主义生态文明制度建设研究》，博士学位论文，华南理工大学马克思主义学院，2021 年，第 42 页。

设提供可靠保障"①。

其次，马克思主义生态理论为生态环境监管体制改革提供了理论源泉。恩格斯曾指出："我们不要过分陶醉于我们人类对自然界的胜利。对于每一次这样的胜利，自然界都对我们进行报复。"②人类对自然资源肆意的掠夺会加速生态环境恶化，进一步割裂人与自然的关系。试图以人类"主宰"自然界是行不通的，自然界的存在和发展不以人的意志而随意改变。马克思认为："人和自然界的实在性，即人对人来说作为自然界的存在以及自然界对人来说作为人的存在，已经成为实际的、可以通过感觉直观的。"③人类社会的发展离不开自然界，人类的发展史是一部人与自然关系的演变发展史。马克思认为实现人与自然的和解要正确处理人类、自然和社会三者之间的关系，并提出"使自然界真正复活""使任何自然矛盾真正解决"的历史使命。④解决环境问题要从问题的根本推动社会制度的变革，只有选择适合人与自然和谐发展的生产方式和发展制度，只有"对我们的直到目前为止的生产方式，以及同这种生产方式一起对我们现今的整个社会制度实现完全变革"⑤。生态环境监管体制改革就是以人与自然和谐发展为前提，为适应生产方式和社会关系变化不断实行制度改革，实现人与自然和谐发展、可持续发展。

第二节　生态环境监管体制改革的重大意义

改革生态环境监管体制是加快生态文明体制改革，建设美丽中国的重

---

① 刘毅、寇江泽：《推动生态文明建设不断取得新成效》，《人民日报》2022 年 7 月 7 日。
② 《马克思恩格斯文集》第 9 卷，人民出版社 2009 年版，第 559 页。
③ 《马克思恩格斯文集》第 1 卷，人民出版社 2009 年版，第 196 页。
④ 黄茂兴、叶琪：《马克思主义绿色发展观与当代中国的绿色发展——兼评环境与发展不相容论》，《经济研究》2017 年第 6 期。
⑤ 《马克思恩格斯选集》第 4 卷，人民出版社 1995 年版，第 385 页。

要任务和有力保障，对于加快实现绿色发展、改善生态环境质量和促进政府职能转变有着重大的现实意义。党的十八大以来，习近平总书记站在"事关中华民族永续发展的千年大计"的高度，多次强调生态环境监管体制改革对于加快推进生态文明建设的必要性、重要性和紧迫性，要稳步推进生态环境监管体制机制改革，实现生态环境监管体制的统一综合、系统协调、运转高效、监管有力，为建设美丽中国奠定坚实基础。

一、改革生态环境监管体制是推进生态文明建设的现实需要

加快推进生态文明建设、早日实现美丽中国梦，是我党立足中华民族永续发展，回应人民关切，提高执政能力的重要体现，是实现美丽中国梦的重要内容，是全面建成小康社会的重要组成部分。加快推进生态文明建设，必须树立生态观念、发展生态经济、维护生态安全、改善生态环境、完善生态文明体系，加快形成有助于资源节约和环境保护的空间格局、产业结构、生产方式和生活方式。然而，过去很长一段时期内，我国逐步建立起来的生态环境监管体制的权威性和有效性不够，难以对生态文明建设进行科学合理的顶层设计和整体部署，难以形成有助于生态文明建设的系统而有效的合力，生态文明建设的现实需求迫切要求推进自然资源和生态环境领域的全面深化改革，提升生态环境监管的整体性、系统性和综合性。

改革生态环境监管体制，深入贯彻习近平生态文明思想，将绿水青山就是金山银山、山水林田湖草沙是一个生命共同体、像对待生命一样对待生态环境、实行最严格的生态环境保护制度等生态文明新理念落实到生态文明建设的各方面和全过程。面对新时期日益复杂和严峻的资源环境形势，必须遵循生态文明建设主体对象的价值性、系统性、整体性和协同性，通过深化生态环境监管体制改革，不断调整完善管理体制机制，进一步转变政府从事自然资源管理和生态环境治理的思路、方法和策略，妥善处理

好自然资源利用与自然资源保护、经济社会发展与资源环境友好之间的关系。加快生态环境监管体制改革，对于进一步加强生态文明建设具有重要意义，必将为推进生态文明建设注入强大动力，必将为生态文明建设提供坚实的组织保障，也必将极大地推动我国生态文明建设进程。

二、改革生态环境监管体制是加快绿色发展的重要支撑

良好的生态环境本身就是生产力，就是发展后劲，就是核心竞争力。我国经济正处于增速换挡、提高质量和效益的新发展阶段，传统的粗放型经济发展模式难以适应新时代人们日益增长的美好生活需求，只有通过绿色发展、促进经济发展方式转型升级才能实现经济的持续健康稳定高质量发展。通过改革生态环境监管体制，加强生态环境监管，可以倒逼国土空间开发格局优化、经济结构转型升级、生产方式和消费模式绿色化转变。从过去长时间实行的生态环境监管体制来看，政出多门、权责脱节、监管力量分散等问题明显存在。这一体制的行政效率不高，削弱了监管合力，对环保引导和倒逼机制的作用也尚未充分传导到经济转型升级上来。

改革生态环境监管体制，坚持在保护中发展、在发展中保护，有利于促进传统产业生态化改造升级，推动节能环保等战略性新兴产业发展，实现环境效益、经济效益和社会效益多赢，从而有助于实现综合效益的最大化。我国要实现到 2035 年单位国内生产总值能源消耗和二氧化碳排放分别降低 13.5%、18% 的目标，[①] 必须加快转变自然资源和生态环境的开发利用方式，提高资源利用效率，形成绿色低碳的生活方式和消费模式，逐步降低经济社会发展的碳排放强度，降低各项经济生产活动对生态环境的

---

① 新华网：《中华人民共和国国民经济和社会发展第十四个五年规划和 2035 年远景目标纲要》，2021 年 3 月 13 日，见 http://www.xinhuanet.com/2021-03/13/c_1127205564_2.htm。

负面影响。这在客观上也要求改革生态环境监管体制，全面强化资源能源节约和生态环境保护，推动形成绿色发展、低碳发展、循环发展的内生机制。改革生态环境监管体制对于破解高质量发展的制度短板具有重要意义，必将成为加快绿色发展的重要体制支撑。

三、改革生态环境监管体制是改善生态环境质量的有力抓手

生态环境是人类生存和社会持续发展的基础。在自然界，除人类以外的其他客体都被称为生态环境或自然环境。人与生态环境相互依存、相互影响、和谐共生。人作为自然界的产物，是"能动"与"受动"的辩证统一体。一方面是具有自然力、生命力，是能动的自然存在物，另一方面是受动的、受制约的和受限制的存在物。从"受动性"来看，人因自然而生，受着各种自然规律的制约，人的生存和发展一时一刻也离不开生态环境。由水、土地、生物以及气候等形成的生态环境，是人类生存之本、发展之源。从"能动性"来看，人在不断地改造生态环境，以谋求自身的生存与发展，人的实践活动使自在生态环境向自为生态环境转变，成为一种带有人类实践烙印的"人化生态环境"。而生态环境的演化存在着不以人的意志为转移的客观规律，不能盲目地用人的主观意志改造生态环境。人类的任何实践活动都会对生态环境产生影响，反之，生态环境的任何改变也直接影响到人类的生存与发展。如果人类能够正确认识和运用自然规律，按自然规律利用和改造生态环境，生态环境就能更好地服务人类的生存与发展。如果违背自然规律改造生态环境，随意改变亿万年所形成的生态环境，人类对大自然的伤害最终会伤及人类自身。因此，保护生态环境，实现人与自然和谐共生，是人类生存和社会持续发展的基础、人类的福祉所在，也是人类获得美好生活需要的基础。

改革生态环境监管体制，为人民提供更多的生态产品以满足人民日益增长的优美生态环境需要。优美的生态环境是人民对美好生活向往的重要

内容。人的需要是丰富的、多样的、全面的，随着人类生存条件的变化而不断变化，具有从"低级需要"向"高级需要"不断发展的内在逻辑。人类社会发展史表明，人类始终都在追求美好生活、向往未来的美好生活，并且提出了各种美好生活的构想和蓝图。美国心理学家马斯洛提出了"生理需要、安全需要、爱和归属的需要、尊重的需要和自我实现的需要"著名的"五层次需要理论"[1]，这五层次需要是一个由低级到高级的有机体系。马克思把人的需要划分为递进的三层级序列："人的自然需要、人的社会需要以及人自由而全面发展的需要"[2]，并认为这三大层级的需要有机联系在一起，构成了人性的实质内容。新时代人民群众对美好生活的向往更加强烈，对优美生态环境需要已成为社会主要矛盾的重要方面。生态环境在群众生活幸福指数中的地位不断凸显，优美的生态环境成为人民对美好生活向往的重要内容，也是我党的奋斗目标和执政使命所在。作为生态文明体制改革的重要环节和基础性制度保障，改革生态环境监管体制，通过对生态文明领域相关机构职责的重组调整、科学配置，可以进一步加强对生态文明建设的总体设计和组织领导，可以更好地将生态文明体制改革"四梁八柱"总体框架落地生根，从这个角度来看，加快生态环境监管体制改革是改善生态环境质量的有力抓手。

四、改革生态环境监管体制是转变政府职能的必然要求

转变政府职能是深化行政体制改革的核心，也是改革生态环境监管体制的重要着力点。转变职能不仅要把该放的权坚决放开放到位，而且要加强和改善政府管理，把该管的事情管住、管好，把该放的事情放得合理、

---

① 万俊：《从马斯洛的层次需要理论看构建和谐社会的前提依据》，《理论与改革》2013年第3期。

② 陶伟、余金成：《"每个人的自由而全面的发展"与社会主义市场经济——对中国改革四十多年来内在逻辑的理论解读》，《社会主义研究》2020年第6期。

放得有序。生态环境保护是各级政府的重要职责，是必须提供给广大人民群众的一项基本公共服务。生态环境保护不欠新账、多还旧账，需要进一步加强监管。过去很长一段时间，国家层面生态环境保护部门职能分散交叉较为突出，存在权力下放不够和监管不到位等问题，难以形成严格监管的强大合力；基层生态环境保护部门被赋予的职能和担负的任务不匹配，存在"小马拉大车"的现象。

改革生态环境监管体制，加快推进政府职能转变，加强生态环境保护统一监管，有助于解决生态文明领域体制机制改革面临的深层次障碍。党的十八大以来，有关生态文明体制各项改革扎实推进，不少领域实现重大突破，生态文明建设取得显著成效，解决了一大批长期想解决而没有解决的难题，人民群众有了实实在在的获得感。在取得长足进步的同时，也应清醒地看到，当前自然资源和生态环境重开发轻保护的惯性思维造成了我国生态系统退化、环境污染严重等严峻形势，自然资源和生态环境保护仍滞后于经济社会发展，并已成为全面建成小康社会和提高人民生活质量的一个突出短板。特别是自然资源和生态环境领域"九龙治水、各自为政"的部门管理体制，已对生态文明建设和改革形成了较大制约，突出表现在全民所有自然资源资产所有者职责落实不到位，各类空间规划不够衔接，监管和执法职责分散等。解决这些问题，必须按照"三个统一"的要求，将相关部门的自然资源管理和生态环境监管、空间规划管理等相关职责进行整合，设立自然资源资产管理和自然生态监管机构，从根本上解决影响和制约生态文明建设的制度性难题。

第三节　生态环境监管体制改革的历史脉络

我国现行的生态环境行政管理体制，是在传统的自然资源国有和集体所有制框架下，以及计划经济体制和资源开发计划管理体系下逐步建立的，并伴随市场化改革和环境问题的不断出现，历经多次行政体制改革，逐步形成以政府主导和行政管理为特征的统分结合管理体制。这一体制安排是在快速的工业化和城镇化背景下建立的，在实现主要污染物浓度和总量控制、加强资源专业化管理和保护等方面产生了良好的效果。

总体来看，我国在推进生态环境治理体系和治理能力现代化的进程中，坚持把问题导向和目标导向作为改革的出发点和落脚点，坚持顶层设计与基层实践相结合，逐步建立起了适应各个阶段具体国情的生态环境监管体制。

一、生态环境监管体制的不断探索阶段

1949 年，新中国成立后，我国正处于新中国建设与发展的艰难时期，高度集中的计划经济体制决定了当时建立的自然资源管理体制也是与之相适应的按资源属性、资源产品和生产技术专业的不同，分别设置不同的产业经济部门进行管理。管理方式主要以行政命令为主，由国家统一下达计划任务，突出实物定额，自然资源开发利用以数量规模的扩张为重点，自然资源的经营较为粗放，国家经济增长依靠过度消耗资源来维持。

新中国成立之初，国家机构设置缺乏相关经验，初步建立的与自然资源管理相关的部门主要有内务部下属的地政司、财经经济委员会领导的地质工作计划委员会、燃料工业部、重工业部、农业部、林垦部和水利部。1952 年，政务院机构改革，从财政部分设出粮食部，从重工业部分设出地质部，同时将地质工作计划指导委员会并入地质部。1956 年，由于社会主义改造进入高潮和工农业生产迅速发展，一些经济管理部门管理的产业过多，业务过重，难以全面兼顾，有的从远景规划考虑，必须按照产业更细地重新划分管理系统。许多部门越分越细，燃料工业部分为煤炭部、石油部、电力部；重工业部分为冶金部、化工部、建筑材料部；从林业部分设出森林工业部。1963 年国家成立海洋局，1970 年将地质部改为国家计划

革命委员会地质局，1975 年增设国家地质总局。

二、生态环境监管体制的初步建立阶段

1978 年，党的十一届三中全会作出把全党工作重心转移到社会主义现代化建设上来的战略决策，我国进入了改革开放和社会主义现代化建设的新时期，经济社会等各领域事业在解放思想和改革开放中不断前进。自然资源管理工作也在改革过程中不断思考着如何适应国家经济改革和发展的需要，朝着有利于自然资源有偿使用、资源资产保值增值的道路发展，以体制机制创新为主线的改革初步建立了自然资源管理体制，从被动式管理走向主动式管理，极大地遏制了自然资源破坏，改变了当时自然资源管理的不利局面。

第一，国民经济和发展计划中开始体现资源节约与环境保护要求。1981 年，首次将环境保护的内容纳入国家"六五"计划，"六五"、"七五"计划在能源节约、水资源利用、林业建设、国土开发和整治、环境保护等领域都提出了工作目标和定量指标。这一阶段，我国力求加大自然资源的开发力度以实现经济社会发展的"保供应"任务，此时的自然资源更多地体现了其经济社会属性，自然资源的生态保护修复尚未引起足够重视。

第二，初步建立自然资源生态监管法律体系。改革开放至 20 世纪 90年代初，我国资源环境保护立法快速发展，自然资源管理逐渐走上了法治道路。1978 年和 1982 年《宪法》，确立了自然资源开发和保护的法律地位。1979 年，我国第一部环境法律《环境保护法》规定了保护和合理利用资源的相关内容。这些法律的颁布走出了自然资源管理法治的第一步，为后来全方位的自然资源立法奠定了基础。随后，1982 年制定《海洋环境保护法》、1984 年制定《森林法》、1985 年制定《草原法》、1986 年制定《土地管理法》（1988 年修正）、《矿产资源法》、1988 年制定《水法》以及

1991 年制定《水土保持法》等对自然资源的开发利用行为做了进一步规定，初步确立了自然资源管理法律体系，自然资源管理由原来的纯粹行政计划走上了法治道路。

第三，自然资源从无偿开发到部分有偿开发。随着我国社会主义市场经济体制的不断健全，土地、矿产、海域等由无偿授予、无偿开采转向有偿使用的范围不断扩大，出让方式也日趋多元和优化，自然资源管理体制开始走上市场化、资产化道路。1980 年，五届全国人大三次会议上中国首次提出开征资源税问题。随后，1982 年，国务院发布《对外合作开采海洋石油资源条例》，规定我国企业、外国企业参与合作开采海洋石油资源都应当依法纳税，缴纳矿区使用费。从此，自然资源有偿开采成为一种正式的制度安排。1984 年，国务院出台《资源税条例（草案）》，标志着资源税制度在中国正式建立。此后，中国开始对自然资源征税，但当时征收范围较小，实际上仅对原油、天然气、煤炭和铁矿石征收。尽管如此，1984 年资源税制度的建立，客观上维护了国家对矿产资源的部分权益，推进了自然资源管理体制改革。1986 年，《矿产资源法》规定对矿产资源实行开采的主体，必须按照国家的相关规定缴纳一定限度的资源税和资源补偿费。税费并存的制度从此以法律的形式确立了下来，使资源从无偿开发转向部分有偿开发。

第四，生态环境监管机构不断完善。1979 年，国务院设立全国农业区划委员会，下设土地资源组，由农业部牵头起草土地利用分类标准、调查规程，开始加强对土地的利用监管。同年，国家计划委员会地质总局改为地质部，按专业化分工原则，对地质队进行改组，把地质和勘探分开。1982 年，地质部更名为地质矿产部，增加了对矿产资源合理开发利用进行监督管理、对地质勘查全行业活动进行协调的职能。1986 年，国务院发布《关于加强土地管理、制止乱战耕地的通知》，决定成立国家土地管理局，加强对土地资源的统一管理。1988 年，以转变职能为关键，以经济管理部门为重点，撤销煤炭工业部、石油工业部、核工业部，组建能源部；撤销城乡建设环境保护部，成立建设部；撤销水利电力部，设立水利部，明确国家海洋局为国务院直属机构。至此，与自然资源管理相关的机构有国家计划委员会、地质矿产部、冶金工业部、化学工业部、农业部、林业部、水利部、能源部、国家土地管理局、国家海洋局。

三、生态环境监管体制的加速完善阶段

1992年，党的十四大明确确立了社会主义市场经济体制的改革目标。社会主义市场经济体制对自然资源配置提出了新要求，客观上要求改革生态环境监管体制，以适应市场化配置自然资源的新要求。20世纪90年代初期，随着可持续发展理论的提出，人类对于自然资源的认识也提升到了一个新的高度。我国自然资源管理逐步树立和落实可持续发展观，根据国情国力，加快了自然资源和生态环境管理立法，稳步推动生态环境监管体制改革，逐渐实现了自然资源相对集中统一管理和生态环境专业化管理。

第一，可持续发展战略、"两型社会"建设、生态文明建设等相继提出。20世纪90年代确立可持续发展为国家基本战略。1992年，联合国环境与发展大会通过《21世纪议程》，随后，1994年，我国也通过《中国21世纪议程》，将可持续发展原则贯穿于经济、社会发展以及资源合理利用、环境保护等领域。2003年，中央人口资源环境工作座谈会提出"要加快转变经济增长方式，将循环经济的发展理念贯彻到区域经济发展、城乡建设和产品生产中，使资源得以最有效利用"。2003年，党的十六届三中全会提出全面、协调、可持续的科学发展观，要求统筹城乡发展，统筹区域发展，统筹经济社会发展，统筹人与自然和谐发展，统筹国内发展和对外开放。2007年，党的十七大报告强调指出，"把建设资源节约型、环境友好型社会放在工业化、现代化发展战略的突出位置"，"完善有利于节约能源

资源和保护生态环境的法律和政策"，① 并首次提出建设生态文明。

第二，国民经济和社会发展计划中关于资源节约和环境保护的内容开始增加。"八五"和"九五"期间，我国继续把资源节约和环境保护纳入国民经济和社会发展计划，相关任务和指标有所增加，体现出该时期全社会对资源环境保护与治理的要求明显提高。

第三，生态环境领域立法修法进程不断加快。1992 年以来，中国相继制定、颁布或修订多项资源法律，健全自然资源管理法律体系。具体来讲，1993 年制定《农业法》；1996 年制定《煤炭法》，修订《矿产资源法》；1997 年制定《防洪法》《节约能源法》；1998 年修订《土地管理法》《森林法》；1999 年制定《水污染防治法》；2001 年制定《防沙治沙法》《海域使用管理法》；2002 年制定《农村土地承包法》，修订《草原法》《水法》《农业法》；2004 年再次修订《土地管理法》；2005 年颁布《可再生能源法》等。这些系统的与自然资源管理和生态环境保护有关的法律相继颁布和修订，从法律上确定了中国资源占有、使用和开发利用的方式，推动了中国自然资源和生态环境监管体制的市场化、法制化改革进程。

第四，生态环境监管机构加速完善。1993 年，为了适应建立社会主义市场经济体制的需要，国家推行以政企分开为主要特征的国家机构改革。撤销能源部，设立电力部、煤炭部，同时撤销中国统配煤矿总公司。1998 年，由地质矿产部、国家土地管理局、国家海洋局和国家测绘局共同组建国土资源部，对土地、矿产、海洋等自然资源履行调查、规划、评价、保护和合理利用的管理职能。同年，国家林业部调整为国家林业总局，主管全国林业工作。2008 年，为加强能源管理，设立高层次议事协调机构国家能源委员会，组建国家能源局，由国家发展和改革委员会管理。同时，组

---

① 胡锦涛：《高举中国特色社会主义伟大旗帜　为夺取全面建设小康社会新胜利而奋斗》，《人民日报》2007 年 10 月 25 日。

建国家环境保护部，环保总局由国务院直属机构升为国务院组成部门，生态环境治理专业化机构的重要性得到进一步重视。至此，与自然资源管理相关的部门有国家发展改革委员会、国土资源部、农业部、水利部、国家林业局，实现了自然资源的相对集中管理。

四、生态环境监管体制的全面深化改革阶段

2012 年，党的十八大提出中国特色社会主义"五位一体"总体布局以来，以习近平同志为核心的党中央提出了一系列加强生态文明建设和自然资源管理的重要举措，坚定贯彻新发展理念，不断深化生态文明和生态环境监管体制改革，开创了自然资源管理和生态环境保护的新局面。

第一，自然资源管理和生态环境保护被全面纳入生态文明建设。党的十八大报告将大力推进生态文明建设作为重要内容，并从国土空间开发格局优化、资源节约集约利用、生态环境保护修复和生态文明制度建设等四个层面对生态文明建设做出了顶层设计和战略部署。党的十九大报告结合新时代的新形势、新任务，又出台了一系列有利于生态文明建设的新举措，提出加快生态文明体制改革，建设美丽中国，并确定了推动绿色发展、着力解决突出环境问题、加大生态系统保护和修复力度以及改革生态环境监管体制等四个方面的重点任务，旨在从体制机制层面加强对生态文明建设的总体设计，推动生态文明体制全面深化改革。自然资源管理和生态环境保护成为生态文明建设的主要阵地和重要目标。

第二，生态环境监管重大制度实现突破。2015 年，党中央、国务院出台了《关于加快推进生态文明建设的意见》和《生态文明体制改革总体方案》，提出了加快生态文明建设的目标、任务和举措，并形成了包括自然资源资产产权管理、空间规划体系、国土空间开发保护、资源有偿使用和生态补偿、资源总量管理和全面节约、绩效评价考核的责任追究等在内的"四梁八柱"生态文明制度体系，为指导和落实当前和今后一段时期内

生态文明建设的重点任务奠定了制度基石。此后，各个地方政府和相关部门进行了生态文明领域改革的专项设计和试点探索，在建立自然资源统一确权登记制度、健全国家自然资源资产管理体制、完善最严格的耕地保护制度和土地节约集约利用制度、完善最严格的水资源管理制度、建立天然林、草原、湿地保护制度、建立能源消费总量管理和节约制度、健全资源有偿使用制度等一些重大制度实施方面取得明显突破的同时，自然资源和生态环境管理的制度体系越来越完备。

第三，生态环境监管法律体系加快完善。2014年，为了解决环境领域深层次的突出问题，新的《环境保护法》应运而生。此后，《大气污染防治法》（2015）、《环境保护税法》（2016）、《海洋环境保护法》（2016）、《水污染防治法》（2017）相继修订。至此，生态环境领域监管法律法规体系逐步完善，完善的生态环境监管法律体系进一步明确了监管部门的职责，从法律层面强化了政府部门行政执法的问责机制和对企业等社会主体的违法处罚力度。2018年，修改的《宪法》更是将生态文明纳入国家根本大法的范畴，生态文明的法律地位得到进一步凸显，我国也逐步形成了以宪法为根本，各类生态文明领域专项法规相互配合的生态环境监管法律法规体系。

第四，生态环境监管机构日趋健全。随着自然资源管理和生态环境保护形势的变化，传统的自然资源和生态环境监管体制无法适应日益复杂的生态环境监管要求。党的十八届三中全会作出全面深化改革的重要部署，在生态文明建设领域提出健全国家自然资源资产管理体制，强化资产所有者责任。党的十九届三中全会对深化党和国家机构改革作出具体部署，为了实现山水林田湖草沙等自然要素、生态系统的用途管制和综合治理，决定整合国家相关部门关于自然资源管理、生态环境保护、污染物防治等方面的交叉职责，重新组建自然资源部和由其管理的国家林业和草原局，统一行使全民所有自然资源资产所有者和所有国土空间用途管制和生态保护修复职责；组建生态环境部，统一行使生态和城乡各类污染排放监管和行政执法职责，并承担有关气候变化和节能减排等方面的工作。由此可见，我国生态环境监管机构逐步实现了集中统一综合化设置。

第四节　新时代生态环境监管体制改革的重点任务

进入新时代，妥善解决好人民日益增长的美好生活需要与发展不平衡不充分之间的矛盾，对生态环境监管工作提出了一系列新要求。要发掘生态环境监管体制所需要承担的具体职能和重点任务，主要包括了三个核心领域：自然资源的开发利用管理，生态系统的整体保护和系统修复，水、土、气等环境污染物的有效预防与治理。生态环境监管体制改革包含的三个重点领域彼此交叉、普遍联系、相互影响，形成了一个系统综合、完整统一、不可分割的"生命共同体"。根据党的十九大报告对改革生态环境监管体制的总体部署和具体安排，新时代生态环境监管体制改革的重点任务涵盖自然资源资产管理、生态空间用途管制和保护修复以及各类城乡污染防治等三个"统一行使"。

一、统一行使全民所有自然资源资产所有者职责

绿水青山本身就是金山银山，绿水青山是有价值的，或者说自然资源是有价值的。自然资源是生态价值与经济价值的统一体。土地、森林、草原、湿地、河流、湖泊和海洋既是重要的自然资源，也是重要的自然环境、生态系统和生态资本。我国政府要对这些自然资源、自然环境、生态系统和生态资本制定严格的保护规划并加以落实，确保这些自然资源、自然环境、生态系统和生态资本的规模、结构、质量和功能不因工业化和城市化的发展而改变。土地、森林、草地、湿地资源具有涵养水源、固土保肥、释氧滞尘等作用，河流、湖泊与海洋资源是吸收和释放温室气体的关

键因素之一。保证这些自然资源期末存量不少于起初存量，是建设生态文明的基本要求。

全民所有自然资源资产是国家和人民的共同财富，不能无序利用、粗放利用和无节制利用。产权是所有制的核心，健全自然资源产权制度，是我国坚持和完善社会主义基本经济制度的内在要求和加快生态文明建设的迫切需要。结合当前我国自然资源产权制度建设存在的"虚化"和"弱置"问题，需要将自然资源物权界定作为产权制度建设的主体内容，在对自然资源资产进行系统化的确权登记、划清自然资源国家所有前提下以及国家和地方政府行使所有权的责、权、利边界的基础上，规范产权界定、配置、交易和保护关系，矫正自然资源公共产权设置下"委托—代理"目标错位和权力失衡，为从源头上严格防范自然资源无序开发和低效利用提供制度前提。在健全自然资源产权制度的前提下，还需要进一步完善自然资源管理制度，这是从源头上防范自然资源盲目、低效开发的基础性制度安排。完善自然资源管理制度，根本目的是在公有自然资源的所有者与代表其进行资源管理的政府部门、企业及权力者个人之间形成相互配合、相互监督、协作共赢的服务于自然资源资产保值增值的激励和约束机制。

统一行使全民所有自然资源资产所有者责任，要依法确立国家作为自然资源资产监管的主体地位。要进一步依照宪法和各项专门法，有效区分所有权意义上国家对全民所有的自然资源资产实行所有权及其衍生的管理权利，以及作为资产管理者对自然资源资产行使监管权的权力。从责权利关系上看，资产所有者和资产管理者所追求的目标是不同的。这需要国家在实行自然资源资产管理时，既坚持所有者层面的资产效益最大化，也坚持管理者层面以全民利益为依据加强监管，实现自然资源资产价值的保值增值。在此过程中，最重要的任务就是要实现管理与监督的分离，将资产管理者和监督者的身份界定于行政管理者的角色之外，在保证管理者具备充分的管理自主性、灵活性的同时，监管者也具备足够的条件和手段，通过建立垂直分布的纵向监督体系对自然资源资产的数量、范围、用途进行跟踪和审核，形成及时有效的资产本底登记和数据反馈机制，为加强自然资源资产管理提供真实可靠的信息支持。

统一行使全民所有自然资源资产所有者责任，要在自然资源资产管理中，正确处理好国有自然资源收益权的公共利益所得的分配关系以及资产收益中的中央和地方的分配关系。要合理界定公有自然资源收益与分配关系，建立和完善自然资源资产管理的责权利协调机制，将制度建设和法律监督贯穿于自然资源资产管理的各方面和全过程，严厉遏制因少数个人、部门权力寻租而导致自然资源资产收益分配不公，切实保障国家和集体作为自然资源所有者的根本权益。在当前快速的工业建设和城市开发过程中，国家自然资源管理部门要特别防范一些地方政府、单位和个人以经济发展、城市建设等名义侵害农业用地、生态用地的行为，在土地等自然资源的征收、价格补偿和居民安置等环节要做到信息公开、程序规范、方法合理，以保障人民群众与所拥有自然资源的产权关系及其对应的知情权、处置权、收益权和申诉权等法律和经济权利；与此同时，要根据事权、财权相匹配的原则，深入研究和科学制定中央和地方政府对自然资源资产收益的分配比例，并基于绩效收益和资产保值增值的时序变化对这一比例关系进行动态调整，既体现产权所有者的合法权益，又兼顾资源所在政府和居民的合法权益，以保障和提升地方政府及当地群众参与自然资源资产产权管理的积极性。

二、统一行使所有国土空间用途管制和生态保护修复职责

山水林田湖草沙生命共同体是由山、水、林、田、湖、草等多种要素构成的有机整体，是具有复杂结构和多重功能的生态系统。习近平总书记用"命脉"把人与山水林田湖草沙生态系统、把山水林田湖草沙生态系统

各要素之间连在一起，生动形象地阐述了人与自然、自然与自然之间唇齿相依、共存共荣的一体化关系。人的命脉在田，田的命脉在水，水的命脉在山，山的命脉在土，土的命脉在树和草。充分揭示了生命共同体内在的自然规律和生命共同体内在的和谐关系对人类可持续发展的重要意义。习近平总书记指出："用途管制和生态修复必须遵循自然规律，如果种树的只管种树、治水的只管治水、护田的单纯护田，很容易顾此失彼，最终造成生态的系统性破坏。"①

所有国土空间承载的山水林田湖草沙生命共同体各要素之间是普遍联系和相互影响的，不能实施分割式管理。实施分割式管理很容易造成自然资源和生态系统破坏。生态系统具有外部性、不可逆性、不可替代性，这些性质是整体性和系统性的另一表现。人类开发利用一种资源时会对其他的资源及其生态环境产生影响，如果管理不当，这种影响就会是负面的，即表现为负外部性。资源开发不可逆性是指生态系统一旦破坏就难以恢复。不可替代性是指生态系统一旦破坏了就很难找到其替代品。一旦山体炸平了，湖泊填了，生态屏障破坏了，生态系统调节气候、保持水土、涵养水源、维护生物多样性的功能就减弱了，很难有替代品补救。许多河湖岸线开发过度，用水泥、混凝土做成的人工岸线替代不了自然岸线的许多功能。

2016年3月10日，习近平总书记在参加第十二届全国人民代表大会第四次会议青海省代表团审议时强调："在生态环境保护建设上，一定要树立大局观、长远观、整体观，坚持保护优先，坚持节约资源和保护环境的基本国策，像保护眼睛一样保护生态环境，推动绿色发展方式和生活方式。"②2016年8月24日，习近平总书记在青海省考察工作结束时指出，"生

---

① 习近平：《关于〈中共中央关于全面深化改革若干重大问题的决定〉的说明》，《人民日报》2013年11月16日。

② 人民网：《让绿水青山造福人民泽被子孙——习近平总书记关于生态文明建设重要论述综述》，2021年6月3日，见 https://www.xuexi.cn/lgpage/detail/index.html?id=2180218806320095605&item_id=2180218806320095605。

态环境没有替代品，用之不觉，失之难存。人类发展活动必须尊重自然、顺应自然，否则就会遭到大自然的报复。这是规律，谁也无法抗拒。"①

统一行使所有国土空间用途管制和生态保护修复职责，要推进生态系统整体保护。优化生态安全屏障体系，构建生态廊道和生物多样性保护网络，开展生物多样性保护，提升生态系统质量和稳定性。加强流域与湿地的保护，推进生态功能重要的江河湖泊水体休养生息。建立以国家公园为主体的自然保护地体系，改革各部门分头设置自然保护区、风景名胜区、文化自然遗产、地质公园、森林公园等的体制，对上述保护地进行功能重组，建立国家公园制度，实施最严格的保护。

统一行使所有国土空间用途管制和生态保护修复职责，要推进生态系统的系统修复。生态修复要坚持保护优先、自然恢复为主的原则，人工修复应更多地尊重自然、顺应自然，要有系统性、整体性方案。长期以来，我国高强度的国土资源开发导致许多生态系统出现了比较严重的退化。针对这些生态退化问题，国家相继组织开展了一系列生态修复和治理工程，提高了林草植被、森林覆盖率，但由于工程之间缺乏系统性、整体性考虑，存在着各自为战、要素分割的现象，导致局部效果较好、整体效果不尽如人意。对山水林田湖草沙生态系统的修复治理，要统筹山上山下、地上地下、陆地海洋以及流域上下游，依据区域突出生态环境问题与主要生态功能定位，确定生态保护与修复工程部署区域。要抓紧修复重要生态功能区和居民生活区废弃矿山、交通沿线敏感矿山山体，推进土地污染修复和流域生态环境修复，加快对珍稀濒危动植物栖息地区域的修复。

统一行使所有国土空间用途管制和生态保护修复职责，要推进生态系统的综合治理。综合治理生态系统，就是要根据习近平总书记提出的加快

---

① 人民网：《习近平在省部级主要领导干部学习贯彻党的十八届五中全会精神专题研讨班上的讲话》，2016年1月18日，见 https://www.xuexi.cn/2557b4bb0ebfd53b0b982ba4cf706a28/e43e220633a65f9b6d8b53712cba9caa.html。

构建生态文明五大体系的要求，综合运用教育、技术、经济、行政、法律和公众参与等方法治理山水林田湖草沙生态系统。习近平总书记强调："要提高环境治理水平"，"要充分运用市场化手段，完善自然环境价格机制，采取多种方式支持政府和社会资本合作项目，加大重大科技攻关，对涉及社会经济发展的重大生态环境问题开展对策性研究"。[①]综合整治和生态修复往往是连在一起同时运用，并且是分不开的。比如，在生态系统类型比较丰富的地区，将湿地、草场、林地等统筹纳入重大治理工程，对集中连片、破碎化严重、功能退化的生态系统进行系统修复和综合整治，通过土地整治、植被恢复、河湖水系连通、岸线环境整治、野生动物栖息地恢复等手段，逐步恢复生态系统功能。

三、统一行使监管城乡各类污染排放和行政执法职责

城乡各类生产生活污染物的无序排放是造成环境污染日益严重的主要来源，严重阻碍了人们的日常生产和生活，已成为人民群众追求美好生活的心头之痛，实行最严格的生态环境保护制度，严格推行环保执法是实现从污染预防到污染治理和排放控制的全过程监管，着力解决突出生态环境问题，打赢污染防治攻坚战的有力抓手。长期以来，我国推行的生态环境监管体制在污染防治、减排控制、环境监测和行政执法等领域的监管力量相对分散，环境治理的协同性不高，执行力相对欠缺，在生态环境治理领域存在执法不严、监管不力等体制机制弊端，城乡环境污染呈现复杂化和复合型趋势，生态环境治理与污染物控制的整体效能不佳。

统一行使监管城乡各类污染排放和行政执法职责，要整合分散于各个部门的生态环境保护职责，形成系统综合、监管有力的生态环境管理体

---

① 新华社：《坚决打好污染防治攻坚战　推动生态文明建设迈上新台阶》，2018年5月19日，见 https://www.xuexi.cn/811aabaf57b287e4c076ac08a02aa4f8/c43e220633a65f9b6d8b53712cba9caa.html。

制。将长期分散于不同部门的城市地表水污染治理、地下水污染治理、土壤污染治理、大气污染治理、流域水环境治理、农业面源污染治理、海洋环境污染治理、农村污染治理等生态环境保护与治理职责有机、有序、有效整合，实现生态环境部统一行使城乡各类污染排放监管职责，由生态环境部负责制定和实施生态保护与污染防治法规、政策、标准等，环境质量标准是评价环境状况的标尺，其实施应纳入经济社会发展和环境保护规划，建立健全环境质量目标责任制与生态环境损害责任终身追究制，引导全社会共同保护和改善环境质量。同时，开展环保标准实施情况检查评估，将污染物排放标准执行情况纳入年度环境执法监管重点工作。开展环保标准实施评估，掌握实际达标率，测算标准实施的成本与效益。合理制定并明确各级地方政府、各类工业企业和相关个人等环境监管主体及对象应该担负的生态环境治理责任，构建政府、社会和公众共同参与的生态环境治理体系，促进各类主体生态环境行为严格自律。

统一行使监管城乡各类污染排放和行政执法职责，要建立有利于实现各类污染物有效控制的管理制度，用最严格的生态环境保护制度保护环境。通过建立环境影响评价制度、污染物排放总量控制、排污许可制度、"三同时"制度等来实现环境污染物控制的制度硬性约束，通过组建严格的城乡环境监管行政执法队伍，对无序排放、超量排放、违法排放等不利于生态环境保护的行为实行严厉整治和打击，依照违法行为的处理规定，依法采取有效措施，并视情节的轻重，分别采取按日计数处罚、限制生产、责令整改等强制措施，对于构成犯罪的生态环境违法行为，依法追究刑事责任，实现各类污染物排放的源头控制，从而推动生态环境质量的持续改善。执行环保监察垂直管理，推行环保垂直管理能够更好约束地方政府行为。加强我国相关政府部门的责任，隔离环保管理权力与地方利益，强化监测监督力度，遏制地方保护主义，增强执法效率。实行环保垂直管理有利于打破生态环境保护分割分治局面，调整不同地方环境利益冲突，满足生态系统整体保护要求。

第五节　新时代生态环境监管体制改革的实践路径

推进生态环境监管体制改革，必须深入贯彻习近平生态文明思想，紧密围绕党的十八大以来中央关于生态文明建设的顶层设计和战略部署，用辩证思维处理好改革中的重大关系，既要总揽全局、协调各方，又要突出重点、抓住关键，使各项自然资源和生态环境监管体制改革措施相互衔接、相互配合、相互促进，从而形成生态环境监管体制改革的最大合力。

一、健全国家自然资源资产管理体制

自然资源是生态价值与经济价值的统一体，自然资源资产是国家和人民的共同财富，不能无序利用、粗放利用和无节制利用，必须通过健全国家自然资源资产管理体制，改变过去产权主体缺位或虚置、国家所有者权益流失、产权交易不顺畅，市场化配置资源的程度低等不利局面，实现自然资源资产有效保护、保值增值。

（一）完善自然资源资产统一确权登记制度

首先，要坚持以不动产登记为基础，着力构建统一的自然资源确权登记制度体系，适当扩大不动产登记的范围，对全部自然资源生态空间进行统一确权登记造册，清晰界定全部生态空间里自然资源资产的产权主体，着力划清"四个边界"，做到物有其主、权责分明，为各类自然资源严格保护、系统修复和综合治理奠定基础。

其次，要严格制定自然资源权利清单，明确各类自然资源产权主体、归属关系和保护责任，创新所有权实现形式，除具有重要生态功能的特定资源外，推动所有权和使用权分离，适度扩大使用权权能，严格赋予产权主体占有合法性、保护主体积极性和利益分配公平性，最大限度激励各类产权主体高效利用和保护自然资源。

（二）建立"公益性和经营性"自然资源资产分类管理体系

要建立自然资源资产分类管理体系，严格遵循主体功能区规划和相关空间规划的自然资源用途管制要求，对不同种类的自然资源资产实行公益性和经营性分类管理，形成自然资源资产分类管理体系。对于承担着生态产品供给和重要生态系统服务功能的国家公园和各类自然保护区、国家森林公园、风景名胜区等公益性自然资源资产，要按照国有公益性资产进行统一管理，采取公共行政管理手段加以监管，严格禁止和限制此类自然资源经营性利用，并主要就自然资源资产的生态服务质量状况进行严格考核。

对于具备市场流通、交换和使用价值的城镇建设用地和生产用地、经济林木和矿产等经营性自然资源资产，以及耕地、基本农田等特殊性自然资源经营资产要按照国有收益性资产采用市场手段进行统一运营和管理，严格按照行业规则和市场规范进行合理出让和转让，并对其自然资源资产价值的增值和净收益增长状况进行考核。此外，特别值得注意的是，对其中部分以经营性目的为主，但考虑到国家战略安全和公共利益而受到严格用途管制的自然资源资产，比如耕地和基本农田，需要采取公共行政和市场机制相结合的手段加以管理和运营，并对其实行严格的用途管制。

（三）完善市场配置自然资源的有偿使用和价格管理制度

要完善市场配置自然资源的有偿使用和价格管理制度，让自然资源的价值属性得到充分体现。一方面，要加强自然资源要素有形市场的建设力度，构建自然资源有偿使用和合理交易的市场机制，明确自然资源的市场配置规则，适度扩大自然资源有偿使用的范围和界线。凡是能够由市场配置的自然资源，坚决发挥市场配置资源的决定性作用，让市场的价值规律、市场的竞争规律和市场的供求规律发挥主导性、决定性作用，最大限度地发挥市场配置资源的能力，实现自然资源的高效、合理和优化配置。另一方面，要深化自然资源及其相关产品的价格形成机制改革，探索建立自然资源生态服务价值和自然资源开发生态环境影响的环境成本核算机制，使自然资源的交易价格客观反映自然资源资产的价值和代际关系，坚决遏制自然资源的掠夺性开发与利用，让滥用自然资源和破坏生态环境的行为付出沉重的经济代价，坚决维护好国家所有者权益，最大限度地促进自然资源资产保值增值。

二、健全自然资源与生态环境监管机构

新时代推动政府机构改革是适应经济社会变化和回应公众诉求的必然选择。要进一步充分领会和贯彻落实党中央关于国家机构改革的初衷和动机，将各项部署落到实处，健全自然资源和生态环境监管机构，加快职能转变和统筹协调，形成生态环境监管的机构保障。

（一）加快职能转变，提高行政效能

新组建的自然资源部、生态环境部和国家林业和草原局，职责涵盖了自然资源资产管理、生态保护修复和污染防治等关键领域，标志着改革自然资源和生态环境管理体制，设立国有自然资源资产管理和自然生态监管机构的重大任务得以落实。接下来，要以政府机构改革为契机，加快推进职能转变，充分尊重市场配置资源的作用，政府职能定位于服务型政府、法治政府和有限政府，简政放权、放管结合、优化服务，为市场松绑，进一步清理不必要的行政审批事项。同时，在机构改革的推进过程中，要坚持在决策、执行、监督等环节形成相互制约、相互协调的权力结构和运行

机制，确保依法行政，提高行政效能。

（二）加强统筹协调，形成监管合力

部门之间分散管理、协调不畅，只关注单门类自然资源和生态要素管理而忽视生态系统的整体性、系统性是生态环境监管的薄弱环节。一方面，要进一步理顺政府部门间的职责关系，明确分工与合作，形成相互独立、相互配合、相互监督的"协同共治"格局。另一方面，要加快推进部门内相关职能的整合转变，统筹自然资源管理、生态保护和污染防治，实现生态环境监管职能的有机统一。此外，为了解决跨区域、跨流域、跨海域的突出资源环境问题，要健全区域、流域、海域生态环境监管机构，加强对自然资源和生态环境的统一监管。

三、建立统一的国土空间规划体系

将经济社会发展规划和空间综合规划两者并重成为国家、省域层面的法定规划，经济社会发展规划主要注重经济社会发展战略、重大产业布局引导、资源环境保护等内容，空间综合规划要充分融合城乡规划和土地利用规划对发展目标定位、空间结构布局、用途管制单元等核心内容，以重要城镇布局和土地使用管控为主。

在地方层面，综合空间规划是落实国家和区域发展战略和空间控制要求，协调各专项规划和部门发展需求的主导方式。在地方层面的空间综合规划内容可能包括发展战略、目标和发展规模、空间布局、空间控制等内容，划定生态线、城市增长边界，以及空间综合规划的主要控制要素，实现保护环境资源的综合规划和土地使用管制。空间综合规划统筹引领各部门专项规划，其编制过程必须与各部门专项规划相协调，吸取各部门专项规划的重要内容。空间综合规划的下一个层次，可结合城市增长边界划定城市规划区，在其范围内分区分片编制控制性详细规划。在生态控制线以内，应当根据需要制定耕地、林地保护控制规划。

建立和完善我国空间规划体系，应从法制建设、管理体制、层级关系、实施机制、公众参与等方面入手。

（一）加强法制建设，明确空间规划的法律地位

推进空间规划立法，制定从顶层到基层的法律法规体系。要明确国土空间规划在各类经济建设和开发活动中的法律地位。建立《国土空间规划法》作为全国国土空间规划体系的基本法。在省市等地方层面，要形成上下对应、目标一致的规划体系和规划法规体系，强调其刚性地位，杜绝突破规划、违法用地。

（二）健全管理体制，强化对空间开发行为的统筹协调

在空间规划体系不完善的背景下，统筹规划显得尤为重要。充分把握中央加快转变政府职能、优化政府组织结构的契机，解决突出问题，如空间规划机构职能交叉、协调难度大，并探索建立高层协调和决策机构。条件成熟时，可以考虑设立国家空间规划委员会，协调编制与国土空间发展有关的各类规划，统一规划期限和标准，审查规划成果，并监督实施。委员会下可设立一个专家咨询委员会，为空间规划的执行和审查提供必要的支助。为了提高规划工作的规范性和科学性，有必要建立空间规划编制标准和编制单位资质考核制度。

（三）理顺层级关系，明确各类空间规划的地位作用

建议以"三层""多级"为目标构建空间规划体系。下一级规划原则上服从上一级规划，下一级规划发布时间应晚于上一级规划发布时间。"三层"是指：第一层，顶层规划——主体功能区规划和土地规划。考虑主体功能区规划和土地规划在自然界中战略的特点、基本功能，可以在顶层空

间规划体系的规划、主体功能区规划中注重生态文明建设，注重对基本国情的系统分析，明确划定生产、生活、生态空间开发管制界限，强化配套政策与制度的完善，增强对国土开发行为的战略性指导、基础性支撑、约束性管制；国土规划强调对各类国土资源开发利用的科学评判，明确国土集聚开发、环境分类保护与国土综合整治的方向重点，着力引导资源的合理配置和利用效率的提高，切实体现对空间开发行为的综合评判、区域性指引、鼓励性支持。当然，为避免交叉矛盾，从长远来看宜将上述"两规"合一。第二层，中间层——区域规划。区域规划是国民经济社会发展总体规划和顶层空间规划在某一区域的综合体现，重点解决跨行政区面临的共同问题和体制机制性障碍，具有综合性、引导性的特点。第三层，基础层——涉及空间开发的专项性规划，包括城镇体系规划、土地利用总体规划、海洋功能区划等。这些规划应重点调控某类战略资源的开发利用方向和空间布局，具有基础性、控制性和操作性的特点，是国民经济社会发展总体规划和顶层空间规划在某一领域的具体体现，在涉及空间布局方面应遵从于顶端层和中间层空间规划的要求。

"多级"是指根据空间尺度不同，可因需将各层规划分成多级，如主体功能区规划和国土规划可分为国家级和省级，区域规划可分为大区级（跨省级行政区）、省级、市县级，专项性规划可依法分级等。其中国家级空间规划建议由国务院负责审批；跨省级行政区的空间规划建议由国务院有关部门负责编制，监督有关地方推进实施；结合规划管理体制改革，赋予地方政府更大的规划权限，鼓励市县政府探索将城乡、土地、交通、环保、农业、水利等规划进行整合，逐步将空间规划与经济社会发展总体规划等实现多规合一。

四、构建国土空间开发保护制度

习近平总书记在党的十九大报告中提出"构建国土空间开发保护制

度"，就是要建立以空间规划、空间均衡为基础，经济、生态、社会效益三者有机统一为原则，以法律为依据、以用途管制和市场化机制为手段的国土空间开发保护制度。必须严格控制我国国土空间开发强度，不断优化国土空间结构，推进生态环境监管体制改革，促进生产空间、生活空间、生态空间的科学分布，给自然留下更多修复空间，给农业留下更多良田，给子孙留下天蓝、地绿、水净的美好生活家园。

（一）发挥主体功能区的基础性作用

科学界定各级政府和部门的职责。国家层面以构建宏观的空间格局为主，面向国家问题和目标，体现国家意志，战略性及指导性强，同时具有一定的约束力；省级层面具体落实国家重大发展战略和指标约束，以主体功能分区为主，构建国土空间开发格局，统筹省级宏观管理并引领市县空间管控。建立从上至下的纵向分工协调体系，由中央政府承担用地指标规划的总协调、总指挥功能，下级政府则负责衔接、落实中央政府出台的规划，调整行政区和用地基数分配指标。

以主体功能区规划为基础统筹各类空间性规划，推进"多规合一"。根据我国目前生态情况，借鉴发达国家生态空间治理的经验和研究成果，是解决我国国土空间规划体系存在问题的关键。我国政府必须充分发挥主体功能区在构建国土空间开发保护体系中的基础性作用，统筹规划未来国土空间开发保护的战略格局，推动形成科学、有效、全面的国土空间开发保护体系。习近平总书记指出："发挥主体功能区作为国土空间开发保护基础制度的作用，落实主体功能区规划，完善政策。"[①]

推进经济发展方式转变，提供社会可持续发展动力。根据习近平新时代中国特色社会主义思想，不合理的经济发展方式导致国土空间开发模式

---

① 习近平：《站在更高起点谋划和推进改革》，《紫光阁》2017 年第 9 期。

的不合理，加快转变经济发展方式能有效解决不合理的国土空间开发模式。通过划定不同区域主题功能定位、结构调整方向，把调整结构、转变方式、提高竞争力等各项要求落实到具体的地域上，有利于约束开发行为、规范开发秩序，制定、实施、健全更有针对性的区域政策和高效的考核评价预警体系，加强对我国国土空间开发保护的监督。统筹我国主体功能区规划，完善主体功能区配套政策，就是要从根源上控制国土空间开发强度，缓解资源环境承载力超载的压力，有效保护好该保护的生态空间，从源头上改变当前我国生态环境不断恶化的趋势，制止生态环境先破坏后恢复的行为。

（二）建立以国家公园为主体的自然保护地体系

加强自然保护地体系的顶层设计以及系统规划。根据我国自然保护地体系现状，构建生态安全屏障，完善生态保护红线，明确自然保护区、风景名胜区、文化自然遗产、地质公园、森林公园等自然保护区之间的关系。合理界定国家公园边界范围，构建以国家公园为重点的自然保护地体系，形成具有中国特色的自然保护地体系。有序推动国家公园顶层设计，以国家公园保护为主体，兼顾人民美好生活需要和国家发展需求，制定国家公园建设中长期目标和总体空间规划方案。结合"两个一百年"奋斗目标，完成国家公园试点任务，研究、建立、完善统一的管理机制，不断健全国家公园体制，全面推进国家公园统一管理，实施最严格的保护。

制定自然保护地相关法律，顺利推进国家公园体制改革。在明确国家公园与其他自然保护地关系的基础上，对所有自然保护地进行科学分类、功能重组，整合各类自然保护地，研究、制定、出台相关自然保护地法律，推动国家公园体制改革。目前，重构我国自然保护地体系，缺少成熟的法律法规作为保障。因此，必须加速制定自然保护地相关立法进程，通过制定针对性法律法规，对自然保护地实施科学有效的管理，为保护自然保护地自然资源、生态环境提供法律支撑，确保自然保护地生态系统可持续发展。同时，在大力推进自然保护地立法的基础上，加强对自然保护地生态系统的保护和修复，明确国家公园主体地位，逐步推进国家公园体制改革。

构建政府为主导，多元共同参与的保护地治理体系。在自然资源部的监督、管控下，根据各类自然保护地特点，因地制宜，建立政府治理、共同治理等多种治理模式。政府作为治理自然保护地的主导力量，应当大力推进生态文明建设，提倡绿色发展，充分发挥市场的决定性作用，解决资金不足、规划矛盾等问题。此外，企业必须树立社会责任意识，履行保护生态环境的重任。人民群众的共同参与对治理保护地体系起到不可或缺的作用。只有政府、企业、人民群众共同参与保护地治理体系建设，调动各个主体的参与积极性，建立全民参与的监督机制，推动形成全社会治理的格局，构建自然保护地体系，建设美丽中国才有稳固的保障基础。

（三）健全国土空间用途管制制度

新时代，我国国土空间用途管制制度已进入较为成熟的阶段，但部分国土空间用途管制仍存在管理效率低、空间区域交叉重叠、分布散乱不清等问题，导致重要生态保护区生态功能退化，迫切需要建立统一的国土空间用途管制制度，从而维护、管理、监督我国生态空间安全。

划定并严守生态保护红线是健全国土空间用途管制的重要前提。划定生态保护红线是保护我国生态空间的核心举措，是优化我国国土空间布局的重要前提，明确了国土空间开发以及利用的边界，解决了过度开采、管理混乱等问题，有利于加快构建国土空间开发保护制度体系。良好的国土空间是人民赖以生存和发展的家园，要提倡充分发挥生态保护红线的底线作用，各部门加强沟通交流，严格按照标准监督、管理国土空间状况，强化国土空间用途管制，禁止不合理的开发建设行为，推动形成科学的国土空间开发保护制度体系。我国既要发展社会经济，也要不断推进生态文明建设，促进经济和生态协调发展。

自然资源部统一行使所有国土空间用途管制职责，实现用途管制的全覆盖。市场在资源配置时会带来外部性，国土空间用途管制可以有效解决市场机制下的外部性影响。当前，自然资源部机构改革已全面实施，明确了自然资源部统一行使所有国土空间用途管制职责，将原本分散在各部门的空间用途管制职责统一。以土地用途管制制度为基础，将用途管制扩大到草地、湖泊、林地、湿地、河流、滩涂等所有自然生态空间，严禁任意改变生态空间用途。划分空间用途管制的层级和分工，确保中央及地方各级政府有效履行国土空间管制职责，解决区域空间用途管制缺位、越位及交叉重复等问题，实现空间用途管制的全覆盖，不仅为国土空间开发保护提供了强有力手段，同时也提高了资源保护的效率。

强化自然资源监测管理，动态监管国土空间。建立覆盖全域的自然资源动态监测系统，统一制定所有资源要素的标准体系和实施细则。加快构建资源环境承载力检测预警系统，严格控制国土空间开发强度，定期公布预警结果，有效保护自然资源和生态环境。坚决贯彻落实习近平总书记的决策部署，由自然资源部统一执行国土空间的监管、修复职责，严肃治理不适当的生产开发活动。习近平总书记在阐述自然资源保护、修复和用途管制职责的关系中明确提出："完善自然资源监管体制，统一行使所有国土空间用途管制职责"，"由一个部门负责领土范围内所有国土空间用途管制职责，对山水林田湖草沙进行统一保护、统一修复是十分必要的"。①

---

① 习近平：《关于〈中共中央关于全面深化改革若干重大问题的决定〉的说明》，《求是》2013 年第 22 期。

五、建立以国家公园为主体的自然保护地体系

我国国土面积广阔、生态资源丰富，自 1956 年建立第一个自然保护区以来，共建立各类自然保护地一万多个，起到了一定的生态保护作用。然而，长期以来，我国自然保护地法律体系不完善，缺乏专门的立法保障机制，资源产权不清晰、主体管理地位受限，自然保护地体系失衡现象等问题，限制了自然保护地生态保护功能的发挥，日益成为生态文明建设的阻碍。加快建立以国家公园为主体的自然保护地体系，推动自然保护地体系发挥更强的生态环境保护效能，是当务之急。

（一）完善自然保护地法律法规体系，夯实自然保护地监管的制度保障

完善的法律法规体系，是确保自然保护地可持续发展的重要基础，为国家公园的管理工作提供了坚实的法律保障。目前，我国已具备自然保护地立法基本条件和重要机遇。首先，新中国成立以来，我国通过不断探索和实践，在自然保护地划定、管理、保护工作等方面积累了大量经验。自2015 年我国出台国家公园体制试点方案以来，10 个国家公园体制试点建设进展顺利、稳步推进，已在管理体制机制设计、规划方案制定、生态保护制度、资源监测评价、技术标准建立、政策支持保障、法制体系建设等多个方面进行了有益探索，取得了阶段性成效。其次，《建立国家公园体制总体方案》的发布，完善了未来国家公园建设的顶层设计，明确了国家公园建设的基本原则、主要目标、建设理念、功能定位及制度建设方向。最后，自然资源部、生态环境部、国家林业和草原局和国家公园管理局的陆续挂牌成立，为我国各类自然资源和自然保护地明确了自然资源的产权和所有者的职责、生态环境的监督者和监督职责、生态系统保护和管理职责。

一方面，要加强综合立法，完善立法体系。构建以宪法为前提基础，以自然保护地基本法为主干，以各类保护地法、管理条例、地方性法规为补充，形成统一、规范、科学、高效的中国特色的自然保护地立法体系。其中，宪法是根本保障，新宪法修正案明确将生态文明建设纳入其中，为我国生态环境保护法治建设注入了灵魂；自然保护地基本法提供立法依据和指导原则，协调各自然保护地相关立法之间的关系；各类保护地法或条例和地方性法规规章则针对性地根据各个自然保护地的整体性及实现生态平衡等特殊使命设立。应按照先由各个自然保护地制定相应管理办法或条例，成熟后形成国家层面的法律法规的步骤，逐步实现"一园一法"的法律法规体系。自然保护地相关法律的立法过程中，应坚持"良法善治"理念，充分体现反映人民共同意志、维护人民根本利益的社会主义法制的本质要求。另一方面，加快完善生态环境监管体系。创新体制机制，坚持中国特色，在学习借国际上相关国家先进经验的同时，系统总结我国自然保护地建设和国家公园试点的实践经验，既不能简单相加，也不能推倒重来。通过顶层设计，健全国家公园监管制度，建立"源头严防、风险严控、后果严惩"的生态环境监管体系。

（二）建立完善的国土空间治理体系，优化自然保护地分布格局

加快构建国土空间开发保护制度，建立完善的国土空间治理体系，以主体功能区规划为基础，协调土地利用总体规划、城乡规划、国家公园总体规划和生态环境保护规划等各类空间规划，加强科学论证和完整性分析，充分体现"山水林田湖草沙是一个生命共同体"的理念，科学有效地划定国家公园和自然保护地的保护范围，建立分类科学、保护有力的自然保护地体系。加强顶层设计和系统规划，统筹确定国家公园和自然保护地的保护目标和空间范围，优化自然保护地分布格局，改善我国自然保护地体系孤岛化、破碎化的现状，形成合理完整的自然保护地空间

网络。

在实际操作的过程中，面对我国人多地少，乡村原住民与自然共生的情况，自然保护地体系建设应更加重视协调保护和发展的关系。在以保护为主的核心保护区、生态保育区、生态修复区等空间范围之外，基于生态系统完整性保护的需求和生态系统效应外溢性的特点，将自然保护地的治理范围拓展到保护地空间范围之外，向周边乡镇、社区延伸，划定设立科普游憩区、传统利用区、协调控制区等拓展区，允许乡镇和社区加盟。拓展区内执行更严格的生态环境保护制度，同时在一定程度上享受规划、产业、资金、技术和人才等方面的支持，结合当地生态和资源优势，在发展特色产业，带动居民脱贫致富，逐步降低其对自然保护地自然资源的依赖，形成人地协调发展的格局。

（三）完善自然资源资产产权制度，构建统一高效的国家公园监管体系

自然资源资产管理是自然资源管理的基础和核心，对国家公园监管体系的建设具有深层次、根本性的影响。明确划分自然保护地所有权、管理权和监督权，避免出现既当裁判员又当运动员的弊端。加快推进国家公园内各类自然资源统一确权登记，进一步明确各类自然保护地的土地所有权，划清产权边界，解决自然保护地土地权属不清的突出问题。依托自然资源部，完善自然资源资产产权制度，形成归属清晰、权责明确、监管有效的自然资源资产管理体制，确保自然资源全民所有的性质，是保障国家公园"国家性"的基石。只有以国家为名，才能树立国家权威，实现国家所有，体现国家价值。

完善自然资源资产产权制度，强化国家公园管理机构对自然生态系统保护的主体责任，明确当地政府和相关部门的相应责任。严格落实考核问责制度，建立国家公园管理机构生态环境保护成效的考核评估制度，最大

限度保护所有权人的合法权益，最严格履行生态保护职责，切实维护当代
人和子孙后代公平地享受自然保护地的生态和文化价值的权利，确保国家
公园和自然保护地的公益性。

（四）建立多元共治的自然保护地治理体系

政府主导，共同参与。建立以政府为主要力量，全社会共同参与的多
元共治体系，充分发挥政府的主导作用和社会公众的参与作用。建立第三
方评估制度，由独立的科学委员会来执行，对国家公园建设和管理进行科
学评估，为规划、保护和开发策略、绩效评估等提供科学支撑。

构建多元化资金保障机制。立足国家公园的公益性自然资源资产的属
性，合理确定中央与地方的事权划分，由中央和省级政府根据事权划分分别
出资保障；创新资金筹措机制，发挥市场力量，建立特许经营制度和伙伴关
系机制，完善承包经营权制度，拓宽资金来源渠道；健全公益捐赠机制，完
善必要的法律和制度保障，积极地吸收非政府组织、企业、个人等的社会捐
赠资金。依法设置，依法收支，建立多渠道、多形式的资金保障体系。

健全生态保护补偿制度。严格遵循使用者付费、受益者付费、保护者
得到补偿的原则。在综合考虑生态保护成本、发展机会成本和生态系统服
务价值的基础上，明确界定生态保护者与受益者权利和义务。统筹考虑"公
平"和"效率"的补偿标准，采取资金补偿、实物补偿、政策补偿和智力
补偿等方式，对生态保护者给予合理补偿，激励保护者"愿意"进行生态
保护的投入或转变生产方式，使生态保护经济外部性内部化，以达到保护
生态系统、持续提供生态系统服务的目的。

六、坚决制止和惩处破坏生态环境行为

第一，健全相关法律法规。一方面，完善企业生态责任的立法。企业
的生产经营活动是造成环境污染的主要来源，只有企业的生产经营行为在

法律中得到明文规定和制约，才能在生态环境破坏事件发生时，顺利对企业开展责任追究。对企业的生态责任进行立法时应遵循可持续发展的理念，在经济发展的同时关注生态环境，不造成生态损害。在相关环境保护法律中应明确企业所应承担的生态责任，使企业在生产经营中明确自己的职责，承担起相应的责任，也能够使相关部门在对企业进行环境追责时做到有法可依。另一方面，完善领导干部生态责任的立法。政府是经济社会发展政策的制定者，把控经济社会的发展方向，而领导干部作为各级政府主要的负责人，应该担负起生态保护的重任。通过制定更严格更具体的法律条例，明确生态环境破坏后果，才能对顶风作案和不作为的官员干部起到威慑作用。此外，通过对领导干部生态责任相关法律的完善，使各级政府明确自己的职责范围和权力边界，才能更有效地引领经济社会的可持续发展。

第二，完善相关责任体系。首先，明晰我国环境质量目标责任体系。随着生态文明建设的不断推进，环境质量问题成为党和国家关注的焦点。2018 年 5 月，习近平总书记在第八次全国生态保护大会上，提出建设"以改善生态环境质量为核心的目标责任体系"[①]。通过建设环境质量目标责任体系，梳理当前改善环境质量的重点，明确相应机构、企业及组织的责任，避免生态环境遭到破坏时无人承担责任，更好地促进生态环境的改善。其次，完善我国生态损害评估体系。生态环境损害评估的缺失，一定程度上影响了环境破坏者责任制度的落实，使一部分破坏者难以受到应有的惩戒和制裁。建立环境污染损害评估体系是环境风险全过程管理的必要组成部分，可以在司法机关和当事人处理环境事件时协助鉴别，并且依据鉴定评估结论追究环境失责者的法律责任，对受损的生态环境进

---

① 本报评论员：《加快构建生态文明体系——学习贯彻习近平总书记全国生态环境保护大会重要讲话之三》，《光明日报》2018 年 5 月 22 日。

行修复，赔偿受害者的损失，这对于保障公众和国家环境权益具有重大意义。最后，构建科学、合理的生态责任风险防范体系。要防范党政领导干部的生态责任风险，降低领导干部的决策风险。领导干部在决策时，要树立底线思维，严守环境质量底线。确定污染物排放总量限值，将各类开发活动限制在资源环境承载能力之内，特别是对重大项目审批时，应遵循谨慎原则，不冒进也不保守，充分评价其可能带来的生态风险和经济社会影响。关注大气、水、土壤等环境质量，建立环境风险防控措施和资源环境承载能力监测预警机制，采取措施有效地提前遏制生态环境的恶化，逐渐推动生态环境质量的提高。同时做好能源消费的总量管理，合理设定水、土地、能源等资源消耗的"天花板"，控制能源消耗强度。

　　第三，完善相关配套制度。一方面，从"源头"建立预防制度。长期以来，我国多数地方建立的是以 GDP 增长为主的考核评价体系，GDP 增长对地方领导干部直接、有效的激励就是政治上的升迁。因此很多地方政府的领导干部不惜通过以破坏生态环境的代价来换取暂时的 GDP 增长，"吃子孙饭，断子孙路"，造成了一系列环境、社会、资源的问题，严重破坏了经济社会发展的平衡性、稳定性、协调性和可持续性。领导干部的错误决策成为了环境污染最大的"源头"。而由于相关制度的缺失，一些领导干部由于失责造成生态严重破坏并没有得到追究，在社会层面造成了极其恶劣的影响。因此，急需从"源头"建立预防制度，遏制官员失责造成的生态环境问题。另一方面，建立公众监督制度。首先，加大生态文明建设的宣传教育，培养公民的生态环保意识和公民的监督及责任追究精神，倡导公民参与生态责任追究，不断提高公民的追究权利。充分发挥民间组织和志愿者的积极作用，保障生态环境保护相关行动的有效实施；增强公众在项目立项、实施、评价等环节的参与程度，保障监督的有效性。其次，加强信息公开力度。建立、维护和完善各类公共信息平台，加大企业信息及政府公共事务的公开力度；推动社会力量参与政府决策和环境监督，完善公众保护生态环境的监督、举报渠道。最后，完善舆论对生态环境保护的监督机制。各省、自治区、直辖市人民政府应与专业度高的主流媒体合作，建立媒体曝光和网络问责等舆论监督通道，利用舆论压力倒逼相关部门及时惩罚或治理生态环境恶化问题。开展生态环境治理专题专栏报道，邀请新闻媒体工作者实地调研生态环境治理全过程，检验生态环境治理成果，形成专业性较强的新闻专题报道，提高公众的生态环境保护意识和责任追究意识。

第四，实行终身追究制度。在以 GDP 论英雄的年代里，很多官员干部通过牺牲生态环境获得晋升的机会，给下一任干部留下生态环境的烂摊子，严重阻碍着经济社会的可持续发展和生态文明建设进程。党和政府愈加意识到终生责任追究的必要性。党的十八届三中全会要求："探索编制自然资源资产负债表，对领导干部实行自然资源资产离任审计，建立生态损害责任终身追究制。"[①] 随后，党的十八届四中全会又在此基础上强调："用严格的法律制度保护生态，建立重大决策责任终身追究。"[②] 习近平总书记也多次强调："对那些不顾生态环境盲目决策、造成严重后果的人，必须追究其责任，而且应该终身追究。"[③]2015 年《党政领导干部生态损害责任追究办法（试行）》的颁布，使责任追究有了更清晰更准确的依据。终身责任追究制度的实施，使干部"拍拍屁股走人"的现象不复存在，使官员不得不更全面的权衡决策后果，一定程度上降低领导干部的决策风险，减少生态环境破坏事件的发生，最终推动生态文明建设的进程。

---

① 新华社：《中国共产党第十八届中央委员会第三次全体会议公报》，2013 年 11 月 12 日，见 http://www.xinhuanet.com/politics/2013-11/12/c_118113455.htm。

② 《中共中央关于全面深化改革若干重大问题的决定》，《人民日报》2013 年 11 月 16 日。

③ 人民网：《中共中央政治局就大力推进生态文明建设进行第六次集体学习》，2013 年 5 月 25 日，见 http://cpc.people.com.cn/n/2013/0525/c64094-21611332.html。

主 要 参 考 文 献

［1］安小兰:《荀子译注》,中华书局 2007 年版。

［2］北京大学城市与环境学院课题组:《完善自然资源监管体制的若干问题探讨》,《中国机构改革与管理》2016 年第 5 期。

［3］本书编写组:《党的十九大报告辅导读本》,人民出版社 2017 年版。

［4］蔡银莺、余亮亮:《重点开发区域农田生态保护补偿的农户受偿意愿分析——武汉市的例证》,《资源科学》2014 年第 8 期。

［5］曹红艳:《奋进新征程建功新时代·伟大变革环保产业迎来壮大新机遇》,《经济日报》2022 年 6 月 9 日。

［6］曹前发:《毛泽东生态观》,《学习与探索》2017 年第 9 期。

［7］常纪文:《国有自然资源资产管理体制改革的建议与思考》,《中国环境管理》2019 年第 1 期。

［8］常纪文:《生态文明评价考核要落实党政同责》,《中国环境报》2016 年 4 月 5 日。

［9］常纪文:《十八大以来生态文明建设与体制改革的举措与成就》,《中国环境报》2017 年 10 月 12 日。

［10］陈安:《以公众诉求为导向,着力解决突出环境问题》,《中国环境报》2019 年 5 月 15 日。

［11］陈海嵩：《"生态红线"制度体系建设的路线图》，《中国人口·资源与环境》2015 年第 9 期。

［12］陈吉宁：《着力解决突出环境问题》，《人民日报》2018 年 1 月 11 日。

［13］陈金清：《生态文明理论与实践研究》，人民出版社 2016 年版。

［14］陈军、成金华：《建立生态标准体系加强城市国土空间管理》，《中国国土资源经济》2014 年第 8 期。

［15］陈军、成金华：《完善我国自然资源管理制度的系统架构》，《中国国土资源经济》2016 年第 1 期。

［16］陈文玲：《创新城市发展方式推进城市化持续健康发展》，《全球化》2013 年第 4 期。

［17］成金华、陈嘉浩：《补齐短板提高我国矿产资源供给保障能力》，《中国矿业报》2022 年 6 月 2 日。

［18］成金华、陈嘉浩：《推进资源全面节约和循环利用》，《中国社会科学报》2019 年 10 月 22 日。

［19］成金华、尤喆：《"山水林田湖草是生命共同体"原则的科学内涵与实践路径》，《中国人口·资源与环境》2019 年第 2 期。

［20］成金华：《构建生态文明建设考评体系》，《中国社会科学报》2016 年 4 月 1 日。

［21］成金华：《自然资源管理：建设生态文明的基本任务》，《光明日报》2011 年 8 月 20 日。

［22］《邓小平文选》第二卷，人民出版社 1994 年版。

［23］翟青：《推进生态环境治理体系和治理能力现代化为打好污染防治攻坚战提供坚强保障》，《中国机构改革与管理》2018 年第 10 期。

［24］丁菡：《基于"三生"空间的国土空间开发利用分析——以浙江省为例》，《中国国土资源经济》2018 年第 9 期。

〔25〕丁金光：《提升中国引领全球气候治理能力》，《中国社会科学报》2018年7月12日。

〔26〕董祚继：《从机构改革看国土空间治理能力的提升》，《中国土地》2018年第11期。

〔27〕董祚继：《生态文明体制改革的重大举措》，《国家治理》2017年第42期。

〔28〕董祚继：《统筹自然资源资产管理和自然生态监管体制改革》，《中国土地》2017年第12期。

〔29〕恩格斯：《自然辩证法》，人民出版社2015年版。

〔30〕樊杰：《我国空间治理体系现代化在"十九大"后的新态势》，《中国科学院院刊》2017年第4期。

〔31〕范德伟：《孙中山国民革命思想的流变》，《中国国家博物馆馆刊》2017年第2期。

〔32〕范连生：《合作化时期农业生产合作社勤俭办社的历史考察——以贵州为中心》，《当代中国史研究》2021年第6期。

〔33〕范明明、李文军：《生态补偿理论研究进展及争论》，《中国人口·资源与环境》2017年第3期。

〔34〕方传棣、成金华、赵鹏大：《大保护战略下长江经济带矿产——经济——环境耦合协调度时空演化研究》，《中国人口·资源与环境》2019年第6期。

〔35〕方时姣：《论社会主义生态文明三个基本概念及其相互关系》，《马克思主义研究》2014年第7期。

〔36〕方世南：《改革开放40年中国生态文明建设的综合创新》，《理论与评价》2018年第6期。

〔37〕方文、杨勇兵：《习近平绿色发展思想探析》，《社会主义研究》2018年第4期。

［38］冯华、喻思南：《我国科技进步贡献率已达 59.5%　创新驱动发展战略深入推进》，《人民日报》2020 年 10 月 21 日。

［39］冯留建、韩丽雯：《坚持人与自然和谐共生，建设美丽中国》，《人民论坛》2017 年第 34 期。

［40］伏润民、缪小林：《中国生态功能区财政转移支付制度体系重构》，《经济研究》2015 年第 3 期。

［41］高吉喜：《国家生态保护红线体系建设构想》，《环境保护》2014 年第 Z1 期。

［42］高培勇、杜创、刘霞辉、袁富华、汤铎铎：《高质量发展背景下的现代化经济体系建设：一个逻辑框架》，《经济研究》2019 年第 4 期。

［43］高世楫、李佐军：《建设生态文明推进绿色发展》，《中国社会科学》2018 年第 9 期。

［44］高世楫、王海芹、李维明：《改革开放 40 年生态文明体制改革历程与取向观察》，《改革》2018 年第 8 期。

［45］高世楫：《生态文明建设重在污染防治》，《人民日报》2014 年 4 月 4 日。

［46］共产党员网：《推进美丽中国建设——党的十八大以来生态文明建设成就综述》，2017 年 8 月 12 日，见 https：//news.12371.cn/2017/08/12/ARTI1502526095662815.shtml。

［47］谷树忠、曹小奇、张亮、牛雄、曲冰、何绍维：《中国自然资源政策演进历程与发展方向》，《中国人口·资源与环境》2011 年第 10 期。

［48］谷树忠、李维明：《自然资源资产产权制度的五个基本问题》，《中国经济时报》2015 年 10 月 23 日。

［49］谷树忠：《科学理解、扎实推进生态文明建设》，《人民日报》2012 年 11 月 29 日。

［50］顾朝林：《论中国"多规"分立及其演化与融合问题》，《地理研

究》2015 年第 4 期。

［51］顾仲阳、寇江泽、尤家桢：《我国荒漠化沙化石漠化面积持续缩减》，《人民日报》2021 年 6 月 18 日。

［52］光明网：《深刻领会"三个代表"的发展观》，2003 年 6 月 29 日，见 https://www.gmw.cn/01gmrb/2003‒06/29/103098629A245DA44C48256D540005900F.htm。

［53］光明网：《习近平两会之"喻"》，2022 年 3 月 18 日，见 https://m.gmw.cn/baijia/2022‒03/18/35595247.html。

［54］郭超凯：《绿水青山是最普惠的民生福祉》，《人民日报海外版》2017 年 10 月 16 日。

［55］国家发展改革委：《关于促进绿色消费的指导意见》，2016 年 4 月 25 日，见 http://www.mofcom.gov.cn/article/bh/201604/20160401305077.shtml。

［56］国家林业和草原局政府网：《2021 年世界湿地日主题"湿地与水"》，2021 年 2 月 2 日，见 http://www.forestry.gov.cn/main/6225/20220530/143544296735872.html。

［57］国家林业和草原局政府网：《第二次全国湿地资源调查主要结果（2009—2013 年）》，2014 年 1 月 28 日，见 http://www.forestry.gov.cn/main/65/content‒758154.html。

［58］韩洪云、喻永红：《退耕还林生态保护补偿研究——成本基础、接受意愿或生态价值标准》，《农业经济问题》2014 年第 4 期。

［59］郝亮：《改革完善生态环境治理体系，助力美丽中国建设》，《中国环境报》2018 年 12 月 5 日。

［60］郝庆：《对机构改革背景下空间规划体系构建的思考》，《地理研究》2018 年第 10 期。

［61］何爱平、李雪娇、邓金钱：《习近平新时代绿色发展的理论创新研究》，《经济学家》2018 年第 6 期。

［62］洪向华：《绿色发展理念的哲学意蕴》，《光明日报》2016 年 12 月 3 日。

［63］洪银兴：《以建设现代化经济体系开启现代化新征程》，《政治经济学评论》2018 年第 1 期。

［64］胡鞍钢、周绍杰：《绿色发展：功能界定、机制分析与发展战略》，《中国人口·资源与环境》2014 年第 1 期。

［65］胡锦涛：《高举中国特色社会主义伟大旗帜　为夺取全面建设小康社会新胜利而奋斗》，《人民日报》2007 年 10 月 25 日。

［66］胡锦涛：《坚定不移沿着中国特色社会主义道路前进　为全面建成小康社会而奋斗》，《人民日报》2012 年 11 月 18 日。

［67］胡长生、胡宇喆：《习近平新时代生态文明观的理论贡献》，《求实》2018 年第 6 期。

［68］郇庆治：《生态文明建设的中国语境与国际意蕴》，《中国社会科学报》2013 年 5 月 17 日。

［69］黄宝荣、马永欢、黄凯、苏利阳、张丛林、程多威、王毅：《推动以国家公园为主题的自然保护地体系改革的思考》，《中国科学院院刊》2018 年第 12 期。

［70］黄承梁：《习近平新时代生态文明建设思想的核心价值》，《行政管理改革》2018 年第 2 期。

［71］黄承梁：《中国共产党领导新中国 70 年生态文明建设历程》，《党的文献》2019 年第 5 期。

［72］黄金川、林浩曦、漆潇潇：《面向国土空间优化的三生空间研究进展》，《地理科学进展》2017 年第 3 期。

［73］黄茂兴、叶琪：《马克思主义绿色发展观与当代中国的绿色发展——兼评环境与发展不相容论》，《经济研究》2017 年第 6 期。

［74］黄守宏：《生态文明建设是关乎中华民族永续发展的根本大计》，

《人民日报》2021年12月14日。

〔75〕黄贤金：《自然资源统一管理：新时代、新特征、新趋向》,《资源科学》2019年第1期。

〔76〕黄小虎：《把所有者和管理者分开——谈对推进自然资源管理改革的几点认识》,《红旗文稿》2014年第5期。

〔77〕黄兴国：《要金山银山更要绿水青山——学习习近平同志关于生态文明建设的重要论述》,《求是》2014年第3期。

〔78〕黄征学、祁帆：《完善国土空间用途管制制度研究》,《宏观经济研究》2018年第12期。

〔79〕黄征学、宋建军、滕飞：《加快推进"三线"划定和管理的建议》,《宏观经济管理》2018年第4期。

〔80〕黄志斌、姚灿、王新：《绿色发展理论基本概念及其相互关系辨析》,《自然辩证法研究》2015年第8期。

〔81〕吉登斯：《气候变化的政治》,社会科学文献出版社2009年版。

〔82〕《江泽民文选》第三卷,人民出版社2006年版。

〔83〕《江泽民文选》第一卷,人民出版社2006年版。

〔84〕贾庆林：《切实抓好生态文明建设的若干重大工程》,《求是》2011年第4期。

〔85〕姜大明：《全面节约和高效利用资源》,《人民日报》2015年12月8日。

〔86〕姜广举、林国标、史晓平：《当代生态文明建设研究：基于生态系统的耗散结构视角分析》,《农林经济管理学报》2011年第3期。

〔87〕焦思颖：《2017中国土地矿产海洋资源统计公报发布》,《中国自然资源报》2018年5月18日。

〔88〕靳乐山：《中国生态补偿：全领域探索与进展》,经济科学出版社2016年版。

［89］荆雨：《道通为一：中国哲学之共同体观念及其价值理想》，《社会科学战线》2019 年第 12 期。

［90］寇江泽、李晓晴：《荒漠化和沙化土地面积持续减少》，《人民日报》2023 年 1 月 4 日。

［91］黎元生、胡熠：《流域生态环境整体性治理的路径探析——基于河长制改革的视角》，《中国特色社会主义研究》2017 年第 4 期。

［92］李存山：《中国哲学的特点与中华民族精神》，《哲学研究》2014 年第 12 期。

［93］李干杰：《大力提升新时代生态文明水平》，《人民日报》2018 年 3 月 14 日。

［94］李海楠：《集部门合力根治突出环境问题》，《中国经济时报》2018 年 4 月 3 日。

［95］李宏：《新时代中国特色社会主义生态文明制度建设研究》，博士学位论文，华南理工大学马克思主义学院，2021 年。

［96］李克强：《建设一个生态文明的现代化中国》，《人民日报》2012 年 12 月 13 日。

［97］李林林、靳相木、吴次芳：《国土空间规划立法的逻辑路径与基本问题》，《中国土地科学》2019 年第 1 期。

［98］李龙强：《公民环境治理主体意识的培育和提升》，《中国特色社会主义研究》2017 年第 4 期。

［99］李萌：《中国"十二五"绿色发展的评估与"十三五"绿色发展的路径选择》，《社会主义研究》2016 年第 3 期。

［100］李裴：《坚持科学开发，推动绿色发展》，《求是》2010 年第 16 期。

［101］李瑞、芮佳雯、张跃胜：《生态补偿政策对居民生态文明建设意愿的影响效应》，《改革》2019 年第 6 期。

［102］李慎明：《正确认识中国特色社会主义新时代社会主要矛盾》，《红旗文稿》2018 年第 5 期。

［103］李玉峰：《策马扬鞭，建立健全绿色低碳循环发展的经济体系》，《光明日报》2018 年 4 月 27 日。

［104］李周：《建设美丽中国实现永续发展》，《经济研究》2013 年第 2 期。

［105］林坚、吴宇翔、吴佳雨、刘诗毅：《论空间规划体系的构建——兼析空间规划、国土空间用途管制与自然资源监管的关系》，《城市规划》2018 年第 5 期。

［106］林坚、刘松雪、刘诗毅：《区域—要素统筹：构建国土空间开发保护制度的关键》，《中国土地科学》2018 年第 6 期。

［107］林坚、骆逸玲、吴佳雨：《自然资源监管运行机制的逻辑分析》，《中国土地》2016 年第 3 期。

［108］林潇潇：《从环境公共事务治理到公共环境治理》，《中国社会科学报》2019 年 6 月 6 日。

［109］刘超：《自然资源产权制度改革的地方实践与制度创新》，《改革》2018 年第 11 期。

［110］刘海霞、马立志：《我国传统文化中生态智慧的现实意蕴》，《学术探索》2017 年第 7 期。

［111］刘华军、彭莹：《雾霾污染区域协同治理的"逐底竞争"检验》，《资源科学》2019 年第 1 期。

［112］刘晶：《生态文明建设的总体性与复杂性：从多中心场域困境走向总体性治理》，《社会主义研究》2014 年第 6 期。

［113］刘军会、高吉喜、马苏、王文杰、邹长新：《中国生态环境敏感区评价》，《自然资源学报》2015 年第 10 期。

［114］刘某承、王佳然、刘伟玮、杨伦、桑卫国：《国家公园生态保

护补偿的政策框架及其关键技术》，《生态学报》2019 年第 4 期。

［115］刘琪、罗会逸、王蓓：《国外成功经验对我国空间治理体系构建的启示》，《中国国土资源经济》2018 年第 4 期。

［116］刘思华：《正确把握生态文明的绿色发展道路与模式的时代特征》，《毛泽东邓小平理论研究》2015 年第 8 期。

［117］刘天科、周璞：《加强资源环境承载力研究应用科学引导国土空间开发和保护》，《中国自然资源报》2018 年第 5 期。

［118］刘伟：《坚持新发展理念，推动现代化经济体系建设——学习习近平新时代中国特色社会主义思想关于新发展理念的体会》，《管理世界》2017 年第 12 期。

［119］刘伟：《新发展理念与现代化经济体系》，《政治经济学评论》2018 年第 4 期。

［120］刘西友、李莎莎：《国家审计在生态文明建设中的作用研究》，《管理世界》2015 年第 1 期。

［121］刘欣：《实施自然资源资产管理改革的探讨与对策》，《中国国土资源经济》2018 年第 5 期。

［122］刘毅、寇江泽：《推动生态文明建设不断取得新成效》，《人民日报》2022 年 7 月 7 日。

［123］刘毅：《建设生态文明，彰显使命担当》，《人民日报》2017 年10 月 14 日。

［124］刘毅：《用制度推进生态文明建设》，《人民日报》2019 年 6 月25 日。

［125］吕薇：《营造有利于绿色发展的体制机制和政策环境》，《经济纵横》2016 年第 2 期。

［126］马凯：《坚定不移推进生态文明建设》，《求是》2013 年第 9 期。

［127］马克思：《1844 年经济学哲学手稿》，人民出版社 2000 年版。

［128］《马克思恩格斯文集》第 9 卷，人民出版社 2009 年版。

［129］《马克思恩格斯文集》第 1 卷，人民出版社 2009 年版。

［130］《马克思恩格斯全集》第 26 卷，人民出版社 2014 年版。

［131］《马克思恩格斯选集》第 3 卷，人民出版社 2012 年版。

［132］《马克思恩格斯选集》第 4 卷，人民出版社 1995 年版。

［133］《马克思恩格斯选集》第 1 卷，人民出版社 2012 年版。

［134］马永欢、黄宝荣、林慧、吴初国、苏利阳：《创新自然资源监管体制促进国土空间全域保护》，《宏观经济管理》2017 年第 10 期。

［135］马永欢、吴初国、黄宝荣、苏利阳、林慧、曹庭语：《构建全民所有自然资源资产管理体制新格局》，《中国软科学》2018 年第 11 期。

［136］马永欢、吴初国、苏利阳、林慧：《重构自然资源管理制度体系》，《中国科学院院刊》2017 年第 7 期。

［137］马永喜：《基于 Shapley 值法的水资源跨区转移利益分配方法研究》，《中国人口·资源与环境》2016 年第 10 期。

［138］马允：《论国家公园"保护优先"理念的规范属性——兼论环境原则的法律化》，《中国地质大学学报（社会科学版）》2019 年第 1 期。

［139］马之野、杨锐、赵智聪：《国家公园总体规划空间管控作用研究》，《风景园林》2019 年第 4 期。

［140］毛泽东：《论十大关系》，人民出版社 1976 年版。

［141］《毛泽东文集》第六卷，人民出版社 1996 年版。

［142］《毛泽东选集》第一卷，人民出版社 1991 年版。

［143］孟磊、李显冬：《自然资源基本法的起草与构建》，《国家行政学院学报》2018 年第 4 期。

［144］《孟子》，中华书局 2017 年版。

［145］潘家华：《推动绿色发展，建设美丽中国》，《经济日报》2018 年 2 月 8 日。

［146］皮家胜、罗雪贞:《为"地理环境决定论"辩诬与正名》,《教学与研究》2016 年第 12 期。

［147］钱伟:《先秦思想家生态伦理及可持续发展思想述评》,《中国西部科技》2011 年第 2 期。

［148］求是杂志编辑部:《让中华大地天更蓝、山更绿、水更清、环境更优美》,《求是》2022 年第 11 期。

［149］裘东耀:《绿水青山就是金山银山——湖州推动生态文明建设的生动实践》,《求是》2015 年第 15 期。

［150］全国能源信息平台:《固废处理发展潜力如何? 固废处理行业发展前景》,2020 年 2 月 12 日, 见 https://baijiahao.baidu.com/s?id=165829 8610028601313&wfr=spider&for=pc。

［151］人民网:《2018 年中国实施环境行政处罚案件 18.6 万件》,2019 年 1 月 19 日, 见 http://env.people.com.cn/n1/2019/0119/c1010-30578385.html。

［152］人民网:《从"沙进人退"到"绿进沙退"我国荒漠化沙化石漠化面积持续缩减》,2021 年 6 月 17 日, 见 https://www.xuexi.cn/lgpage/detail/index.html?id=6730261584049783425&item_id=6730261584049783425。

［153］人民网:《弘扬人民友谊共同建设"丝绸之路经济带"——习近平在哈萨克斯坦纳扎尔巴耶夫大学发表重要演讲》,2013 年 9 月 8 日, 见 http://cpc.people.com.cn/n/2013/0908/c64094-22843681.html。

［154］人民网:《建设生态文明实现美丽中国梦想》,2013 年 5 月 20 日, 见 http://theory.people.com.cn/n/2013/0520/c107503-21542959.html。

［155］人民网:《让绿水青山造福人民泽被子孙——习近平总书记关于生态文明建设重要论述综述》,2021 年 6 月 3 日, 见 https://www.xuexi.cn/lgpage/detail/index.html?id=2180218806320095605&item_id=2180218806320095605。

［156］人民网:《习近平:坚持绿色发展是发展观的一场深刻革命》,

2018 年 2 月 26 日，见 http://cpc.people.com.cn/xuexi/n1/2018/0224/c385476-29831795.html。

［157］人民网：《习近平在省部级主要领导干部学习贯彻党的十八届五中全会精神专题研讨班上的讲话》，2016 年 1 月 18 日，见 https://www.xuexi.cn/2557b4bb0ebfd53b0b982ba4cf706a28/e43e220633a65f9b6d8b53712cba9caa.html。

［158］人民网：《习近平在云南考察工作时强调：坚决打好扶贫开发攻坚战加快民族地区经济社会发展》，2015 年 1 月 22 日，见 http://cpc.people.com.cn/n/2015/0122/c64094-26428249.html。

［159］人民网：《周恩来说治理环境污染要"化害为利变废为宝"》，2020 年 12 月 8 日，见 http://zhouenlai.people.cn/n1/2020/1208/c409117-31959362-5.html。

［160］任暟：《生命共同体：中国环境伦理的新理念》，《光明日报》2017 年 1 月 16 日。

［161］沈满洪：《习近平生态文明思想的萌发与升华》，《中国人口·资源与环境》2018 年第 9 期。

［162］沈悦、刘天科、周璞：《自然生态空间用途管制理论分析及管制策略研究》，《中国土地科学》2017 年第 12 期。

［163］生态环境部：《2017 年中国生态环境状况公报》，2018 年 5 月 22 日，见 https://www.mee.gov.cn/hjzl/sthjzk/zghjzkgb/201805/P020180531534645032372.pdf。

［164］生态环境部：《2021 年中国生态环境状况公报》，2022 年 5 月 26 日，见 https://www.mee.gov.cn/hjzl/sthjzk/zghjzkgb/202205/P020220608338202870777.pdf。

［165］生态环境部：《2022 年中国噪声污染防治报告》，2022 年 11 月 16 日，见 https://www.mee.gov.cn/hjzl/sthjzk/hjzywr/202211/t20221116_1005052.shtml。

［166］生态环境部:《生态环境部发布 2019 年 3 月和 1—3 月全国地表水环境质量状况》，2019 年 5 月 7 日，见 https://www.mee.gov.cn/xxgk2018/xxgk/xxgk15/201905/t20190507_702079.html。

［167］生态环境部:《生态环境部发布 2022 年第四季度和 1—12 月全国地表水环境质量状况》，2023 年 1 月 29 日，见 https://www.mee.gov.cn/ywdt/xwfb/202301/t20230129_1014067.shtml。

［168］生态环境部:《生态环境部通报 2022 年 12 月和 1—12 月全国环境空气质量状况》，2023 年 1 月 28 日，见 https://www.mee.gov.cn/ywdt/xwfb/202301/t20230128_1014006.shtml。

［169］盛科荣、樊杰:《主体功能区作为国土开发的基础制度作用》，《中国科学院院刊》2016 年第 1 期。

［170］盛来运:《建设现代化经济体系，推动经济高质量发展——转向高质量发展阶段是新时代我国经济发展的基本特征》，《求是》2018 年第 1 期。

［171］盛明科、朱玉梅:《生态文明建设导向下创新政绩考评体系的建议》，《中国行政管理》2015 年第 7 期。

［172］水利部:《2021 年中国水资源公报》，2022 年 6 月 15 日，见 http://www.mwr.gov.cn/sj/tjgb/szygb/202206/t20220615_1579315.html。

［173］司劲松:《构建我国国土空间规划体系的若干思考》，《宏观经济管理》2015 年第 12 期。

［174］苏培成:《新春说"福"》，《光明日报》2017 年 2 月 12 日。

［175］孙雪东:《国土空间规划的使命:塑造以人为本高品质的国土空间》，《资源导刊》2019 年第 3 期。

［176］唐斌、彭国甫:《地方政府生态文明建设绩效评估机制创新研究》，《中国行政管理》2017 年第 5 期。

［177］唐代兴:《环境治理体系构建的基本思路》，《广东社会科学》

2018 年第 5 期。

［178］唐小平、张云毅、梁兵宽、宋天宇、陈君帜：《中国国家公园规划体系构建研究》，《北京林业大学学报 (社会科学版)》2019 年第 1 期。

［179］田世政、杨桂华：《中国国家公园发展的路径选择：国际经验与案例研究》，《中国软科学》2011 年第 12 期。

［180］万俊人、潘家华、吕忠梅、王晓毅、邹逸麟：《生态文明与"美丽中国"笔谈》，《中国社会科学》2013 年第 5 期。

［181］王灿发：《论生态文明建设法律保障体系的构建》，《中国法学》2014 年第 3 期。

［182］王成龙、刘慧、张梦天：《行政边界对城市群城市用地空间扩张的影响——基于京津冀城市群的实证研究》，《地理研究》2016 年第 1 期。

［183］王丹、熊晓琳：《以绿色发展理念推进生态文明建设》，《红旗文稿》2017 年第 1 期。

［184］王尔德：《新时代生态环境管理体制改革和完善治理体系的路线图——专访中国科学院科技战略咨询研究院副院长王毅》，《中国环境管理》2017 年第 6 期。

［185］王贵国：《全球治理环境下的一带一路》，《中国社会科学报》2019 年 6 月 11 日。

［186］王海芹、高世楫：《我国绿色发展萌芽、起步与政策演进：若干阶段性特征观察》，《改革》2016 年第 3 期。

［187］王金南、秦昌波、田超、程翠云、苏洁琼、蒋洪强：《生态环境保护行政管理体制改革方案研究》，《中国环境管理》2015 年第 5 期。

［188］王莉雁、肖燚、欧阳志云、韦勤、博文静、张健、任苓：《国家级重点生态功能区县生态系统生产总值核算研究——以阿尔山市为例》，《中国人口·资源与环境》2017 年第 3 期。

［189］王连勇、霍伦贺斯特·斯蒂芬：《创建统一的中华国家公园体

系——美国历史经验的启示》，《地理研究》2014 年第 12 期。

　　［190］王梦君：《中国国家公园空间布局思考》，《林业建设》2018 年第 5 期。

　　［191］王珊珊：《历史节点中的从严治党及其现实路径分析》，《理论观察》2016 年第 3 期。

　　［192］王伟光：《在超越资本逻辑的进程中走向生态文明新时代》，《中国社会科学报》2013 年 8 月 19 日。

　　［193］王雨辰：《论以社会建设为核心的生态文明建设》，《哲学研究》2013 年第 10 期。

　　［194］王雨蓉、龙开胜：《生态保护补偿对土地利用变化的影响：表现、因素与机制——文献综述及理论框架》，《资源科学》2015 年第 9 期。

　　［195］王玉芳、杨凤均、周妹：《大小兴安岭国有林区生态建设与经济转型的耦合分析》，《生态经济》2016 年第 10 期。

　　［196］魏连：《当代中国生态文明建设的理性自觉与路径优化》，《马克思主义研究》2014 年第 7 期。

　　［197］闻言：《建设美丽中国，努力走向生态文明新时代》，《人民日报》2017 年 9 月 30 日。

　　［198］吴瑾菁、祝黄河：《"五位一体"视域下的生态文明建设》，《马克思主义与现实》2013 年第 1 期。

　　［199］吴舜泽、黄德生、刘智超、沈晓悦、原庆丹：《中国环境保护与经济发展关系的 40 年演变》，《环境保护》2018 年第 20 期。

　　［200］吴舜泽：《做实"一个贯通"和"五个打通" 推进国家生态环境治理体系和治理能力现代化》，《中国环境报》2018 年 9 月 12 日。

　　［201］吴宇哲、许智钰：《休养生息制度背景下的耕地保护转型研究》，《资源科学》2019 年第 1 期。

　　［202］武晓立：《我国传统文化中的生态智慧》，《人民论坛》2018 年

第 25 期。

［203］习近平：《高举中国特色社会主义伟大旗帜　为全面建设社会主义现代化国家而团结奋斗》，《人民日报》2022 年 10 月 26 日。

［204］习近平：《共同构建地球生命共同体》，《人民日报》2021 年 10 月 13 日。

［205］习近平：《共同构建人类命运共同体》，《人民日报》2017 年 1 月 20 日。

［206］习近平：《关于〈中共中央关于全面深化改革若干重大问题的决定〉的说明》，《人民日报》2013 年 11 月 16 日。

［207］习近平：《弘扬人民友谊共创美好未来》，《人民日报》2013 年 9 月 8 日。

［208］习近平：《加强改革创新战略统筹规划　引导以长江经济带发展推动高质量发展》，《紫光阁》2018 年第 5 期。

［209］习近平：《坚定信心埋头苦干奋勇争先　谱写新时代中原更加出彩的绚丽篇章》，《人民日报》2019 年 9 月 19 日。

［210］习近平：《全面推进美丽中国建设　加快推进人与自然和谐共生的现代化》，《人民日报》2023 年 7 月 19 日。

［211］习近平：《决胜全面建成小康社会　夺取新时代中国特色社会主义伟大胜利》，《人民日报》2017 年 10 月 28 日。

［212］习近平：《深刻认识建设现代化经济体系重要性　推动我国经济发展焕发新活力迈上新台阶》，《紫光阁》2018 年第 2 期。

［213］习近平：《推动我国生态文明建设迈上新台阶》，《求是》2019 年第 3 期。

［214］习近平：《习近平"一带一路"国际合作高峰论坛重要讲话》，外文出版社 2018 年版。

［215］习近平：《习近平在北京考察工作时的讲话》，《人民日报》

2014 年 2 月 27 日。

［216］习近平：《习近平在第七十五届联合国大会一般性辩论上的讲话》，《经济日报》2020 年 9 月 22 日。

［217］习近平：《携手构建合作共赢、公平合理的气候变化治理机制》，《人民日报》2015 年 12 月 1 日。

［218］习近平：《用最严格制度最严密法治保护生态环境》，《光明日报》2018 年 9 月 18 日。

［219］习近平：《关于〈中共中央关于制定国民经济和社会发展第十三个五年规划的建议〉的说明》，《人民日报》2015 年 11 月 4 日。

［220］习近平：《在庆祝改革开放 40 周年大会上的讲话》，《人民日报》2018 年 12 月 19 日。

［221］习近平：《在深入推动长江经济带发展座谈会上的讲话》，《人民日报》2018 年 6 月 14 日。

［222］习近平：《中国共产党第十八届中央委员会第五次全体会议公报》，《求是》2015 年第 21 期。

［223］肖加元、潘安：《基于水排污权交易的流域生态保护补偿研究》，《中国人口·资源与环境》2016 年第 7 期。

［224］肖建红、王敏：《基于生态足迹的大型水电工程建设生态保护补偿标准评价模型——以三峡工程为例》，《生态学报》2015 年第 8 期。

［225］谢宏：《地质调查支撑服务滨海湿地保护修复取得多项创新成果》，《科技日报》2019 年 6 月 11 日。

［226］谢晓敏、蹇兴超、冯庆革：《基于 COD 水环境容量的流域生态保护补偿研究》，《中国人口·资源与环境》2013 年第 5 期。

［227］解振华：《发展循环经济，促进绿色转型》，《经济日报》2014 年 12 月 3 日。

［228］解振华：《深入推进新时代生态环境管理体制改革》，《中国机

构改革与管理》2018 年第 10 期。

［229］新华社：《为子孙后代留下美丽家园——习近平总书记关心推动国土绿化纪实》，2022 年 3 月 29 日，见 https://www.xuexi.cn/lgpage/detail/index.html?id=1487908689504339 0794&item_id=1487908689504339 0794。

［230］新华社：《我国水土流失面积和强度继续保持"双降"》，2022 年 6 月 27 日，见 http://www.gov.cn/xinwen/2022-06/28/content_5698072.htm。

［231］新华社：《习近平在联合国生物多样性峰会上的讲话》，2020 年 9 月 30 日，见 https://www.xuexi.cn/lgpage/detail/index.html?id=6879705047554752083&item_id=6879705047554752083。

［232］新华社：《习近平主持中共中央政治局第六次集体学习并讲话》，2018 年 6 月 30 日，见 http://www.gov.cn/xinwen/2018-06/30/content_5302445.htm。

［233］新华社：《中共中央办公厅、国务院办公厅就甘肃祁连山国家级自然保护区生态环境问题发出通报》，2017 年 7 月 20 日，见 http://www.xinhuanet.com/politics/2017-07/20/c_1121354050.htm。

［234］新华社：《中共中央关于党的百年奋斗重大成就和历史经验的决议》，2021 年 11 月 16 日，见 http://www.gov.cn/xinwen/2021-11/16/content_5651269.htm。

［235］新华社：《中国共产党第十六届中央委员会第三次全体会议公报》，2003 年 10 月 14 日，见 http://www.gov.cn/test/2008-08/13/content_1071056.htm。

［236］新华网：《生态环境部：2021 年全国生态环境质量明显改善》，2022 年 4 月 19 日，见 http://www.xinhuanet.com/energy/20220419/88e323c543f94fe2a67bba6fc3930212/c.html。

［237］新华网：《习近平主持召开扎实推进长三角一体化发展座谈会并发表重要讲话》，2020 年 8 月 22 日，见 http://www.xinhuanet.com/politics/leaders/2020-08/22/c_1126399990.htm。

［238］新华网：《习近平主持召开中央全面深化改革领导小组第十四次会议强调把"三严三实"贯穿改革全过程　努力做全面深化改革的实干家》，2015 年 7 月 1 日，见 http://www.xinhuanet.com/politics/2015-07/01/c_1115787597.htm。

［239］徐大伟、郑海霞、刘民权：《基于跨区域水质水量指标的流域生态保护补偿量测算方法研究》，《中国人口・资源环境》2008 年第 4 期。

［240］徐绍史：《创新国土资源管理促进生态文明建设》，《求是》2012 年第 19 期。

［241］宣晓伟：《我国空间规划体系存在的问题、原因及建议——基于中央与地方关系视角》，《经济纵横》2018 年第 12 期。

［242］《荀子》，中华书局 2016 年版。

［243］严金明、陈昊、夏方舟：《"多规合一"与空间规划：认知、导向与路径》，《中国土地科学》2017 年第 1 期。

［244］严金明、张东昇、夏方舟：《自然资源资产管理：理论逻辑与改革导向》，《中国土地科学》2019 年第 4 期。

［245］央视新闻网：《森林面积 33 亿亩覆盖率达 23.04%　美丽中国"答卷"亮眼》，2021 年 3 月 12 日，见 https://baijiahao.baidu.com/s?id=1694028343220820509&wfr=spider&for=pc。

［246］阳柳凤：《区域性国土空间规划编制的新思路》，《中国土地》2016 年第 11 期。

［247］杨邦杰、高吉喜、邹长新：《划定生态保护红线的战略意义》，《中国发展》2014 年第 1 期。

［248］杨丹辉：《实现工业文明与生态文明融合发展》，《人民日报》2014 年 6 月 18 日。

［249］杨凌：《加快生态文明体制改革共建美丽中国》，《光明日报》2018 年 11 月 19 日。

［250］杨伟民、袁喜禄、张耕田、董煜、孙玥:《实施主体功能区战略,构建高效、协调、可持续的美好家园——主体功能区战略研究总报告》,《管理世界》2012 年第 10 期。

［251］杨伟民:《建设生态文明　打造美丽中国》,《人民日报》2016年 10 月 14 日。

［252］姚晓娟、汪银峰:《管子注释》,中州古籍出版社 2010 年版。

［253］叶红玲:《最严格的耕地保护制度是什么——从十八年的土地管理史看我国土地管理体制、政策的发展变化与核心趋势》,《中国土地》2004 年第 Z1 期。

［254］尤喆、成金华、易明:《构建市场导向的绿色技术创新体系:重大意义与实践路径》,《学习与实践》2019 年第 5 期。

［255］尤喆、成金华:《加强自然资源管理　推进生态文明建设》,《中国自然资源报》2018 年 9 月 20 日。

［256］于贵瑞、于秀波:《中国生态系统研究网络与自然生态系统保护》,《中国科学院院刊》2013 年第 2 期。

［257］余韵:《"三因素"入手构建矿产资源利用上线》,《中国国土资源报》2017 年 9 月 28 日。

［258］喻锋、张丽君:《遵循生态文明理念,加强国土空间规划》,《国土资源情报》2013 年第 2 期。

［259］袁一仁、成金华、陈从喜:《中国自然资源管理体制改革:历史脉络、时代要求与实践路径》,《学习与实践》2019 年第 9 期。

［260］曾正德:《历代中央领导集体对建设中国特色社会主义生态文明的探索》,《南京林业大学学报 (人文社会科学版)》2007 年第 4 期。

［261］詹成、彭红霞:《关于建立以国家公园为主体的自然保护地体系的思考》,《绿色科技》2021 年第 11 期。

［262］张高丽:《大力推进生态文明　努力建设美丽中国》,《求是》

2013 年第 24 期。

［263］张金俊：《十八大以来习近平对生态文明思想的发展》，《科学社会主义》2017 年第 3 期。

［264］张静、蒋洪强、程曦、周佳：《"后小康"时期我国排污许可制改革实施路线图研究》，《中国环境管理》2018 年第 4 期。

［265］张明皓：《新时代生态文明体制改革的逻辑理路与推进路径》，《社会主义研究》2019 年第 3 期。

［266］张维宸：《资源利用，守住上线才能细水长流》，《中国国土资源报》2017 年 7 月 18 日。

［267］张维宸：《自然资源管理迈向新时代》，《紫光阁》2018 年第 4 期。

［268］张孝德、张蕾、周洪双：《共谋全球生态文明建设》，《光明日报》2021 年 12 月 29 日。

［269］张孝德：《"两山"之路是中国生态文明建设内生发展之路——浙江省十年"两山"发展之路的探索与启示》，《中国生态文明》2015 年第 3 期。

［270］张新文、张国磊：《环保约谈、环保督查与地方环境治理约束力》，《北京理工大学学报（社会科学版）》2019 年第 4 期。

［271］张燚：《关于我国国家公园的法律问题浅析》，《法制与社会》2018 年第 24 期。

［272］张彰：《生态功能区财政补偿资金来源负担归属研究——基于微观经济学的博弈分析》，《中央财经大学学报》2016 年第 11 期。

［273］张震：《生态文明入宪及其体系性宪法功能》，《当代法学》2018 年第 6 期。

［274］赵建军：《党的十八大以来我国生态文明建设成就卓著》，《中国社会科学报》2017 年 8 月 22 日。

［275］赵建军：《人与自然的和解："绿色发展"的价值观审视》，《哲

学研究》2012 年第 2 期。

［276］赵景柱：《关于生态文明建设与评价的理论思考》，《生态学报》2013 年第 15 期。

［277］赵荣钦、刘英、马林：《基于碳收支核算的河南省县域空间横向碳补偿研究》，《自然资源学报》2016 年第 10 期。

［278］赵旭光、李红枫：《从法治视角探究生态环境监管体制改革》，《中国特色社会主义研究》2018 年第 4 期。

［279］赵雪雁、李巍、王学良：《生态保护补偿研究中的几个关键问题》，《中国人口·资源与环境》2012 年第 2 期。

［280］郑华、欧阳志云：《生态红线的实践与思考》，《中国科学院院刊》2014 年第 4 期。

［281］郑石明：《改革开放 40 年来中国生态环境监管体制改革回顾与展望》，《社会科学研究》2018 年第 6 期。

［282］郑占军、杜新垚：《论建设社会主义生态文明进程中的环境法治要素》，《法制与社会》2008 年第 19 期。

［283］《中共中央国务院关于加快推进生态文明建设的意见》，《人民日报》2015 年 5 月 6 日。

［284］《中共中央印发〈深化党和国家机构改革方案〉》，《人民日报》2018 年 3 月 22 日。

［285］中共中央关于深化党和国家机构改革的决定深化党和国家机构改革方案辅导读本编写组：《〈中共中央关于深化党和国家机构改革的决定〉〈深化党和国家机构改革方案〉辅导读本》，人民出版社 2018 年版。

［286］中共中央国务院：《中共中央国务院关于加快推进生态文明建设的意见》，《人民日报》2015 年 5 月 6 日。

［287］中共中央国务院：《中共中央国务院印发〈生态文明体制改革总体方案〉》，《经济日报》2015 年 9 月 22 日。

［288］中共中央文献研究室：《建国以来重要文献选编》第 20 册，中央文献出版社 1998 年版。

［289］中共中央文献研究室：《习近平关于社会主义生态文明建设论述摘编》，中央文献出版社 2017 年版。

［290］中共中央宣传部：《习近平新时代中国特色社会主义思想三十讲》，学习出版社 2018 年版。

［291］中共中央宣传部、中华人民共和国生态环境部：《习近平生态文明思想学习纲要》，学习出版社、人民出版社 2022 年版。

［292］中国环境保护行政二十年编委会：《中国环境保护行政二十年》，中国环境科学出版社 1994 年版。

［293］中国经济导报：《三江之源万物生——来自三江源国家公园的改革实践》，2022 年 5 月 18 日，见 http://sjy.qinghai.gov.cn/news/zh/24798.html。

［294］中国矿业网：《全国矿产资源节约与综合利用报告（2019）解读之二》，2020 年 2 月 3 日，见 http://www.chinamining.org.cn/index.php?a=show&c=index&catid=6&id=30672&m=content。

［295］中国人民银行：《中国绿色金融发展报告（2018）》，2019 年 11 月 20 日，见 http://www.gov.cn/xinwen/2019-11/20/content_5453843.htm。

［296］中国新闻网：《生态环境部：中国自然保护区总面积占陆域国土面积 15%》，2019 年 9 月 29 日，见 https://baijiahao.baidu.com/s?id=1645996100743150431&wfr=spider&for=pc。

［297］中国新闻网：《中国研发经费保持较快增长预计 2022 年将超过 3 万亿元》，2022 年 9 月 1 日，见 http://henan.china.com.cn/finance/2022-09/01/content_42092194.htm。

［298］中国行政管理学会、环保部宣教司联合课题组，刘杰：《建立生态文明制度体系研究》，《中国行政管理》2015 年第 3 期。

［299］中国政府网：《2018 年全国地质勘查成果通报》，2019 年 5 月

26 日，见 http://www.gov.cn/xinwen/2019–05/26/content_5394891.htm。

［300］中国政府网：《发展改革委就能耗总量和强度"双控"目标完成情况有关问题答问》，2017 年 12 月 18 日，见 http://www.gov.cn/zhengce/2017–12/18/content_5248190.htm。

［301］中国政府网：《关于加快建立流域上下游横向生态保护补偿机制的指导意见》，2016 年 12 月 20 日，见 http://www.gov.cn/xinwen/2016–12/30/content_5154964.htm#1。

［302］中国政府网：《关于取消矿山环境治理恢复保证金建立矿山环境治理恢复基金的指导意见》，2017 年 7 月 19 日，见 http://www.gov.cn/xinwen/2017–07/20/content_5211988.htm。

［303］中国政府网：《国家发展改革委关于创新和完善促进绿色发展价格机制的意见》，2018 年 7 月 2 日，见 http://www.gov.cn/xinwen/2018–07/02/content_5302737.htm。

［304］中国政府网：《国务院办公厅关于健全生态保护补偿机制的意见》，2016 年 4 月 28 日，见 http://www.gov.cn/gongbao/content/2016/content_5076965.htm。

［305］中国政府网：《环境保护事业全面推进生态文明建设成效初显》，2018 年 9 月 18 日，见 http://www.gov.cn/shuju/2018–09/18/content_5322930.htm。

［306］中国政府网：《建立国家公园体制总体方案》，2017 年 9 月 26 日，见 http://www.gov.cn/zhengce/2017–09/26/content_5227713.htm。

［307］中国政府网：《建立市场化、多元化生态保护补偿机制行动计划》，2018 年 12 月 28 日，见 extension://bfdogplmndidlpjfhoijckpakkdjkkil/pdf/viewer.html?file=https%3A%2F%2Fwww.gov.cn%2Fxinwen%2F2019–01%2F11%2F5357007%2Ffiles%2Fa05f5b86d3ec4096b6877135986bc0bf.pdf。

［308］中国政府网：《习近平出席全国生态环境保护大会并发表重要讲

话》，2018 年 5 月 19 日，见 http://www.gov.cn/xinwen/2018–05/19/content_5292116. htm。

［309］中国政府网：《中共中央国务院印发〈生态文明体制改革总体方案〉》，2015 年 9 月 21 日，见 http://www.gov.cn/guowuyuan/2015–09/21/content_2936327.htm。

［310］中国政府网：《自然资源部通报全国城市区域建设用地节约集约利用评价情况》，2018 年 9 月 2 日，见 http://www.gov.cn/xinwen/2018–09/02/content_5318591.htm。

［311］中华人民共和国生态环境部：《2021 中国生态环境状况公报》，2022 年 5 月 27 日，见 https://www.mee.gov.cn/hjzl/sthjzk/zghjzkgb/。

［312］中央编办二司课题组：《关于完善自然资源管理体制的初步思考》，《中国机构改革与管理》2016 年第 5 期。

［313］周光迅、李家祥：《习近平生态文明思想的价值引领与当代意义》，《自然辩证法研究》2018 年第 9 期。

［314］周光迅、郑玥：《从建设生态浙江到建设美丽中国——习近平生态文明思想的发展历程及启示》，《自然辩证法研究》2017 年第 7 期。

［315］周宏春：《新时代推进生态文明建设的重要原则》，《求是》2018 年第 13 期。

［316］周璞、刘天科、靳利飞：《健全国土空间用途管制制度的几点思考》，《生态经济》2016 年第 6 期。

［317］周生贤：《开辟人与自然和谐发展新境界的重大方略》，《人民日报》2014 年 5 月 14 日。

［318］诸大建：《推动低碳循环发展》，《人民日报》2016 年 10 月 12 日。

［319］庄贵阳：《实现碳达峰碳中和意义深远》，《中国青年报》2021 年 3 月 29 日。

［320］邹才能、何东博、贾成业、熊波、赵群、潘松圻：《世界能源转型内涵、路径及其对碳中和的意义》，《石油学报》2021年第2期。

［321］Costanza R., Arge A. R., Groot R. D., Farberk S., Belt M. V., "The Value of the World's Ecosystem Services and Natural Capital", *Ecological Economics*, No.25, 1997.

［322］Jackson T., "Blueprint for a Green Economy", *Energy Policy*, No.1, 1990.

［323］Samuelson P. A., "The Pure Theory of Public Expenditure", *The Review of Economics and Statistics*, 1954.

责任编辑：吴炤东

封面设计：石笑梦

图书在版编目（CIP）数据

加快生态文明体制改革，建设美丽中国研究 / 成金华等 著 . —北京：人民
　出版社，2024.3

ISBN 978−7−01−025978−9

I.①加⋯　II.①成⋯　III.①生态环境建设—研究—中国　IV.① X321.2

中国国家版本馆 CIP 数据核字（2024）第 016606 号

加快生态文明体制改革，建设美丽中国研究

JIAKUAI SHENGTAI WENMING TIZHI GAIGE JIANSHE MEILI ZHONGGUO YANJIU

成金华　吴巧生　陈嘉浩　彭昕杰　等著

人民出版社 出版发行

（100706　北京市东城区隆福寺街 99 号）

北京九州迅驰传媒文化有限公司印刷　新华书店经销

2024 年 3 月第 1 版　2024 年 3 月北京第 1 次印刷

开本：710 毫米 ×1000 毫米 1/16　印张：18.5

字数：290 千字

ISBN 978−7−01−025978−9　定价：76.00 元

邮购地址 100706　北京市东城区隆福寺街 99 号

人民东方图书销售中心　电话（010）65250042　65289539